AF266243

TRAITÉ

THÉORIQUE ET EXPÉRIMENTAL

D'HYDRODYNAMIQUE.

Par M. l'Abbé BOSSUT, de l'Académie Royale des Sciences, Honoraire-Associé-libre de l'Académie royale d'Architecture, de l'Institut de Bologne, de l'Académie impériale des Sciences de Saint-Pétersbourg, de l'Académie Royale des Sciences de Turin, de la Société provinciale d'Utrecht, Examinateur des Élèves du Corps royal du Génie, Inspecteur général des Machines & Ouvrages Hydrauliques des Bâtimens du Roi.

Tome Second.

A PARIS,

DE L'IMPRIMERIE ROYALE.

M. DCCLXXXVII.

AVERTISSEMENT.

LE premier Volume de cet Ouvrage étoit en état de paroître l'année dernière; & d'après les invitations de quelques perfonnes, j'avois réfolu de le publier dès-lors, comme on le peut voir par le Difcours prélimi‑ naire qui eft à la tête: mais ayant depuis fait réflexion qu'en général le public n'aime pas les Ouvrages incomplets, j'ai pris le parti d'attendre que le fecond Volume fût impri‑ mé, pour donner le tout à-la-fois; c'eft ce que je fais aujourd'hui.

On trouvera dans ce fecond Volume un très - grand nombre d'expériences fur les parties les plus importantes de l'Hydraulique pratique. Je n'expoferai pas ici l'ordre que j'ai fuivi, & les motifs qui ont fixé le choix des moyens que j'ai employés pour arriver à mon but. Cette analyfe eſt toute faite dans le corps mêmė de l'Ouvrage ; & d'ailleurs la Table ſuivante peut y ſuppléer facilement.

TABLE DES OBJETS

contenus dans ce Volume.

HYDRAULIQUE EXPÉRIMENTALE.

TABLE.

TABLE.

Fin de la Table.

HYDRODYNAMIQUE.

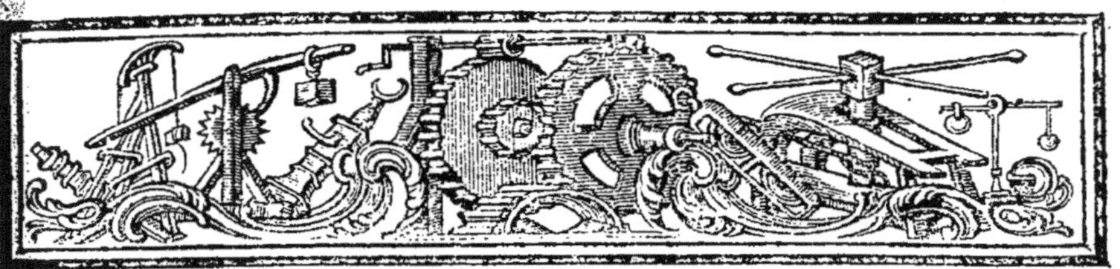

HYDRODYNAMIQUE.

EXPÉRIENCES ET RÉFLEXIONS

SUR LES PRINCIPAUX OBJETS

DE L'HYDRODYNAMIQUE.

A P R È S avoir exposé la Théorie générale de l'Hydrodynamique, je me propose d'en comparer les réfultats capitaux avec l'expérience, afin que ces deux bafes des fciences Phyfico-mathématiques puiffent ici s'éclaircir ou fe fuppléer mutuellement, lorfqu'on voudra paffer de la fpéculation à la pratique.

Les loix de l'équilibre des fluides font fimples, inconteftables, & fuffifamment démontrées par une multitude d'expériences qu'il étoit inutile de répéter. Il ne s'agira donc ici que du mouvement des fluides.

HYDRAULIQUE EXPÉRIMENTALE.

CHAPITRE PREMIER.

EXPÉRIENCES préparatoires à celles qui concernent l'écoulement des fluides par des orifices.

(425). Un des premiers & des plus importans Problèmes de l'Hydraulique, est de déterminer la quantité de liqueur qui sort par l'orifice d'un vase en un certain temps. Or le mouvement du fluide, à la sortie de l'orifice, est évidemment lié avec celui qu'il a dans l'intérieur du vase. Commençons donc par examiner la route que tiennent les particules d'un fluide en mouvement dans un vase, avant que de parvenir à l'orifice; ensuite nous considérerons la forme que la veine fluide prend au sortir du même orifice. Ces deux élémens serviront de base à la connoissance générale des écoulemens.

(426.) Pour bien voir ce qui se passe dans l'intérieur d'une masse fluide en mouvement, j'ai fait faire un vase cylindrique de verre *ADCB* (*Fig. 1 & 2*), dont la hauteur est d'environ 17 pouces, & le diamètre de 5 $\frac{1}{2}$ pouces. Au fond & sur l'un des côtés sont deux ouvertures *M* & *N*, auxquelles on peut adapter des ajutages

de différens diamètres. Ce vafe eft porté à hauteur
d'appui par deux chevilles horizontales fichées à
un poteau vertical. Les ajutages font percés bien
perpendiculairement dans des plaques de cuivre
de $\frac{1}{2}$ ligne d'épaiffeur.

EXPÉRIENCE I.

(427.) Le vafe *A D C B (Fig. 1)*, ayant
été rempli d'eau à la hauteur de 16 pouces
au-deffus du fond, on a permis l'écoulement
par un ajutage horizontal *M*, de 4 lignes de
diamètre. On entretenoit le vafe conftamment
plein à la hauteur propofée, en y verfant, auffi
légèrement qu'il étoit poffible, de l'eau avec une
cruche : l'ébranlement que cette eau provifionnelle
occafionnoit à la furface étoit peu fenfible. Cela
pofé, on a obfervé que des corpufcules étrangers,
comme de la limaille, des petits morceaux d'ardoife
pilée, &c. mêlés dans l'eau, fe dirigeoient vers
l'orifice. Ils defcendent d'abord fuivant des directions verticales ; mais lorfqu'ils font parvenus en
O H, à la diftance de 3 ou 4 pouces du fond,
ils fe détournent vifiblement de cette direction,
& viennent de tous côtés, fuivant des mouvemens
plus ou moins obliques, gagner l'orifice.

La même expérience répétée avec d'autres ajutages, a donné les mêmes réfultats à peu-près.

Il en eft de même lorfque l'eau fort par une
ouverture latérale *N (Figure 2) :* toutes les particules ont une tendance vers l'orifice, comme il
eft repréfenté dans la *Fig.* 2.

A ij

Fig. 1.

Fig. 2.

EXPÉRIENCE II.

Fig. 1.

(428.) Après avoir fait remplir d'eau le vase *A D C B (Fig. 1)*, à la hauteur de 16 pouces, on a permis l'écoulement par un orifice horizontal *M* de quatre lignes de diamètre, sans fournir de nouvelle eau. La surface du fluide, en s'abaissant, est demeurée horizontale jusqu'à la distance d'environ 6 lignes de l'orifice. A cette hauteur, il s'est formé à la surface une espèce de petit *entonnoir* creux, dont la pointe répondoit au centre de l'orifice. La cavité de cet entonnoir s'est agrandie de plus en plus, & vers la fin de l'écoulement l'eau glissoit sur l'arête de l'orifice en forme de *nappe*. La tendance de toutes les particules vers l'orifice s'est manifestée comme ci-devant.

La même expérience répétée avec un ajutage de 8 lignes de diamètre, a donné les mêmes résultats. Seulement il m'a paru que l'entonnoir commençoit à se former à un peu moins de 6 lignes de distance à l'orifice.

Fig. 2.

Lorsque le vase se vide par une ouverture verticale *N (Fig. 2)*, la surface de l'eau demeure sensiblement horizontale, tant qu'elle a une certaine hauteur au-dessus de l'orifice ; mais quand elle est prête d'en toucher le bord supérieur, on la voit s'incliner un peu de ce côté. Il se forme en longueur un petit enfoncement dans la direction de l'orifice ; mais cette espèce de demi-entonnoir n'est pas, à beaucoup près, si sensible que dans les écoulemens par des orifices horizontaux.

Tous les jours on eſt à portée d'obſerver les mêmes choſes dans des pièces d'eau , ou dans d'autres grands réſervoirs. La ſurface de l'eau s'abaiſſe ou s'incline un peu vers l'ouverture par où ſe fait l'écoulement.

RÉFLEXIONS.

(429.) La tendance univerſelle des particules fluides vers l'orifice , eſt une ſuite néceſſaire de leur parfaite mobilité ; car il eſt évident qu'elles doivent ſe diriger vers le point qui réſiſte le moins aux forces dont elles ſont preſſées , ſous une profondeur déterminée. Or l'endroit de l'orifice eſt ce point de la moindre réſiſtance : donc , &c.

(430.) Les particules qui ſortent, ſont continuellement ſuivies par d'autres qui les remplacent de proche en proche ; mais on conçoit que ce remplacement ne peut pas ſe faire dans un inſtant indiviſible. Ainſi, à parler dans la rigueur géométrique, dès le premier moment de l'écoulement, il doit ſe former quelque part à la ſurface un petit enfoncement vers lequel les particules environnantes ont une tendance à peu-près pareille à celle qu'un corps poſé ſur un plan incliné a pour deſcendre , quelque petite que puiſſe être l'inclinaiſon de ce plan. Lorſque l'eau a une certaine profondeur , l'enfoncement dont il s'agit ne doit pas paroître ſenſible , parce que les particules inférieures, preſſées par les ſupérieures , ſont portées rapidement dans la direction de l'écoule ment, & que de proche en proche elles entraînent les particules contiguës, en vertu de leur tenacité réciproque. Le parallélifme de la furface eft donc alors à peu-près le même que fi le fluide étoit en repos; mais à mefure que la furface de l'eau s'abaiffe, les particules fe fuccèdent les unes aux autres avec moins de vivacité, & l'entonnoir devient fenfible. Dans les écoulemens par des orifices horizontaux, la preffion de l'air tend à l'agrandiffement de l'entonnoir : en effet l'atmofphère preffe par fon poids la furface de l'eau ; la colonne verticale d'air qui répond à l'orifice, s'infinue dans le petit creux ou entonnoir qui fe forme dans le même endroit. Cette colonne feroit contrebalancée par l'effort contraire de la colonne d'air placée audeffous de l'orifice, fi celle-ci déployoit librement toute fon action ; mais comme l'eau, en tombant, repouffe l'air & détruit une petite partie de fa réaction, la première colonne doit l'emporter un peu fur la feconde : d'où l'on voit que, fi les particules qui accourent de tous côtés vers l'orifice pour fournir à l'écoulement, n'ont pas affez de viteffe pour empêcher l'effet de cette inégalité de preffion des deux colonnes dont on vient de parler, l'entonnoir s'agrandira ; & qu'il s'agrandira d'autant plus que la furface de l'eau s'abaiffera davantage, & que par conféquent les viteffes des particules diminueront. Il n'en eft pas de même dans les écoulemens par des orifices verticaux, parce qu'alors il n'y a pas de colonne d'air qui pouffe l'eau vers l'orifice. Nous n'avons pas befoin d'ajouter que , dans les écoulemens par des orifices inclinés , la formation de l'entonnoir doit tenir de celle qui a lieu pour un orifice horizontal, & de celle qui a lieu pour un orifice vertical.

(431.) On ne peut pas annoncer en général la hauteur à laquelle l'entonnoir doit commencer à paroître au-deſſus d'un orifice horizontal : cela dépend de pluſieurs circonſtances phyſiques qui ne ſont pas les mêmes dans tous les cas. En me ſervant d'une cuve conique qui avoit 3 pieds 4 pouces de hauteur , 4 pieds de diamètre à ſa baſe inférieure , 4 pieds 2 pouces à ſa baſe ſupérieure, j'ai trouvé que la cuve étant d'abord remplie entièrement , & ſe vidant par un orifice d'un pied de diamètre , pratiqué au fond , l'entonnoir commençoit à paroître , lorſque la ſurface de l'eau étoit diſtante du fond d'environ 5 à 6 pouces. La même cuve ſe vidant par un autre orifice, auſſi horizontal, de 3 pouces de diamètre , l'entonnoir a commencé à paroître, lorſque la ſurface de l'eau étoit diſtante du fond d'environ 6 pouces. Il paroît que la formation de l'entonnoir eſt moins prompte ou moins ſenſible, à meſure que l'orifice augmente comparativement à l'étendue du fond. L'aſpérité plus ou moins grande du fond & des parois du vaſe , contribue auſſi à augmenter plus ou moins l'entonnoir.

(432.) Ces ſortes d'expériences, quoique fort ſimples , demandent à être faites avec précaution ,

A iv

ſi l'on veut connoître exactement la génération naturelle de l'entonnoir. On doit éviter, pour cela, que le fluide ne ſoit agité d'aucun mouvement étranger à celui qui produit librement l'écoulement ; car ſi la maſſe fluide a quelque mouvement primordial d'oſcillation ou de turbination, quelque léger qu'il puiſſe être, l'air s'inſinue dans les petits vides que les particules laiſſent entr'elles par l'irrégularité & l'inégalité de leurs mouvemens ; & l'entonnoir commence quelquefois à paroître dès le premier inſtant de l'écoulement, quoique l'eau ait une profondeur conſidérable. C'eſt ce que j'ai éprouvé avec la cuve dont je viens de parler. Lorſqu'après avoir rempli cette cuve, on ne donnoit pas à l'eau le temps de ſe calmer parfaitement, avant que de déboucher un orifice horizontal, l'entonnoir paroiſſoit d'abord ; ſa pointe ſe dirigeoit vers l'ouverture, mais ſa baſe ſuivoit le mouvement de la ſurface de l'eau ; il avoit une forme tortueuſe & irrégulière. On comprend que dans ces cas-là l'air remplit la cavité de l'entonnoir, & y forme une eſpèce de noyau autour duquel les points fluides circulent par leurs forces centrifuges. Quand même ces petites forces viendroient à s'anéantir tout-à-fait, l'entonnoir ſubſiſteroit toujours ; car la difficulté que l'air feroit à en ſortir, ſoit à cauſe du frottement, ſoit par l'engrénage de ſes parties avec celles de l'eau, feroit plus que ſuf-fiſante pour détruire à chaque inſtant la petite force qui tend à rétablir le parfait **niveau de la** furface. Cette dernière force diminue continuellement, à mefure que la furface de l'eau s'abaiffe; tandis qu'au contraire les caufes qui produifent l'entonnoir, ne ceffent d'augmenter.

Souvent il fe forme au-devant de l'empalement d'une pièce d'eau, de grands entonnoirs affez femblables à ceux qu'on obferve dans les écoulemens par des orifices horizontaux. Ces entonnoirs font produits ordinairement par les inégalités du fond qui arrêtent ou détournent l'eau inférieure, & occafionnent par-là différens mouvemens de rotation dans le fluide. Ils ont auffi quelquefois pour caufe les mouvemens antérieurs dont le fluide eft agité, lorfque l'écoulement commence. La tendance naturelle des particules vers l'orifice étant troublée d'une manière ou d'autre, il doit réfulter dans le fluide des tournoiemens, des vides que l'air remplit, & qui ne font qu'augmenter à mefure que le fluide s'abaiffe, comme nous venons de l'expliquer. Il en eft à peu-près de même des tournoiemens qu'on obferve dans les endroits d'une rivière où l'eau a beaucoup de profondeur & peu de vîteffe.

(433.) Il eft évident que, quand l'entonnoir eft une fois bien formé, & que l'écoulement d'un vafe qui fe vide eft prêt à finir, il ne fort pas une fi grande quantité d'eau que fi l'entonnoir n'exiftoit pas; car l'air qui en remplit la cavité, occupe la place de l'eau qui devroit fortir naturellement. La fin des écoulemens eſt donc, par cette raiſon, extrêmement incertaine ; & ſi on la vouloit déterminer par la théorie, on feroit expofé à commetre des erreurs très-fenſibles. Mais cette incertitude ne tombe que fur la quantité d'eau écoulée, & non fur ſa vîteffe qui eſt toujours la même que ſi l'entonnoir n'avoit pas lieu ; car l'air qui occupe la place de l'eau, fe meut avec la même vîteffe qu'elle auroit, & ne doit point troubler l'écoulement de l'eau contiguë.

L'effet de l'entonnoir, dans les écoulemens par des orifices verticaux, eſt infenſible.

(434.) Examinons maintenant la contraction de la veine fluide au fortir de l'orifice.

Le réfervoir dont je me fuis fervi dans les expériences qui fuivent, eſt un parallélipipède rectangle vertical, dont la hauteur eſt d'environ 12 pieds, & la bafe un quarré de trois pieds fur chaque côté mefuré en dedans. Le fond & les parois de ce parallélipipède, bien polis & bien dreffés, font formés avec des madriers d'environ 20 lignes d'épaiffeur. Il eſt fufpendu par des entretoifes qui l'embraffent fortement, & qui portent fur un bâtis de charpente, de manière que le fond eſt parfaitement libre. Les parois font auffi libres, jufqu'à la hauteur d'environ deux pieds au-deffus du fond. L'eau dont on a befoin eſt fournie par un tuyau adapté au conduit nourricier des fontaines de la ville de Mézières. Cette eau jetée d'abord dans une cuve placée fur un pont de bois, au niveau du deſſus du réſervoir, paſſe enſuite, au moyen d'une vanne & d'un canal, dans le réſervoir.

On voit toutes ces choſes en détail dans les *Figures* 3, 4, 5, 6. La *Figure 3* eſt un profil général qui coupe perpendiculairement le pont, le réſervoir & la cuve ronde. Dans ce profil, 1 *H G* 2 eſt le pont; *A D C B* le réſervoir; *N O E P* la cuve ronde; *T M* le tuyau qui tire les eaux du conduit *T* des fontaines; *M* un robinet qu'on ouvre & ferme à volonté; *E* la vanne qui, en ſe hauſſant ou ſe baiſſant, permet ou interrompt le paſſage de l'eau de la cuve dans le réſervoir; *P K* un levier qui ſert à lever ou à baiſſer la vanne; *X* le canal qui tranſmet les eaux de la cuve dans le réſervoir; *R & L* les pièces de bois qui portent les entretoiſes par leſquelles. le réſervoir eſt embraſſé.

Dans la *Figure 4,* qui eſt une coupe horizontale de la machine, *Z Y & W* eſt le plancher du pont; *t m* la projection horizontale du tuyau *T M;* *m n o p* celle de la cuve; *a d c b* le plan du réſervoir; *S I V* le plan du bâtis qui porte le réſervoir; *X* le plan du canal qui communique de la cuve au réſervoir.

La *Figure 5* repréſente ſéparément le plan du réſervoir, du canal & de la cuve; on y voit que le fond du réſervoir eſt percé de différentes ouvertures.

Fig. 3, 4, 5 & 6.

La *Figure 6* eſt un profil *k f g h* de la cuve, lequel eſt perpendiculaire au premier *N O E P*, & ſert à faire voir l'empalement dans ſes dimenſions horizontales.

(435.) Le réſervoir *A D C B* eſt percé non-ſeulement à ſon fond, mais encore à ſes parois, de différentes ouvertures auxquelles ſont appliquées dans ſon intérieur de larges plaques de cuivre bien dreſſées, & d'environ $\frac{1}{2}$ ligne d'épaiſſeur. Ces plaques ſont elles-mêmes percées perpendiculairement de trous par leſquels l'eau s'écoule : ils ſont moindres que les ouvertures faites dans le bois, afin de pouvoir examiner & meſurer commodément en dehors le diamètre de la veine fluide. On empêche l'écoulement, quand on veut, par des tampons de bois qu'on met en dehors dans les ouvertures du bois, & qui n'atteignent pas juſqu'au cuivre. Quand je me ſervirai dans la ſuite du mot *orifice* ou *ouverture*, il ne ſera queſtion que des orifices percés dans le cuivre, les ſeuls par leſquels l'écoulement ſe faſſe, comme je viens de le dire.

(436.) Je me ſuis ſervi d'un compas ſphérique, pour meſurer le diamètre de la veine fluide; & j'ai pris cette meſure à l'endroit où, à compter de la face intérieure de l'orifice, la veine ceſſe de ſe reſſerrer. Elle conſerve ſenſiblement la même groſſeur ſur quelques lignes d'étendue; enſuite elle augmente ou diminue., par la réſiſtance de l'air ambiant combinée avec la peſanteur; mais il ne s'agit pas ici de ces variations.

Pour éviter, autant qu'il m'est possible, les répétitions, je comprends sous le même numéro, lorsque cela se peut sans déroger aux droits de la clarté, plusieurs expériences qui ont quelque condition principale de commune, en énonçant une fois seulement cette condition à la tête de l'article.

EXPÉRIENCES III, IV, V, VI.

(437.) Dans ces quatre expériences, l'eau a été entretenue dans le réservoir *ADCB (Fig. 7)*, à la hauteur constante de 11 pieds 8 pouces 10 lignes au-dessus du fond, au moyen de l'eau provisionnelle contenue dans la cuve ; & on a observé les faits qui suivent.

I. L'eau sortant par une ouverture horizontale & circulaire d'un pouce de diamètre, la veine fluide diminue de grosseur jusqu'à la distance de 6 à 7 lignes de la face intérieure du fond ; & alors elle n'a pas tout-à-fait 10 lignes de diamètre. J'ai évalué ce diamètre à $9\frac{4}{5}$ lignes.

II. L'eau sortant par une ouverture horizontale & circulaire de 2 pouces de diamètre, le diamètre de la veine, mesuré à 12 ou 13 lignes de la face intérieure de l'orifice, est de $19\frac{1}{2}$ lignes environ.

III. L'eau sortant par une ouverture horizontale & circulaire de 3 pouces de diamètre, le diamètre de la veine, mesuré à 18 lignes de la face intérieure de l'orifice, est de 29 ¼ lignes environ.

IV. L'eau sortant par une ouverture horizontale & quarrée d'un pouce de côté, la section de la veine, mesurée à 7 lignes de la face intérieure de l'orifice, est un quarré qui a environ 9 ⅘ lignes de côté. Les angles de ce quarré répondent aux milieux des côtés du premier. Nous ajouterons en passant que la même correspondance d'angles aux milieux des côtés des quarrés supérieurs, continue à se répéter jusqu'à ce que la résistance de l'air ait entièrement défiguré la veine. Ce jeu est agréable à la vue.

Résultat de ces expériences.

(438.) En appelant A l'aire de l'orifice, a l'aire de la section de la veine fluide *contractée:* on a, à peu de chose près:

par la première expérience,...$A : a :: 150 \ : 100,$
par la seconde,...........$A : a :: 151\tfrac{1}{2} : 100,$
par la troisième,..........$A : a :: 151\tfrac{1}{2} : 100,$
par la quatrième,.........$A : a :: 150 \ : 100.$

EXPÉRIENCES VII, VIII.

(439.) Les écoulemens se font ici par des ouvertures verticales; & dans chaque expérience l'eau est entretenue dans le réservoir, à la hauteur constante de 9 pieds au-dessus du centre de chaque ouverture.

I. L'eau fortant par une ouverture circulaire de 6 lignes de diamètre, la veine fluide fe refferre également en tout fens, jufqu'à la diftance de 4 à 5 lignes, de la face intérieure de l'orifice ; & alors fon diamètre eft de 4 $\frac{8}{9}$ lignes environ.

II. L'eau fortant par une ouverture circulaire d'un pouce de diamètre, la veine fluide fe refferre également en tout fens, jufqu'à la diftance de 6 à 7 lignes, de la face intérieure de l'orifice ; & alors fon diamètre me paroît être de 9 $\frac{4}{5}$ lignes.

Réfultat de ces deux expériences.

(440.) Par la première, ..$A : a :: 150\frac{3}{5} : 100$, à peu-près.

Par la feconde,...$A : a :: 150 \quad : 100$, à peu-près.

EXPÉRIENCES IX, X.

(441.) En faifant fortir l'eau par deux ouvertures verticales & égales aux deux précédentes, mais placées feulement à 4 pieds de la furface du fluide qu'on entretient toujours à cette hauteur, je trouve dans les deux cas les mêmes réfultats qu'on vient de voir.

RÉFLEXIONS.

(442.) La contraction de la veine fluide eft en général une preuve évidente que, dans l'intérieur du vafe, les particules latérales, comme celles qui répondent directement à l'orifice, se dirigent vers ce point suivant des mouvemens plus ou moins obliques. Elle a également lieu, soit que le fluide sorte par une ouverture horizontale ou latérale ; & le point où elle cesse, est toujours distant de la face intérieure de la paroi, d'une quantité à peu-près égale au rayon de l'orifice. Lorsque l'écoulement se fait par une ouverture horizontale, tous les diamètres de la veine contractée sont égaux. Cela est vrai aussi pour les ouvertures latérales, dont les diamètres sont fort petits en comparaison de la hauteur du fluide dans le réservoir, comme dans les quatre dernières expériences ; mais si une ouverture latérale, de grandeur sensible, étoit placée proche la surface du fluide, le diamètre horizontal de la veine contractée, seroit plus grand que les autres. J'en ai fait l'expérience dans l'écoulement par un orifice vertical d'un pouce de diamètre, & dont le bord supérieur étoit éloigné d'une ligne de la surface de l'eau. On sent que la chose doit être ainsi : car au passage de l'orifice les particules inférieures ayant alors sensiblement plus de vîtesse que les supérieures, les paraboles décrites par celles-ci ont moins d'amplitude que les paraboles décrites par celles-là. D'où résulte une augmentation dans le diamètre horizontal, & une diminution dans le diamètre vertical. Il n'est guère possible alors de déterminer exactement la contraction par le mesurage des diamètres de la veine.

(443.)

(443.) Dans les écoulemens par des ouvertures verticales, la contraction proprement dite, eft produite toute entière par le mouvement oblique que les particules latérales ont pris dans l'intérieur même du vafe ; mais dans ceux qui fe font par des ouvertures horizontales, les particules, immédiatement après leur fortie de l'orifice, font accélérées par la pefanteur ; & cette accélération eft une nouvelle caufe qui tend à augmenter la première contraction. L'effet qu'elle produit ainfi ne peut être que très-léger, lorfque la hauteur du fluide au-deffus de l'orifice eft confidérable, comme dans les expériences précédentes.

(444.) Suivant ces mêmes expériences, il ne paroît pas que les différentes hauteurs du fluide au-deffus de l'orifice, produifent des variations dans la quantité de la contraction. Mais fuppofé que de telles variations aient lieu, elles ne peuvent être déterminées que par des expériences d'un genre qui admette une précifion beaucoup plus grande que celle qu'on peut fe flatter de porter dans la mefure du diamètre de la veine contractée. Nous verrons dans la fuite ce que les quantités d'eau écoulées peuvent faire conclure à ce fujet.

(445.) Il eft évident qu'en vertu de la contraction, la quantité d'eau qui s'écoule en un temps donné, doit être moindre qu'elle ne feroit fi toutes les particules fortoient perpendiculairement au plan de l'orifice ; car le mouvement oblique que les particules latérales ont réellement, se décompose en deux autres, l'un parallèle au plan de l'orifice & qui resserre la veine, l'autre perpendiculaire au même plan & le seul qui produise l'écoulement.

(446.) Puisqu'au point de la contraction, la veine prend & conserve sur une petite étendue la forme prismatique; si en cet endroit on connoissoit la vîtesse du fluide, & qu'on eût bien mesuré la section de la veine contractée, il est clair qu'en regardant cette section comme le vrai orifice par lequel se fait l'écoulement, on trouveroit exactement la quantité d'eau qui sort en un temps donné; mais il est très-difficile de mesurer le diamètre de la veine contractée avec la précision que cette méthode demanderoit. Aussi les auteurs qui ont entrepris de déterminer la contraction par ces sortes de mesurages, sont-ils parvenus à des résultats quelquefois assez différens.

(447.) Selon les mesures de Newton, l'aire A de l'orifice est à l'aire a de la section de la veine contractée, comme $\sqrt{2}$ est à 1, ou comme 141 est à 100 environ. D'autres auteurs ont donné d'autres rapports. Selon nos expériences, on a sensiblement, $A : a :: 150 : 100 :: 3 : 2$. Il n'y a dans cette différence de résultats rien qui doive surprendre; car, outre que les variétés dans les frottemens contre les bords de l'orifice, doivent en occasionner dans la contraction, si l'on se trompe de quelque chose dans la mesure du diamètre de la veine contractée, cette erreur pourra devenir sensible dans la détermination de l'aire de la section, les aires des cercles étant proportionnelles aux quarrés de leurs diamètres ; & elle le deviendra d'autant plus que le diamètre mesuré sera plus petit. Newton a établi son rapport d'après la mesure d'une veine fluide qui sortoit par un orifice d'environ 6 lignes de diamètre. Or supposons que, dans les expériences VII & IX, où le fluide sort par une ouverture de 6 lignes de diamètre, j'eusse trouvé 5 lignes, au lieu de $4\frac{8}{9}$ lignes, pour le diamètre de la veine contractée, on auroit eu, $A : a :: 36 : 25 :: 144 : 100$, ce qui se rapproche fort du rapport donné par Newton. Tous ceux qui voudront répéter ces expériences, reconnoîtront que, loin de pouvoir répondre qu'on ne s'est pas trompé de $\frac{1}{9}$ de ligne dans la mesure d'un diamètre, on est exposé à commettre des erreurs beaucoup plus fortes. On doit donc préférer, pour cette recherche, les grands orifices aux petits ; & c'est ce qui m'a déterminé à faire les expériences III, IV, V, VI, VIII, X. Quoique j'aie fait ces expériences avec tout le soin possible, je ne les crois ni assez sûres ni assez précises, pour servir de base à la détermination des écoulemens, lorsqu'on voudra mettre dans cette détermination toute l'exactitude dont elle est susceptible. Nous allons donc chercher d'autres moyens plus propres à remplir cet objet ; mais avant que d'en venir-là, il étoit nécessaire de conſtater, pour ainſi dire, aux yeux, l'exiſtence de la contraction & la forme qu'elle fait prendre à la veine fluide, pour n'être pas étonné enſuite des différences qui ſe trouvent entre les réſultats que la théorie donne, lorſqu'on emploie les orifices ſans y faire aucune correction, & ceux que l'expérience donne réellement. Faute d'avoir bien examiné d'abord l'effet de la contraction, Newton, dans la première édition des ſes *Principes Mathématiques*, avoit déterminé d'une manière erronée, d'après la meſure des quantités d'eau écoulées, la hauteur dûe à la vîteſſe du fluide au ſortir de l'orifice. Il faiſoit cette hauteur égale ſeulement à la moitié de celle du réſervoir; tandis qu'il eſt certain par la vraie théorie & par l'expérience des jets d'eau, comme il le reconnut dans la ſuite, en ayant égard à la contraction, que la première hauteur eſt ſenſiblement égale à la ſeconde entière.

(448.) Des auteurs célèbres ont regardé la contraction comme un effet purement acccidentel, & ont cru qu'on pouvoit l'anéantir en faiſant ſortir l'eau par des bouts de tuyau adaptés au réſervoir. Il eſt bien vrai que l'eau ſuit les parois de ces tuyaux, du moins quand ils ont une certaine longueur, & que la veine ſort alors ſous la forme cylindrique; mais la contraction ſubſiſte toujours en partie à l'entrée de ces mêmes tuyaux, & on verra ci-deſſous qu'elle diminue, d'une manière ſenſible, les quantités d'eau qu'ils devroient donner naturellement.

CHAPITRE II.

Écoulemens des eaux qui sortent, par des orifices, de vases entretenus constamment pleins.

(449.) LORSQU'ON veut déterminer la quantité de liqueur qui sort d'un réservoir pendant un temps proposé, il faut avoir un vase dont on connoisse exactement la capacité, pour recevoir & mesurer l'eau, & un moyen simple & commode pour mesurer le temps de l'écoulement.

(450.) En conséquence j'ai fait d'abord construire, par le sieur Savart, artiste très-intelligent, attaché à l'École royale du Génie, à Mézières, un cube X de cuivre *(Fig. 8)*, ayant exactement 6 pouces de côté en dedans, & ouvert par en haut. Il contient, comme on voit, la huitième partie d'un pied cube, lorsqu'il est entièrement plein. Sur ses quatre faces intérieures & verticales, sont tracées quatre échelles verticales, divisées exactement en lignes, lesquelles servent à mesurer dans le besoin, les quantités d'eau qui ne remplissent pas entièrement le cube.

(451.) Par le moyen de ce même cube, qui a toujours servi de jauge ou d'unité fondamentale, on a déterminé le pied cube dans un petit baril *PRTQ (Fig. 9)* fermé de tous côtés, & sur

Fig. 8.

Fig. 9.

le fond supérieur PQ duquel sont adaptés deux tuyaux S & K de fer-blanc. Le premier tuyau qui a 10 lignes de diamètre, & qui est placé dans la partie la plus éminente de PQ, est destiné à laisser sortir l'air que l'eau entraîne avec elle. On a marqué dans le second le point K où la surface de l'eau arrive pour former le pied cube. Comme cette surface est peu étendue, on ne peut pas se tromper sensiblement, en marquant dans le cylindre K les points de repaire qui la limitent; & on parvient ainsi à se procurer une mesure fort exacte du pied cube.

(452.) De même, avec le secours du pied cube, on a formé une mesure de 8 pieds cubes dans un large tonneau $IFGE$ *(Fig. 10)*, fermé de tous côtés, & garni à son fond supérieur de deux tuyaux S & K de fer-blanc, qui ont les mêmes fonctions que dans l'article précédent. Le premier S a toujours 10 lignes de diamètre; mais le second K a ici 8 pouces de diamètre : on lui a donné ainsi une certaine largeur pour pouvoir y recevoir plus facilement l'eau. Il a 10 à 11 pouces de hauteur au-dessus du point K qui marque la limite des 8 pieds cubes.

(453.) Le tuyau S est d'une nécessité indispensable : car l'eau en se précipitant, soit dans le baril $PRTQ$, soit dans le tonneau $IFGE$, entraîne avec elle une grande quantité d'air qui en pourroit changer sensiblement & inégalement le volume, si on ne lui donnoit pas une issue. Je l'ai vu par une expérience qui, quoique faite grossièrement, est suffisante pour prouver ce que je viens de dire. Ayant fait enlever du tonneau *IFGE* le tuyau *S*, & fait boucher le trou où il est placé, on a reçu de l'eau dans ce même tonneau, jusqu'à ce que le tuyau *K* fût presque plein ; & on a trouvé ensuite qu'en la remuant avec un bâton pour en faire sortir l'air, sa surface s'abaissoit de plusieurs pouces dans le cylindre *K*.

(454.) Outre les mesures précédentes, nous avons encore d'autres vases dans lesquels on reçoit quelquefois l'eau qu'on jauge ensuite par le moyen des *étalons* proposés, sur-tout du cube *X ;* mais, autant que cela se peut, on la reçoit immédiatement dans le baril *PRTQ* ou dans le tonneau *IFGE,* pour éviter les transvasemens & les petites erreurs qui en peuvent résulter dans les mesures. Quand la surface de l'eau, dans l'un ou l'autre cas, est au-dessous ou au-dessus du point *K*, on détermine le *défaut* ou *l'excès,* à l'aide du cube *X*.

(455.) On sait que la surface de l'eau contenue dans un vase, peut dépasser ses bords de plus d'une ligne sans se répandre. Pour ôter cette quantité excédante dans la mesure de l'eau que le cube *X* entièrement rempli doit contenir, on fait passer plusieurs fois sur sa base supérieure bien de niveau, une règle qui ne laisse au-dessous que la quantité précise d'eau nécessaire pour remplir la capacité du cube. Cet étalon a toute la justesse qu'on peut desirer : il m'a servi à déterminer le poids de l'eau des fontaines de la ville de Mézières.

La quantité qu'il en contient, pèse 8 livres 11 onces 6 gros, ce qui donne 69 livres 14 onces pour le poids du pied cube. L'eau dont il s'agit est très-limpide & excellente à boire. Cette expérience a été faite au commencement de septembre 1766, par un très-beau temps. Je n'avois pas alors sous la main de bon thermomètre pour connoître la température précise de l'air ; mais on sent qu'une telle connoissance étoit inutile à mon objet principal.

(456.) La mesure du temps a été prise, ou sur une excellente montre à secondes, ou le plus souvent sur le pendule simple à secondes. Ce pendule est, comme on sait, un fil de soie ou de laiton qui soutient une balle de plomb de 3 ou 4 lignes de diamètre, dont le centre est distant du point de suspension, de 3 pieds 8 $\frac{1}{2}$ lignes, & dont chaque oscillation, supposée très-petite, est exactement d'une seconde. Cette longueur du pendule est celle qui convient au parallèle de Paris ; mais on peut l'employer aussi à Mézières, dont la latitude ne diffère pas d'un degré & demi de celle de Paris.

(457.) Dans les quinze premières expériences qui suivent, je me suis servi du réservoir qui a été décrit (434), & qui est représenté dans les *Figures* 3, 4, 5, 6. J'ajouterai seulement ici que le canal X, qui transmet l'eau de la cuve au réservoir, est incliné du côté de la cuve, dans la vue de ralentir la vîtesse de l'eau provisionnelle, & d'empêcher qu'elle ne communique d'ébranlement à la masse contenue dans le réservoir.

(458.) Pour prendre commodément l'eau qui fort par des trous faits au fond du réservoir, on emploie *(Fig. 11)* un long canal $YOXH$, garni d'un entonnoir fixe X, & couvert dans la plus grande partie de sa longueur par la planche XH. Ce canal conduit l'eau au vase de jauge, par exemple, au tonneau $IFGE$. On ne commence à prendre l'eau que quand l'écoulement est bien établi : la personne chargée de faire glisser alors l'entonnoir X sous le trou, entend compter les oscillations du pendule ; elle peut même suivre aisément de l'œil le mouvement de la balle, & saisir, à très-peu de chose près, le premier instant de l'oscillation à laquelle on convient de commencer l'opération. Il en est de même du dernier instant de l'écoulement.

Fig. 11.

(459.) Quant à l'eau qui fort par des ouvertures latérales, on la reçoit *(Fig. 12)* dans le tonneau $IFGE$, par le moyen d'un grand entonnoir ZV de fer-blanc, garni en-dedans de sa partie supérieure, d'un peu de foin ou de paille, pour empêcher l'eau de rejaillir.

Fig. 12.

(460.) Les quantités d'eau qui sortent par un orifice percé dans une mince paroi, ou par un bout de tuyau dont l'eau suive les parois, n'étant pas les mêmes, comme on le verra par l'expérience, nous considérerons successivement les deux cas. Le reste de ce chapitre est pour les écoulemens par des orifices percés en de minces parois.

En général, de toutes les expériences que je rapporterai & que j'ai faites moi-même, il n'y en a
aucune qui n'ait été répétée plusieurs fois & variée
de différentes manières.

(461.) Les orifices dont il s'agit ici font percés
bien perpendiculairement dans des plaques de cuivre
qui ont environ $\frac{1}{2}$ ligne d'épaiffeur. Commençons
par établir des faits ; nous verrons enfuite les
conféquences qui en réfultent.

EXPÉRIENCES I, II, III,.....VI.

(462.) Dans toutes ces expériences, l'eau a
été entretenue dans le réfervoir à la hauteur conftante de 11 pieds 8 pouces 10 lignes au-deffus
de chaque orifice, & on a obfervé les faits qui
fuivent.

I. En 50 fecondes, une ouverture horizontale
& circulaire, de 6 lignes de diamètre, a donné
1 pied cube d'eau $+$ 198 pouces cubes, c'eft-
à-dire, en tout 1926 pouces cubes.

II. En 90 fecondes, une ouverture horizontale & circulaire, de 1 pouce de diamètre, a
donné 8 pieds cubes d'eau $+$ 97 pouces cubes,
c'eft-à-dire, en tout 13921 pouces cubes.

III. En 21 fecondes, une ouverture horizontale & circulaire, de 2 pouces de diamètre, a
donné 8 pieds cubes d'eau $-$ 803 pouces cubes,
c'eft-à-dire, en tout 13021 pouces cubes.

IV. En 50 fecondes, une ouverture horizontale & rectangulaire, de 1 pouce de longueur fur

3 lignes de largeur, a donné 1 pied cube d'eau + 716 pouces cubes, c'est-à-dire, en tout 2444 pouces cubes.

V. En 71 secondes, une ouverture horizontale & quarrée, de 1 pouce de côté, a donné 8 pieds cubes d'eau + 160 pouces cubes, c'est-à-dire, en tout 13984 pouces cubes.

VI. En 17 secondes, une ouverture horizontale & quarrée, de 2 pouces de côté, a donné 8 pieds cubes d'eau — 405 pouces cubes, c'est-à-dire, en tout 13419 pouces cubes.

Résultat des ces Expériences.

(463.) Puisque la hauteur du fluide demeure constamment la même au-dessus d'un orifice, pendant tout le temps de l'écoulement, & que par conséquent l'eau sort toujours par cet orifice avec une vîtesse uniforme, il est évident que les quantités d'eau fournies en différens temps par une même ouverture, sont entr'elles comme ces temps. Ainsi, en réduisant tous les temps des écoulemens proposés à une même mesure, & prenant 1 minute pour cette mesure commune, on formera la table suivante par de simples proportions. Comme il est impossible de répondre qu'une expérience, quoique répétée plusieurs fois, soit exacte à 1 ou 2 pouces cubes près, sur-tout quand la dépense est considérable, je n'ai pas cru devoir surcharger mes tables des fractions que les proportions donnent quelquefois. Lorsque ces fractions sont moindres que $\frac{1}{2}$, je les néglige ; & lorfqu'elles valent $\frac{2}{3}$ ou plus de $\frac{1}{2}$, j'écris 1 à leur place.

T. A B L E I. *Hauteur conftante de l'eau au-deffus de chaque orifice $=$ 11 pieds 8 pouces 10 lignes.*	*Nombre de pouces cubes d'eau fournis en une minute.*
Par l'orif. circul. de 6 lignes de diamètre.	2311.
Par l'orif. circul. de 1 pouce de diamètre.	9281.
Par l'orif. circul. de 2 pouces de diamètre.	37203.
Par l'orif. rect. de 1 pouce fur 3 lignes.	2933.
Par l'orif. quarré de 1 pouce de côté....	11817.
Par l'orif. quarré de 2 pouces de côté...	47361.

EXPÉRIENCES VII, VIII.

(464.) L'eau s'écoule par des orifices verticaux, & on l'entretient dans le réfervoir à la hauteur conftante de 9 pieds au-deffus du centre de chaque ouverture, dans chaque expérience.

I. En 55 fecondes, une ouverture verticale & circulaire, de 6 lignes de diamètre, a donné 1 pied cube ─╂─ 122 pouces cubes, c'eft-à-dire, en tout 1850 pouces cubes.

II. En 100 fecondes, une ouverture circulaire & verticale, de 1 pouce de diamètre, a donné 8 pieds cubes d'eau ── 266 pouces cubes, c'eft-à-dire, en tout 13558 pouces cubes.

Réſultat de ces deux expériences.

(465.) En réduiſant les temps des écoulemens à 1 minute, & faiſant des proportions analogues à celles qu'on a employées dans l'article précédent, on formera la table ſuivante.

T A B L E I I.	Nombre de pouces çubes d'eau fournis en une minute.
Hauteur conſtante de l'eau au-deſſus du centre de chaque orifice = 9 pieds.	
Par l'orif. circul. de 6 lignes de diamètre.	2018.
Par l'orif. circul. de 1 pouce de diamètre.	8135.

EXPÉRIENCES IX, X.

(466.) L'eau ſort par deux orifices égaux chacun à chacun des deux précédens, & elle eſt entretenue dans le réſervoir, à la hauteur conſtante de 4 pieds au-deſſus du centre de chaque ouverture.

I. En 60 ſecondes, une ouverture verticale & circulaire, de 6 lignes de diamètre, a donné 1353 pouces cubes d'eau.

II. En 150 ſecondes, une ouverture verticale & circulaire, d'un pouce de diamètre, a donné 8 pieds cubes d'eau — 233 pouces cubes, c'eſt-à-dire, en tout 13591 pouces cubes.

Résultat de ces deux expériences.

(467.) En continuant à prendre la minute pour la mesure commune du temps, on formera la table suivante.

T A B L E I I I. *Hauteur constante de l'eau au-dessus du centre de chaque orifice = 4 pieds.*	*Nombre de pouces cubes d'eau fournis en une minute.*
Par l'orif. circ. de 6 lignes de diamètre.	1353.
par l'orif. circ. de 1 pouce de diamètre.	5436.

E X P É R I E N C E XI.

(468.) L'eau étant entretenue dans le réservoir, à la hauteur constante de 7 lignes au-dessus du centre d'une ouverture verticale & circulaire qui a 1 pouce de diamètre, en 2 minutes 45 secondes, on reçoit 1 pied cube d'eau. Ce produit revient à 628 pouces cubes en 1 minute.

La surface de l'eau s'abaisse en longueur dans la direction de l'orifice ; mais cette espèce de demi-entonnoir est très-peu sensible.

Si l'on suppose, comme on fait ordinairement, que le pied cube d'eau contienne 36 pintes de Paris, on trouvera que la dépense précédente revient à $13\frac{1}{12}$ pintes par minute. M. Mariotte, qui a fait la même expérience, trouve la dépense un peu plus forte ; mais je crois pouvoir garantir la parfaite juſteſſe de mon opération. J'avois une ſurface d'eau très - étendue, ſenſiblement immobile ; au lieu que, dans l'expérience de M. Mariotte, l'eau proviſionnelle qu'on jetoit dans le vaſe pour l'entretenir plein à la même hauteur, pouvoit y occaſionner quelqu'ébranlement. Or, ſi la ſurface s'élève au-deſſus des 7 lignes, ou s'abaiſſe au-deſſous, on obtiendra des réſultats ſenſiblement différens. De plus il peut ſe faire que M. Mariotte & moi n'ayons pas employé des étalons exactement de la même grandeur. Enfin on doit remarquer que cet auteur a varié pluſieurs fois dans ſes réſultats à ce ſujet.

RÉFLEXIONS.

(469.) On voit, par chacune des tables précédentes, que *les dépenſes faites en temps égaux par différentes ouvertures, ſous une même hauteur de réſervoir, ſont entr'elles, à peu de choſe près, comme les aires de ces ouvertures.* Car prenons, par exemple, dans la première table, les dépenſes 37203 pouces cubes & 9281 pouces cubes, que font les deux ouvertures circulaires qui ont, l'une 2 pouces de diamètre, l'autre 1 pouce de diamètre ; on trouvera que ces deux dépenſes ſont entr'elles, à peu de choſe près, dans le rapport de 4 à 1, qui eſt celui des deux ouvertures en queſtion. La même choſe a lieu dans tous les cas pareils. Nous examinerons ci-deſſous pourquoi les dépenſes ne ſont pas exactement proportionnelles aux ouvertures.

(470.) Par la comparaison de deux quelconques de nos tables, on trouvera que *les dépenses faites en temps égaux, par une même ouverture, sous différentes hauteurs de réservoirs, font entr'elles, à peu de chose près, comme les racines quarrées des hauteurs correspondantes de l'eau dans le réservoir au-dessus des mêmes ouvertures.* Ainsi, par exemple, si l'on prend dans les tables II & III, les dépenses 8135 pouces cubes, & 5436 pouces cubes, que fait un même orifice qui a 1 pouce de diamètre, sous 9 pieds, & 4 pieds d'eau dans le réservoir; on verra que ces dépenses font sensiblement entr'elles dans le rapport de 3 à 2, qui est celui des racines des hauteurs. Nous chercherons encore pourquoi cette proportion n'a pas lieu en toute rigueur.

(471.) Il suit des deux articles précédens, qu'en *général les quantités d'eau dépensées, durant le même temps, par différentes ouvertures, sous différentes hauteurs dans le réservoir, font entr'elles en raison composée des aires des ouvertures, & des racines quarrées des hauteurs des réservoirs.* Car si l'on nomme Q & q les quantités d'eau dépensées, durant le même temps, par deux ouvertures K & K', sous une même hauteur de réservoir; q & Q' les quantités d'eau dépensées, durant le même temps, par la même ouverture K, sous deux hauteurs différentes h & h' de réservoir: on aura, en vertu des deux articles précédens, $Q:q::K:K'$; $q:Q'::\sqrt{h}:\sqrt{h'}$; proportions d'où l'on tirera deux valeurs de q,

lesquelles

lefquelles étant égalées enfemble , donneront la proportion , $Q : Q' :: K \sqrt{h} : K' \sqrt{h'}$, qui s'accorde avec la théorie (203).

Cette règle générale eft fuffifamment exacte pour les befoins ordinaires de la pratique ; mais lorfqu'on voudra déterminer les écoulemens avec toute la jufteffe poffible , il faudra avoir égard aux remarques que nous ferons ci-deffous.

(472.) Il n'eft queftion dans tout ceci , comme on voit , que d'orifices petits en comparaifon de l'amplitude du réfervoir ; car le plus grand orifice que j'aie employé , étant un quarré qui a 2 pouces de côté , tandis que la bafe du réfervoir eft un quarré qua 3 p ieds de côté , la furface du premier quarré eft à celle du fecond , comme 1 eft à 324. Les mêmes réfultats auroient encore lieu pour de plus grands orifices par rapport à l'amplitude du réfervoir. Il y a néanmoins dans ce rapport une limite , paffé laquelle de grands orifices donne- roient moins qu'ils ne doivent donner , fuivant la règle précédente , comparativement à d'autres plus petits. Je déterminerai dans la fuite cette limite.

(473.) Quoique les dépenfes effectives fuivent ainfi entr'elles , au moins fenfiblement , la même raifon qui exifte entre les dépenfes théoriques , on ne doit pas conclure que les premières foient égales aux fecondes , car une telle conclufion feroit très-fauffe , comme on le va voir.

Cherchons par la formule $Q = \dfrac{21\,K\sqrt{ah}}{\theta}$
la dépenfe que feroit en 1 minute un orifice circulaire de 1 pouce de diamètre, fous 9 pieds de
hauteur d'eau dans le réfervoir, fi le fluide fortoit perpendiculairement au plan de l'orifice, &
qu'aucun obftacle n'en altérât l'écoulement naturel.
En faifant $a = 15$ pieds, $\theta = 1$ feconde, nous
trouverons $Q = 13144$ pouces cubes environ.
Or, fuivant l'expérience (465), la dépenfe que
fait réellement l'ouverture propofée n'eft que de
8135 pouces cubes : ainfi il s'en faut beaucoup
que la dépenfe effective égale la dépenfe théorique.
La première eft à la feconde, à peu-près, comme
100 eft à 161,57, rapport qui diffère peu de
celui de 5 à 8. Ce même rapport a lieu auffi, à
peu-près, dans tous les autres cas.

(474.) Deux caufes, le frottement & la contraction de la veine fluide, concourent à diminuer
la dépenfe. L'effet de la première eft peu fenfible;
le déchet de la dépenfe doit être attribué prefque entièrement à la contraction de la veine. De
plus, il faut obferver que ce déchet ne vient pas
de quelque diminution, au moins fenfible, dans
la vîteffe du fluide au fortir de l'orifice ; car,
1.° Suivant la théorie (196), la vîteffe, au fortir
de tout orifice très-petit en comparaifon de la
largeur du réfervoir, eft dûe à la hauteur entière
du fluide dans le réfervoir au-deffus de cet orifice.
2.° L'expérience des jets d'eau qui, (lorfqu'ils

fortent par des orifices percés dans de minces parois) s'élèvent prefque à la hauteur de leurs réfervoirs, & à qui la réfiftance de l'air fait encore perdre quelque chofe de leur hauteur, montre que la vîteffe au fortir de l'orifice n'eft pas fenfiblement altérée.

(475.) Il fuit de-là qu'on pourra déterminer, d'une manière exacte ou affez conforme à l'expérience, par la théorie de l'article 201, les écoulemens des fluides qui fortent de vafes entretenus conftamment pleins, par de petits orifices, en diminuant fimplement l'aire véritable de l'orifice, dans le rapport de 8 à 5, à peu-près, fans faire aucun changement dans les autres données du problème.

(476.) On voit encore par-là que le rapport de l'aire de l'orifice à l'aire de la fection de la veine contractée, tel que la mefure immédiate du diamètre de la veine nous l'a donné dans le chapitre précédent, eft fenfiblement moindre qu'on ne le trouve par les dépenfes. Celui de 141 à 100, donné par Newton, eft abfolument défectueux. Le nôtre, celui de 150 à 100, eft encore trop foible : nous avons pris le diamètre de la veine contrractée un peu trop grand ; mais fi l'on fait attention que le frottement contre les bords de l'orifice, ralentit le mouvement des particules qui contribuent le plus à la contraction, on verra que le diamètre de la veine contractée doit réellement être un peu plus grand que la dépenfe ne le donne.

(477.) Les écoulemens qui se font par des ouvertures latérales de hauteur sensible par rapport à celle du réservoir, sont également sujets à l'effet de la contraction. Elle diminue toujours la dépense théorique dans le rapport de 8 à 5 environ. Ainsi, lorsqu'on voudra appliquer la théorie de l'article 215 à la pratique, on ne doit pas oublier d'y faire cette correction.

(478.) Nous n'avons fait (474) qu'indiquer en général & d'une manière vague, les effets du frottement & de la contraction. Ils se mêlent & se compliquent ensemble de telle sorte qu'il est très-difficile de les séparer, & d'assigner précisément à chacun son partage. Tâchons cependant de faire, du moins jusqu'à un certain point, cette séparation. Je commence par le frottement.

(479.) Il paroît évident que, sous une même hauteur d'eau dans le réservoir, la veine doit se contracter de la même manière au sortir de deux orifices de même espèce, inégaux en surfaces, & très-petits l'un & l'autre en comparaison de l'amplitude du réservoir. Du moins s'il y a alors quelque différence dans la contraction, elle ne peut être que très-légère, ou comme infiniment petite. Ainsi on peut supposer en ce cas que le frottement est la seule cause qui produise quelque différence, s'il y en a, dans le rapport que les dépenses devroient suivre entr'elles. Or, quelle que puisse être la nature de cette force, il est clair que plus il y a de points qui frottent contre le bord de l'orifice, comparativement à l'étendue de sa surface, plus le déchet de la dépense occasionné par le frottement doit être sensible. Ainsi, de deux orifices semblables & inégaux, le plus petit doit donner moins à proportion que l'autre; car le rapport des périmètres varie moins que celui des surfaces. Si l'on considère, par exemple, deux orifices circulaires dont l'un ait 1 pouce de diamètre, l'autre 2 pouces aussi de diamètre, on verra que le premier doit donner moins d'eau à proportion que le second; parce que le périmètre du premier étant la moitié du périmètre du second, tandis que les surfaces sont seulement dans le rapport de 1 à 4, il est clair que, relativement aux surfaces, le premier orifice présente plus de points à l'action du frottement que n'en présente le second. C'est ce que l'expérience confirme, comme on peut le voir dans chacune de nos tables. Nous pouvons donc établir cette règle générale : *Le frottement est cause que, de plusieurs orifices semblables, les petits donnent moins à proportion que les grands, sous une même hauteur d'eau dans le réservoir.*

(480.) Des mêmes remarques suit cette autre règle : *De plusieurs orifices d'égale surface, celui dont le périmètre est le moindre, doit à cause du frottement donner plus d'eau que les autres, sous une même hauteur de réservoir.* Ainsi les orifices circulaires sont à cet égard les plus avantageux de tous : car on sait que, de toutes les figures isopérimètres, le cercle est celle qui a la plus grande surface; ou, ce qui revient au même, la circonférence du cercle eſt la plus courte de toutes les lignes qu'on peut choiſir pour enfermer un eſpace donné.

(481.) Suppoſons maintenant deux orifices égaux & ſemblables, mais inégalement éloignés de la ſurface de l'eau dans le réſervoir. Soient H & h ces diſtances, & prenons $H > h$. Puiſque dans les deux cas il y a le même nombre de points qui frottent, s'il y a quelques différences dans les frottemens, elles ne peuvent être que relatives aux hauteurs H & h. Mais, d'un autre côté, comme la contraction de la veine fluide peut n'être pas la même pour un même orifice, ſous différentes hauteurs d'eau dans le réſervoir, il eſt impoſſible de décider ſi le frottement a quelque part aux variations qui ſe trouvent dans la proportion des dépenſes, à moins qu'on ne connoiſſe par quelque théorie la nature de cette réſiſtance. Or, parmi les différentes hypothèſes qu'on peut propoſer à ce ſujet, en voici deux qui ont l'avantage d'être fort ſimples, & dont la ſeconde ne paroît pas devoir s'écarter beaucoup de la vérité. Il s'agit toujours de l'action *moyenne* du frottement, diſtribuée à l'aire entière de l'orifice; mais il eſt clair qu'il n'eſt pas le même dans toute cette étendue, & qu'occaſionné par le mouvement des particules qui gliſſent immédiatement ſur l'arête de l'orifice, il doit diminuer de proche en proche, de la ciconférence au centre.

(482.) Imaginons, en premier lieu, que le

frottement foit proportionnel à la preffion ou à la hauteur du fluide dans le réfervoir : cette réfiftance étant fuppofée repréfentée par F fous une hauteur donnée L, elle fera $\frac{F}{L} \times H$ fous la hauteur H, & $\frac{F}{L} \times h$ fous la hauteur h. Donc la force qui produit l'écoulement fous la hauteur H, pourra être repréfentée par $H - \frac{F}{L} \times H$, tandis que la force qui produit l'écoulement fous la hauteur h, le fera par $h - \frac{F}{L} \times h$. Or, on a évidemment la proportion, $H - \frac{F}{L} \times H : h - \frac{F}{L} \times h :: H : h$; par conféquent, les deux dépenfes par l'orifice propofé, en ayant égard au frottement, feroient entr'elles comme s'il n'y avoit pas de frottement. Ainfi, dans cette première hypothèfe, le frottement ne contribueroit en rien à changer le rapport des dépenfes par un même orifice fous différentes hauteurs de réfervoir ; mais cette hypothèfe fouffre quelque difficulté. Pourquoi en effet le frottement fuivroit-il la raifon des hauteurs ou des quarrés des vîteffes? Il eft indubitable que, plus il y a de points qui frottent en un temps donné, plus l'effet du frottement eft grand ; mais cela paroît fuppofer que le frottement eft proportionnel à la fimple vîteffe ; & on ne voit pas pourquoi il renfermeroit dans fon expreffion le quarré de cette vîteffe. Il ne le renferme point pour les corps folides :

la loi paroît devoir être à-peu-près la même dans les deux cas.

(483.) Je suppose donc, en second lieu, que le frottement soit proportionnel à la vîtesse ou à la racine de la hauteur du fluide dans le réservoir. En ce cas, la force qui produit l'écoulement sous la hauteur H est $H - \dfrac{F}{\sqrt{L}} \times \sqrt{H}$, & la force qui produit l'écoulement sous la hauteur h, est $h - \dfrac{F}{\sqrt{L}} \times \sqrt{h}$. Or, puisque $H > h$, on a

$$H - \frac{F}{\sqrt{L}} \times \sqrt{H} : h - \frac{F}{\sqrt{L}} \times \sqrt{h} > H : h,$$

comme on le voit, en observant que le produit des extrêmes est plus grand que le produit des moyens. Donc, dans cette hypothèse, le frottement doit être moins sensible à la plus grande hauteur H qu'à la plus petite h. La variation qui résulte de-là dans le rapport des dépenses, est extrêmement petite pour des orifices percés dans de minces parois; mais elle peut se faire remarquer sur des tuyaux d'une certaine longueur. L'expérience apprend en effet, comme nous le verrons ci-dessous, que, sous différentes hauteurs de réservoirs, un même tuyau donne plus à proportion pour les grandes hauteurs que pour les petites : ce qui prouve la justesse de l'hypothèse dont il s'agit.

(484.) Cela posé, voyons ce que les expériences rapportées ci-dessus nous indiquent, au sujet des variations dans le rapport des dépenses que fait un même orifice fous différentes hauteurs d'eau dans le réfervoir. Si l'on compare entr'elles, à l'aide de nos trois tables, les dépenfes d'un orifice circulaire de 1 pouce de diamètre, fous les trois hauteurs 11 pieds 8 pouces 10 lignes, 9 pieds, 4 pieds, on trouvera que, proportion gardée des hauteurs, la dépenfe eft plus grande pour une petite hauteur que pour une grande. Or ce réfultat eft précifément contraire à celui qu'on tireroit de l'article précédent, fi la variation dont il s'agit étoit produite par le frottement. Concluons donc que cette même variation n'eft pas dûe au frottement ; mais qu'elle a pour caufe une plus ou moins grande contraction de la veine, à mefure que la hauteur du fluide dans le réfervoir eft plus ou moins grande. Cette explication me paroît hors de doute : car, puifque les particules preffent perpendiculairement le plan de l'orifice lorfqu'il eft encore bouché, & que, quand on vient à l'ouvrir, la contraction eft produite par le mouvement oblique des particules latérales ; plus ce mouvement eft grand, ou plus la hauteur du fluide dans le réfervoir eft grande, & plus auffi la veine fluide doit fe refferrer. Nous pouvons donc établir cette règle : *En vertu d'une légère augmentation que la contraction de la veine fubit, à mefure que la hauteur du fluide dans le réfervoir augmente, la dépenfe doit un peu diminuer.* Cet effet eft un peu contrarié par le frottement ; mais ici l'action de cette dernière force doit être négligée.

(485.) En modifiant les réfultats théoriques, à l'aide des obfervations précédentes, on trouvera les dépenfes avec une précifion qu'on ne pouffe jamais fi loin dans la pratique ordinaire, mais qui plaît toujours à l'efprit, même alors qu'il néglige d'en faire ufage. Eclairciffons cela par un exemple.

Supofons qu'on ait un réfervoir entretenu conftamment plein, à la hauteur de 5 pieds au-deffus d'un orifice de 9 lignes de diamètre, percé dans une mince paroi : on demande la quantité effective d'eau que cet orifice donnera en 1 minute.

Je cherche d'abord, par la formule de l'article 201, fans faire aucune correction à l'orifice, la dépenfe théorique de ce même orifice, & je trouve qu'en 1 minute, elle eft de 5510 pouces cubes. Enfuite je cherche de même la dépenfe théorique par un orifice de 6 lignes de diamètre, fous 4 pieds de hauteur d'eau dans le réfervoir. Cette dépenfe eft de 2191 pouces cubes, tandis que la dépenfe effective correfpondante eft feulement de 1353 pouces cubes (467). Or il eft évident que les deux dépenfes théoriques qu'on vient de déterminer, doivent être entr'elles, à très-peu de chofe près, comme les deux dépenfes effectives correfpondantes. Car en concluant de la hauteur de 4 pieds à la hauteur de 5 pieds, la dépenfe effective eft un peu augmentée ; mais auffi en concluant d'un orifice de 6 lignes de diamètre à un orifice de 9 lignes de diamètre, la dépenfe eft un peu diminuée : ce qui produit une compenfation, & ne peut pas manquer d'établir entre les dépenfes effectives un rapport très - approchant du véritable. Faifant donc cette proportion, 2191 : 1353 :: 5510 pouces cubes : un quatrième terme, ce quatrième terme 3402 pouces cubes, eft la dépenfe demandée.

On procédera de la même manière dans les autres queftions de cette efpèce : on fe procurera des compenfations pareilles à celles de l'exemple précédent.

(486.) Voici encore une remarque qui peut avoir fon application dans la pratique.

Pour m'expliquer fur un exemple, je fuppofe que, fous une même hauteur conftante de 4 pieds dans le réfervoir, on ait deux orifices, l'un de 1 pouce de diamètre, l'autre inconnu & tel que fa dépenfe doive être précifément le quart de la dépenfe du premier, dans le même temps : il s'agit de favoir quel doit être le diamètre de ce fecond orifice.

Il eft clair que s'il n'y avoit pas de caufe de retard, & que les petites ouvertures donnaffent autant à proportion que les grandes, l'orifice cherché devroit avoir 6 lignes de diamètre ; mais comme les petits orifices donnent un peu moins à proportion que les grands, l'orifice en queftion doit avoir un peu plus de 6 lignes de diamètre, & je le détermine ainfi.

On a vu (467) que, fous la hauteur conftante de 4 pieds d'eau dans le réfervoir, un orifice de

1 pouce de diamètre donne en 1 minute 5436 pouces cubes d'eau. Prenons le quart de cette quantité, & nous aurons 1359 pouces cubes, pour la dépenfe de l'orifice cherché. Or (467) un orifice de 6 lignes de diamètre dépenfe en 1 minute 1353 pouces cubes ; ces deux dépenfes diffèrent peu l'une de l'autre. Donc les deux orifices diffèrent peu, & à plus forte raifon leurs périmètres diffèrent encore moins à proportion de leurs grandeurs. Ainfi l'inégalité produite par le frottement, dans ces deux orifices, doit être comme infiniment petite. Si donc on fait cette proportion, 1353 : 1359 :: 36 : un quatrième terme, ce quatrième terme exprimera en lignes quarrées, le quarré du diamètre de l'orifice demandé. En achevant le calcul, je trouve que l'orifice cherché doit avoir environ 6,014 lignes de diamètre. L'excès de ce diamètre fur 6 lignes eft infenfible ; mais il y a des cas où ces fortes d'excès ne doivent pas être négligés : on y appliquera alors la méthode dont je viens de me fervir.

(487.) Nous avons adopté (215) la règle ordinaire que, dans les écoulemens par des orifices verticaux ou inclinés, dont les hauteurs font fenfiblement comparables à celles des réfervoirs, les vîteffes des différens filets font égales à celles qu'acquerroit un corps grave, en tombant des hauteurs correfpondantes de la furface de l'eau ; mais nous nous fommes propofés alors de la vérifier par l'expérience. Voici cet examen.

Suppofons un orifice circulaire & vertical de 1 pouce de diamètre, dont le centre eft conftamment éloigné de 7 lignes de la furface de l'eau, comme dans l'article 468. Je trouve, par la formule de l'article 222, qu'en 1 minute la dépenfe théorique devroit être d'environ 966 pouces cubes. Or, fuivant l'expérience, la dépenfe effective eft de 628 pouces cubes feulement. Maintenant, fi l'on cherche avec les précautions que j'ai indiquées, la dépenfe effective par un orifice horizontal de 1 pouce de diamètre, diftant de la furface de l'eau, d'une quantité égale à la hauteur moyenne déterminée dans l'article 223, on trouvera que cette dépenfe effective eft auffi de 628 pouces cubes, à très-peu-près. On voit donc, par la comparaifon de la dépenfe théorique avec la dépenfe effective, que la règle dont il s'agit eft à peu-près auffi exacte que celle par laquelle nous avons déterminé (201) la dépenfe par un petit orifice horizontal ou latéral, dont tous les points peuvent être cenfés également éloignés de la furface du fluide. Mais il faut pour cela que l'orifice vertical ou incliné (quoique d'une grandeur fenfible) ne foit pas fort confidérable par rapport à l'amplitude du réfervoir ; & que de plus la furface de l'eau dépaffe le bord fupérieur de l'orifice, comme on l'a obfervé (225.)

J'ai trouvé la même chofe par d'autres expériences faites avec des orifices rectangulaires &

verticaux; je ne les rapporte pas , parce qu'elles n'apprennent d'ailleurs rien de nouveau.

(488.) Je finis par donner ici une table comparative de la dépenfe théorique avec la dépenfe effective , pour un orifice de 1 pouce de diamètre, fous différentes hauteurs de réfervoir. Les dépenfes effectives qui n'ont pas été trouvées immédiatement par l'expérience , ont été déterminées avec les précautions que j'ai indiquées (485 & 486); & toutes doivent être regardées comme auffi exactes, à peu de chofe près , que fi elles avoient été données par des expériences directes. Par le moyen de cette Table & des règles précédentes , on déterminera facilement les dépenfes par d'autres orifices percés dans de minces parois , & fous d'autres hauteurs de réfervoir. On trouvera ci-deffous plufieurs ufages de cette table : en voici d'avance une application.

Il s'agit de trouver la dépenfe que fera en 1 minute un orifice de 3 pouces de diamètre , fous 30 pieds de hauteur de réfervoir.

Les dépenfes théoriques de deux orifices , en temps égaux, étant comme les produits de ces orifices par les racines des hauteurs des réfervoirs; & la dépenfe théorique d'un orifice de 1 pouce de diamètre , fous 15 pieds de hauteur de réfervoir, étant , felon notre table, de 16968 pouces cubes en 1 minute : on aura la proportion , $1 \sqrt{15} : 9 \sqrt{30} :: 16968$ pouces cubes : un quatrième terme 215961 pouces cubes, dépenfe théorique de l'orifice propofé. Diminuant cette dépenfe dans le rapport de $8 \frac{1}{10}$ à 5, à caufe de la contraction, on aura 133309 pouces cubes, pour la dépenfe effective du même orifice.

Hauteurs conftantes de l'eau dans le réfervoir au-deffus de l'orifice, exprimées en pieds.	Depenfes théoriques, en 1 minute, par un orifice de 1 pouce de diamétre, exprimées en pouces cubes.	Dépenfes effectives pendant le même temps, par le même orifice, exprimées auffi en pouces cubes.
1	4381	2722
2	6196	3846
3	7589	4710
4	8763	5436
5	9797	6075
6	10732	6654
7	11592	7183
8	12392	7672
9	13144	8135
10	13855	8574
11	14530	8990
12	15180	9384
13	15797	9764
14	16393	10130
15	16968	10472

CHAPITRE III.

Continuation du même sujet : écoulemens par des tuyaux additionnels.

(489.) Lorsque l'eau fort d'un vafe par un orifice percé dans une mince paroi , la contraction à laquelle la veine fluide eft toujours fujette, diminue confidérablement la dépenfe, comme nous l'avons vu. Examinons s'il en fera de même, lorfque l'eau s'écoulera par un bout de tuyau additionnel dont elle fuive les parois. Je vais expofer mes recherches fur ce fujet, dans l'ordre qu'elles fe font fuccédées les unes aux autres.

(490.) Mon premier objet ayant été de comparer enfemble les dépenfes dans les deux cas, j'ai voulu d'abord déterminer la dépenfe d'un tuyau additionnel de 2 pouces de diamètre, pour en faire la comparaifon avec celle d'un orifice de 2 pouces auffi de diamètre, percé dans une mince paroi. En conféquence, j'ai fait adapter au fond du réfervoir *ADCB (Fig. 13)*, un tube cylindrique vertical *MOPN* de cuivre bien poli en dedans, qui avoit 2 pouces de diamètre & 2 pouces de hauteur. Ce tuyau étant bouché par le moyen d'un tampon, & le réfervoir étant rempli d'eau à la hauteur de 11 pieds 8 pouces 10 lignes au-deffus de *MN*, lorfqu'on a ôté le tampon

pour

pour permettre l'écoulement, l'eau n'a pas suivi les parois du tuyau, & la veine s'est contractée comme si l'orifice avoit été percé dans une mince plaque. On voyoit l'eau glisser sur l'arête de la base supérieure du tube, précisément de la même manière que dans les expériences précédentes. Vainement on a tenté d'en changer le cours. Il n'a pas été possible de la déterminer à suivre les parois du tuyau. Je ne pouvois donc parvenir à mon but avec un tuyau de ce diamètre qu'en lui donnant plus de longueur; mais outre qu'alors je prévoyois quelque difficulté à faire bien exactement l'expérience, à cause de la grande dépense du tuyau, je n'ai pas tenté de la faire, parce que d'ailleurs un alongement dans le tuyau auroit pu occasionner un frottement sensible, que je voulois éviter dans cette recherche. Ces raisons m'ont déterminé à employer un tuyau d'un plus petit diamètre. On a donc appliqué au fond du réservoir un tuyau cylindrique vertical, aussi de cuivre bien poli en dedans, de 1 pouce de diamètre & de 2 pouces de hauteur. Après avoir fait remplir le réservoir comme ci-devant; lorsqu'on a ôté le tampon qui bouchoit le tuyau, l'eau a suivi ses parois & s'est écoulée à gueulebée. On a donc pu déterminer la dépense par ce tuyau, & la comparer avec celle d'un orifice de 1 pouce de diamètre, percé dans une mince paroi. Mais en répétant plusieurs fois cette expérience, il s'en est présenté une autre d'une espèce assez singulière, qui a fourni le moyen de faire la comparaiſon indiquée, avec la plus grande préciſion.

(491.) Comme la violence de l'eau ne permettoit pas de boucher facilement le tuyau en dehors, j'ai penſé à ſuſpendre l'écoulement *(Fig. 14)*, par le moyen d'une petite planche *K* attachée d'équerre à l'extrémité d'une longue perche *R*, & couverte de pluſieurs lambeaux de feutre. Il n'étoit pas difficile d'appliquer cette planche ſur l'ouverture ſupérieure du tuyau. Or quand on la retiroit pour donner lieu à l'écoulement; tantôt l'eau ſuivoit les parois du tube, tantôt elle s'en détachoit, & la veine ſe reſſerroit comme ci-deſſus. Avec un peu d'exercice on eſt parvenu à produire à volonté l'un ou l'autre effet. Le même phénomème a eu lieu, après que la hauteur du tuyau a été réduite à 1 pouce 6 lignes, avec cette différence néanmoins qu'on ne réuſſiſſoit pas aiſément à faire alors en ſorte que l'eau ſuivît les parois du tuyau. Elle les auroit encore moins ſuivis, & peut-être auroit-il été impoſſible de l'y déterminer, ſi le tuyau n'avoit eu que 1 pouce de hauteur. Il eſt du moins certain qu'ayant fait réduire la hauteur du tuyau à $\frac{1}{2}$ pouce, l'eau s'eſt toujours détachée des parois, & que jamais on n'a pu la forcer à les ſuivre, même en préſentant le tampon à l'orifice inférieur, ou en y appliquant le plat de la main. Quoi qu'il en ſoit, la commodité de pouvoir faire ſortir l'eau à plein tuyau, ou de la faire ſimplement gliſſer ſur ſon bord

Fig. 14.

supérieur, quand le tuyau n'a que 18 lignes de hauteur, a cela d'avantageux que l'orifice d'entrée étant exactement le même dans les deux cas, & le tuyau étant d'ailleurs parfaitement cylindrique, l'une des sources d'erreur dans le rapport des dépenses, celle qui tient aux imperfections inévitables dans les grandeurs des orifices, disparoît ici presque totalement. On n'a point à craindre d'ailleurs, que la hauteur du tuyau puisse occasionner un frottement, qui trouble d'une manière sensible le rapport cherché : car elle est fort petite par rapport à celle que nous donnerons au réservoir.

(492.) Ces opérations préliminaires posées, pour remplir non-seulement mon premier objet, mais encore pour comparer les dépenses par des tuyaux de même diamètre & de différentes hauteurs, on a mis au fond du réservoir *ADBC* un tuyau cylindrique vertical, bien poli en dedans, qui a 1 pouce de diamètre intérieur, & dont la hauteur, d'abord de 4 pouces, a été diminuée successivement. Dans les trois premières expériences qui suivent, l'eau sort à plein tuyau ; & dans la quatrième j'ai fait en sorte qu'elle en abandonnât les parois.

EXPÉRIENCES I, II, III, IV.

(493.) L'eau du réservoir est entretenue, dans tous les cas, à la hauteur constante de 11 pieds 8 pouces 10 lignes au-dessus de la base supérieure *MN* du tuyau *MOPN (Fig. 13)*.

Fig. 13.

I. Le tuyau ayant 4 pouces de hauteur, & l'eau en suivant les parois, en 66 secondes ou

D ij

reçoit 8 pieds cubes d'eau — 323 pouces cubes, c'eſt-à-dire, en tout 13501 pouces cubes.

II. Le tuyau ayant 2 pouces de hauteur, & l'eau en ſuivant la parois, en 66 ſecondes on reçoit 8 pieds cubes d'eau — 417 pouces cubes, c'eſt-à-dire, en tout 13407 pouces cubes.

III. Le tuyau ayant 1 pouce 6 lignes de hauteur, & l'eau en ſuivant les parois, en 66 ſecondes on reçoit 8 pieds cubes d'eau — 439 pouces cubes, c'eſt-à-dire, en tout 13385 pouces cubes.

IV. Le tuyau ayant 1 pouce 6 lignes de hauteur, comme dans l'expérience précédente, mais l'eau ne faiſant plus que gliſſer ſur l'arête de ſa baſe ſupérieure, en 91 ſecondes on reçoit 8 pieds cubes d'eau —+— 254 pouces cubes, c'eſt-à-dire, en tout 14078 pouces cubes.

Table réſultante de ces expériences.

(494.) La hauteur conſtante de l'eau dans le réſervoir, au-deſſus de la baſe ſupérieure du tuyau, eſt de 11 pieds 8 pouces 10 lignes ; & le diamètre du tuyau eſt de 1 pouce.	*Hauteurs variables du tuyau, exprimées en lignes.*	*Nombre de pouces cubes d'eau dépenſés en une minute.*
	48 ⎫	12274.
	24 ⎬ L'eau ſort à plein tuyau.	12188.
	18 ⎭	12168.
	18 ⎬ L'eau ne ſuit pas les parois.	9282.

RÉFLEXIONS.

(495.) Lorsque l'eau sort par un tuyau vertical, comme dans les trois premières expériences qui précèdent, plus le tuyau est long, plus la dépense est grande. Les différentes dépenses suivent, à peu de chose près, la raison des racines quarrées des hauteurs de l'eau dans le réservoir au-dessus de la base inférieure du tuyau ; mais il ne s'agit ici que de tuyaux qui ont de petites hauteurs en comparaison de celle du réservoir. Nous examinerons dans la suite le mouvement des eaux dans de longs tuyaux.

(496.) En comparant les quantités d'eau dépensées dans la troisième & la quatrième expérience, on voit que les deux dépenses 12168 pouces cubes & 9282 pouces cubes, sont entr'elles dans un rapport qui surpasse un peu celui de 13 à 10. Mais il faut remarquer que la hauteur de l'eau au-dessus de l'orifice de sortie n'est pas la même dans les deux cas ; elle est plus grande dans le premier que dans le second. Le frottement le long des parois du tuyau doit un peu diminuer la dépense dans le premier cas ; mais cette diminution est très-légére, & ne peut altérer qu'insensiblement le rapport des deux dépenses proposées.

(497.) Je néglige donc une telle altération ; & pour comparer ensemble les deux dépenses sous une même hauteur de réservoir, j'observe que dans la troisième expérience la hauteur de l'eau dans le réservoir au-deſſus de l'orifice de ſortie $=$ 11 pieds 8 pouces 10 lignes $+$ 18 lignes $=$ 1708 lignes; & que dans la quatrième la hauteur du réſervoir $=$ 11 pieds 8 pouces 10 lignes $+$ 6 lignes $=$ 1696 lignes, parce que la ſection de la veine contractée eſt diſtante d'environ 6 lignes du fond du réſervoir. Ainſi, pour réduire la dépenſe de la quatrième expérience à la valeur qu'elle doit avoir ſous 1708 lignes de hauteur dans le réſervoir, on fera (470) la proportion $\sqrt{1696}$: $\sqrt{1708}$ :: 9282 pouces; à la dépenſe cherchée $=$ 9314 pouces cubes. Il s'en faut peu que les deux dépenſes 12168 pouces cubes & 9314 pouces cubes, ſoient maintenant entr'elles dans le rapport de 13 à 10.

(498.) Nous avons trouvé (473) que la dépenſe théorique eſt à la dépenſe affectée de la contraction ordinaire qui a lieu à la ſortie des orifices percés dans de minces parois, environ comme 8 eſt à 5, ou comme 16 eſt à 10; & nous venons de voir que la dépenſe par un tuyau additionnel, eſt à la dépenſe affectée de la contrac- tion ordinaire, comme 13 eſt à 10. Concluons donc que *la hauteur du réſervoir & l'orifice de ſortie étant les mêmes, la dépenſe théorique, la dépenſe par un tuyau additionnel, la dépenſe par un orifice percé dans une mince paroi, ſont entr'elles, à peu de choſe près, comme les trois nombres* 16, 13, 10. Ces rapports ſont aſſez exacts pour la pratique.

(499.) De-là réſulte une conſéquence analogue

à l'article 475. Les écoulemens par des tuyaux additionnels, de quelques pouces de hauteur, pourront se déterminer par la méthode théorique de l'article 201, en diminuant l'aire véritable de l'orifice extérieur, dans le rapport de 16 à 13, & prenant pour hauteur du réservoir la verticale comprise depuis le centre de cet orifice, jusqu'à la surface supérieure de l'eau, prolongée lorsqu'il est nécessaire.

(500.) On voit encore par-là que les tuyaux additionnels ne détruisent qu'en partie la contraction. En effet, il est clair que le fluide ne peut passer du réservoir dans ces tuyaux, sans que les particules latérales ne prennent des directions obliques. Seulement l'obliquité de ces mouvemens est alors un peu diminuée, comme je l'expliquerai ci-dessous. En général, toutes les fois qu'un fluide mu dans un vase quelconque, qui a des inégalités dans sa grosseur, passe d'un endroit à un autre plus étroit, il y a nécessairement une contraction plus ou moins grande suivant les différens cas. La plus sensible de toutes, & que par cette raison, j'appellerai toujours *contraction de la première espèce*, est celle qui a lieu au sortir d'un petit orifice percé dans une mince paroi d'un grand réservoir.

(501.) Comme la veine fluide, dans le cas où elle sort à plein tuyau, a la forme cylindrique à sa sortie, ou qu'elle est alors perpendiculaire au plan de l'orifice extérieur *(Fig. 13)*, il est évident que le déchet de la dépense ne peut pas

Fig. 13.

être attribué à une contraction extérieure, mais que sa vraie cause est que la vîtesse du fluide en OP n'est pas dûe à la hauteur entière HO du réservoir. Soient h la hauteur à laquelle la vîtesse en OP est dûe ; K l'aire de l'orifice OP ; Q la quantité d'eau écoulée pendant le temps donné t ; θ le temps qu'un corps grave met à tomber de la hauteur a : on trouvera, comme dans l'article 201, $Q = \dfrac{2\,t\,K\sqrt{a\,h}}{\theta}$, & par conséquent $h = \dfrac{Q^2\,\theta^2}{4\,K^2\,t^2\,a}$. Donc en faisant, comme dans la troisième expérience, $Q = 12168$ pouces cubes, $t = 60$ secondes, $K = 36 \times \frac{355}{113}$ lignes quarrées, & de plus $a = 15$ pieds $= 2160$ lignes, $\theta = 1$ seconde : on aura $h = 1111$ lignes. Or la hauteur $HO = 1708$ lignes. Ainsi la hauteur h est à la hauteur de l'eau dans le réservoir, comme 1111 est à 1708, ou comme 100 est à $153,73$ environ, ou comme 2 est à 3, à peu-près.

(502.) Donc les jets d'eau qui sortent par des tuyaux additionnels, doivent s'élever moins haut que ceux qui sortent par des orifices percés dans de minces parois. Car ceux-ci, abstraction faite de la résistance de l'air, s'éleveroient sensiblement à la hauteur de leurs réservoirs. Cette conclusion est confirmée par l'expérience, comme nous le verrons dans la suite.

(503.) Que le tuyau $MOPN$ soit vertical, comme dans la *Figure 13*, ou horizontal comme dans la *Figure 15*, il donnera la même quantité Fig. 15. d'eau, pouvu qu'il ait toujours la même longueur, & que l'orifice extérieur *O P* foit placé à la même profondeur au-deffous de la furface de l'eau dans le réfervoir. J'ai employé dans les expériences précédentes un tuyau vertical, parce que je voulois connoître auffi les rapports des dépenfes à mefure que ce tuyau eft plus ou moins long.

(504.) Suppofons maintenant que l'eau forte par un tuyau conique *M O P N (Fig. 16)*, dont Fig. 16. la plus grande bafe *M N* eft du côté du réfervoir. La forme de ce tuyau facilite l'entrée de l'eau en *M N*; & pourvu qu'il ne foit pas trop évafé, il doit donner plus que le tuyau cylindrique *m O P n* qui a le même orifice extérieur *O P*. M. Poleni en a fait l'expérience dans fon Traité *de Caftellis*. Ayant adapté horizontalement à un réfervoir entretenu plein à la même hauteur conftante de 256 lignes au-deffus du centre de l'orifice, un tuyau conique qui avoit 92 lignes de longueur, 33 lignes de diamètre à fon orifice du côté du réfervoir, 26 lignes de diamètre à l'orifice extérieur ; enfuite un tuyau cylindrique qui avoit 91 lignes de longueur, 26 lignes de diamètre : il a trouvé que pour remplir un même vafe ou étalon qui contenoit 73035 pouces cubes, le tuyau conique employoit 2′ 57″, & le tuyau cylindrique 3′ 7″. En faifant fortir l'eau par un orifice de 26 lignes de diamètre, percé dans une mince paroi, il falloit 4' 36" pour remplir l'étalon.

(505.) Cet auteur compare aussi entr'eux les écoulemens par des tuyaux coniques qui ont même longueur, même orifice extérieur, mais différens orifices du côté du réservoir. La longueur commune des tuyaux qu'il emploie est de 92 lignes, & le diamètre de chaque orifice extérieur, de 26 lignes. Les diamètres des orifices intérieurs font respectivement de 33, 42, 60, 118 lignes. L'eau étant entretenue dans le réservoir toujours à même hauteur: par le premier tuyau, l'étalon proposé se remplit en 2' 57"; par le second, en 2' 58"; par le troisième, en 3'; enfin par le quatrième, en 3' 5".

(506.) Si l'on réduit toutes les dépenses énoncées dans les deux articles précédens, à notre manière de calculer, on trouvera que la hauteur constante de l'eau dans le réservoir étant 256 lignes, en 1 minute,

	Pouces cubes.
l'orifice percé dans une mince paroi donne..	15877,
le tuyau cylindrique....................	23434,
le premier tuyau conique................	24758,
le second.............................	24619,
le troisième..........................	24345,
le quatrième.........................	23687.

La première dépense est moindre qu'on ne la concluroit de mes expériences; & en cela M. Poleni s'éloigne encore plus que moi du résultat qu'on trouveroit, d'après l'expérience que M. Mariotte a faite pour déterminer le pouce d'eau.

(507.) Sans examiner fi M. Poleni a mis toute l'exactitude poffible dans fes opérations, & fi en particulier fon étalon n'étoit pas un peu défectueux par excès, comme je le préfume, bornons-nous à comparer enfemble les dépenfes de la table précédente, & concluons-en:

1.° Que la dépenfe effective eft toujours moindre que la dépenfe théorique, qui eft de 27425 pouces cubes en 1 minute.

2.° Qu'en élargiffant jufqu'à un certain point l'orifice intérieur du tuyau, on augmente la dépenfe; mais qu'il ne faut pas porter cet élargiffement trop loin, parce qu'il tend à produire une contraction extérieure, & à ramener l'écoulement à la claffe de ceux qui fe font par des orifices percés dans de minces parois, & qui font les moindres de tous en dépenfe.

(508.) Si on mettoit le tuyau conique *MOPN*, dans une autre pofition, en forte que fa plus petite bafe *OP* fût du côté du réfervoir & la plus grande en dehors, il donneroit plus d'eau que le tuyau cylindrique *mOPn*, parce que la divergence des côtés *OM, PN* tend à faire diverger la veine, & par conféquent à changer le mouvement oblique que les particules auroient à leur paffage du réfervoir dans le tuyau. Mais on fent que l'excès de la première dépenfe fur la feconde, a fes limites qui ne peuvent pas être fort étendues. D'ailleurs, fi le tuyau conique, toujours placé, comme on vient de le dire, n'a pas une certaine longueur par rapport au diamètre de fa plus grande bafe, l'eau ne fuivra pas fes parois, & il y aura à fon entrée contraction de la première efpèce. Cela arrivera fur-tout, s'il eft adapté verticalement au fond du réfervoir.

(509.) De tous les tuyaux additionnels qu'on peut appliquer fur un orifice extérieur donné, dans la vue de fe procurer la plus grande quantité d'eau qu'il eft poffible en un temps donné, le plus avantageux eft celui qui a la forme que la veine fluide prend naturellemenr, à la fortie d'un orifice percé dans une mince paroi. Je m'explique. Soit $MSTN$ *(Fig. 17)* la pyramide tronquée ou le conoïde formé par la veine, depuis l'orifice intérieur MN jufqu'à l'endroit ST où elle ceffe de fe refferrer pour commencer à prendre la forme cylindrique. Imaginons que MS, NT deviennent les parois d'un tuyau $MSTN$, lefquelles ne faffent que toucher la furface de l'eau fans gêner en aucune manière fon mouvement. Il eft clair que la vîteffe du fluide en ST étant dûe à la hauteur entière rb du réfervoir (474), & que la fection ST devant être confidérée comme le vrai orifice par lequel fe fait l'écoulement, la dépenfe effective au fortir de ST aura toute la plénitude poffible, & fera égale à la dépenfe théorique.

(510.) Cette remarque peut avoir fon application à la pratique, lorfqu'il s'agit de dériver une certaine quantité d'eau d'une rivière, d'un aqueduc, &c, par un canal ou tuyau latéral. On imitera dans la conſtruction de la partie antérieure de ce canal la forme *MSTN*, & on fera l'autre partie, priſmatique ou cylindrique. On doit ſe ſouvenir que l'aire *MN* eſt à l'aire *ST*, comme 8 eſt à 5 environ, & que la diſtance *rp* de *ST* à *MN* eſt égale, à peu-près, à la demi-largeur *pM* ou *pN*. A l'égard des côtés *MS, NT*, ils ſont ſenſiblement rectilignes : leur figure exacte eſt comme indéterminable par la théorie.

(511.) Revenons aux tuyaux cylindriques, & examinons pourquoi ils donnent plus d'eau que les orifices percés dans de minces parois. Je commence par le cas le plus ſimple.

Soit *MOPN* un tuyau cylindrique horizontal, adapté au réſervoir *ADCB (Fig. 15)*. Concevons d'abord qu'avant l'écoulement, ce tuyau ſoit bouché par une plaque appliquée contre *MN*, & qu'enſuite cette plaque ſoit anéantie ſubitement. Si chacune des particules fluides qui répondent à l'orifice *MN*, ne rencontroit aucun obſtacle après ſa ſortie, elle décriroit une parabole ſuivant les loix ordinaires du mouvement des projectiles : par exemple, les particules *M* & *N* décriroient les paraboles *Mmx, Nny*. Mais, dans la réalité, toutes les particules au ſortir de l'orifice ſe gênent, les paraboles ſe dénaturent, & la veine fluide tend à ſe contracter. Si la longueur *NP* du tuyau additionnel eſt petite, en ſorte que le point *P* tombe entre *N* & *z*, la veine fluide éprouve une contrac-

Fig. 15.

tion de la première espèce, & l'écoulement se fait comme si la longueur du tuyau n'étoit simplement que l'épaisseur d'une mince paroi. Mais si le point *P* se trouve en-delà de z, comme cela arrive dans notre figure, l'eau s'accumule sur l'étendue $z\,P$, la veine se gonfle, s'attache aux parois du tube vers sa partie extérieure, & finit par remplir l'orifice entier *O P*. L'écoulement une fois établi de cette manière, doit continuer de même. Or, lorsque le fluide sort ainsi à plein tuyau, il est visible que les mouvemens naturels des particules *M, N,* sont altérés & deviennent moins obliques au plan de l'orifice *M N;* d'où il résulte que la colonne fluide qui sort, acquiert une plus grande base. A la vérité, sa vîtesse diminue, comme on le verra dans la suite, lorsque nous rapporterons les expériences relatives à l'élévation des jets d'eau; mais l'augmentation de la base fait plus que compenser la diminution de la vîtesse ; & un tuyau additionnel donne plus d'eau qu'un orifice percé dans une mince paroi, l'orifice de sortie & la hauteur du réservoir étant les mêmes dans les deux cas.

(512.) Il y a plus : comme les mouvemens obliques des particules *M*, *N* sont altérés par la résistance de l'eau antérieure qui, ayant été forcée de changer sa direction primitive pour suivre les parois du tuyau, a nécessairement perdu quelque chose de sa vîtesse primitive, la résistance dont il s'agit doit nécessairement avoir une certaine intenſité pour opérer ſon effet auſſi complétement qu'il eſt poſſible. Le tuyau *MOPN* ne doit donc pas être trop court ; & il y a pour lui, dans chaque cas, une longueur propre à procurer un *maximum* d'écoulement ; mais cette longueur ne peut pas être fort conſidérable, parce qu'à meſure que le tuyau devient plus long, le frottement contre l'intérieur de ſes parois ſe fait ſentir davantage, & diminue d'autant la dépenſe.

(513.) La manière dont nous avons imaginé (511) que le tuyau eſt bouché d'abord, eſt purement idéale. Mais on ſent que l'écoulement ſe fera toujours de même, ſi par exemple l'entrée extérieure du tuyau étant bouchée avec un tampon, on ôte enſuite ce tampon pour permettre le cours à l'eau. Elle ſera encore plus déterminée, en ce cas, à ſuivre les parois du tuyau, pour peu qu'il ait de longueur. Car dès le premier inſtant les particules *M*, *N* éprouveront de la réſiſtance, ou de la part du tampon qui ne leur cédera pas, pour l'ordinaire, avec aſſez de vîteſſe, ou de la part de l'eau compriſe dans la cavité, qui eſt entre la tête du tampon & l'orifice *MN* ; réſiſtance qui fait gonfler la veine & l'oblige de ſortir à plein tuyau.

On appliquera ſans peine les mêmes remarques, avec quelques changemens, aux tuyaux coniques adaptés horizontalement à des réſervoirs.

(514.) Que l'eau ſorte maintenant par un tuyau cylindrique vertical *MOPN (Fig. 13)*, Fig. 13.

placé au fond du réservoir *ADCB*. Si l'on imaginoit, comme dans l'article 511, que l'entrée *MN*, fermée d'abord, devint libre tout d'un coup, sans que par-là le mouvement naturel des particules pût être altéré, la veine se contracteroit à l'ordinaire; & abstraction faite de toute résistance de l'air, il n'y auroit aucune raison pour qu'elle se gonflât & joignît les parois du tuyau. L'écoulement se feroit donc comme si la hauteur du tuyau étoit infiniment petite. Mais supposons que le tuyau proposé *MOPN (Fig. 18)*, soit bouché en dehors par le moyen d'un tampon *T* qui atteint jusqu'en *XY*. Il est visible, comme ci-dessus, que les particules *m, n* éprouvant de la résistance de la part du tampon qui se meut moins vîte qu'elles, ou de la part de l'eau inférieure qui remplit la cavité du tuyau, & qu'elles chassent, elles profitent de la liberté qu'elles ont de rejaillir suivant les sens *mX, mY;* & que par conséquent la veine doit se gonfler & sortir à plein tuyau : elle continuera à sortir de même, pourvu qu'elle ait une certaine adhérence aux parois du tuyau, tant en vertu de sa viscosité naturelle, que de la force qui pousse à chaque instant les particules *m, nY*. Or il suit de-là que l'obliquité naturelle du mouvement à l'entrée *MN* du tuyau est diminuée, ou que la base de la colonne fluide qui sort, est augmentée, sans que la vîtesse soit diminuée en même raison. Donc la dépense est plus forte que si l'eau sortoit par un orifice

percé

percé dans une mince paroi. Ajoutez que le poids particulier de l'eau contenue à chaque inf-tant dans le tuyau *MOPN*, tend ici à favorifer l'écoulement.

(515.) Il eft à propos de remarquer que l'adhé-rence de l'eau aux parois du tuyau eft fouvent très-légère, & que la plus petite force fuffit pour la rompre. Par exemple, l'eau étant entretenue dans un tonneau à la hauteur conftante de 2 pieds au-deffus de l'orifice inférieur d'un tube vertical de 2 pouces de hauteur fur 6 lignes de diamètre, & l'eau fortant à plein tuyau, j'ai éprouvé plu-fieurs fois qu'en frappant légèrement le tuyau avec une clef, l'eau fe détachoit de fes parois, & ne faifoit plus que gliffer fur fon bord fupé-rieur, comme dans les écoulemens par des ori-fices percés dans de minces parois. On fent que les petits coups donnés au tuyau, rompent alors l'efpèce d'engrénage par lequel les particules fluides tiennent à fes parois.

(516.) Ces principes fervent à expliquer faci-lement pourquoi, dans l'hypothèfe de l'article 491, l'eau fuit ou ne fuit pas les parois du tuyau, fuivant la manière dont on le bouche & le débouche. Lorfqu'on emploie pour cela la perche *R (Fig. 14)*,   Fig. 14. & qu'on la retire de manière qu'une certaine quan-tité d'eau commence à fuivre les parois, ou en général lorfque la planche *K* change la direction naturelle des particules à l'entrée du tuyau, il pourra arriver que l'écoulement prenne & conferve fon cours fuivant les parois, & que par conféquent l'eau forte à plein tuyau. Au contraire, la veine fe refferrera, fi le mouvement oblique des particules à l'entrée du tuyau ne fouffre pas une altération trop confidérable. Il eft évident que ce dernier cas auroit lieu encore, fi le tuyau étant bouché par un tampon, ce tampon atteignoit prefque MN, & qu'on pût l'ôter avec une vîteffe tout au moins égale à celle de l'eau qui le fuit.

(517.) On voit, par les mêmes principes, qu'en faifaint fortir l'eau à plein tuyau, on ne doit pas pour cela obtenir une dépenfe effective égale à la dépenfe naturelle & théorique ; car une partie de la force qui expulfe l'eau en MN, eft employée à faire gonfler la veine, & à l'obliger de fuivre les parois du tuyau. Cela eft également vrai, proportion gardée, pour les tuyaux coniques, & n'a d'exception que pour le feul tuyau dont il a été parlé dans l'article 509.

(518.) La propriété que les tuyaux additionnels ont de donner plus d'eau que les orifices percés dans de minces parois, eft bien contraire aux idées vulgairement reçues fur cette matière. J'ai rencontré plufieurs praticiens, habiles à d'autres égards, qui croyoient que, pour fe procurer la plus grande quantité d'eau qu'il eft poffible par un orifice donné, il faut que la lame dans laquelle cet orifice eft percé, foit la plus mince qu'il eft poffible, parce que, difoient-ils, on diminue par-là le frottement. Mais ils donnoient beaucoup plus qu'il ne convient à cette réſiſtance, & ne s'apercevoient pas que par-là on occaſionne une contraction de la première eſpèce, qui diminue bien davantage la dépenſe.

(519.) Pour ne rien laiſſer à deſirer ſur ce ſujet, relativement aux beſoins de la pratique, je rapporterai encore ici quelques expériences qui ont pour objet de faire connoître directement le rapport des dépenſes, par des tuyaux additionnels de différens diamètres, & ſous différentes hauteurs de réſervoir.

Dans ces expériences, j'ai employé pour réſervoir, un tonneau *ADCB (Fig. 19)*, au fond *DC* Fig. 19. duquel ſont adaptés verticalement deux tuyaux cylindriques *QSTH, MOPN*, hauts chacun de 2 pouces, le premier ayant 6 lignes de diamètre, le ſecond 10 lignes auſſi de diamètre ; les orifices ſupérieurs *QH, MN* ſont de niveau avec la face ſupérieure & horizontale du fond *DC*; l'eau proviſionnelle eſt fournie par un autre tonneau *IFEK*, qui la tranſmet au réſervoir par le moyen du canal *R*.

En élevant plus ou moins le tampon *V* dont le bout *G* eſt conique, on laiſſe paſſer plus ou moins d'eau dans le canal.

On a eu ſoin de briſer le choc de l'eau proviſionnelle à ſon entrée dans le réſervoir *ADCB*, de manière qu'elle n'y cauſe jamais d'ébranlement ſenſible.

E ij

EXPÉRIENCES V, VI, VII, VIII.

(520.) Hauteur conftante de l'eau dans le réfervoir au-deffus de l'orifice de fortie $=$ 3 pieds 10 pouces. Cet orifice de fortie eft *ST* ou *OP* quand l'eau fuit les parois du tuyau, & *QH* ou *MN* quand l'eau ne fuit pas des parois du tuyau.

I. L'eau fortant par le tuyau *QSTH* de 6 lignes de diamètre, & fuivant fes parois, en une minute on a reçu 1689 pouces cubes d'eau.

II. L'eau fortant par le même tuyau, mais ne faifant que toucher le bord fupérieur *QH*, fans fuivre le refte des parois, en 80 fecondes on a reçu 1724 pouces cubes d'eau.

III. L'eau fortant par le tuyau *MOPN* de 10 lignes de diamètre, & fuivant fes parois, en 24 fecondes on a reçu 1881 pouces cubes d'eau.

IV. L'eau fortant par le même tuyau, mais ne faifant que toucher le bord fupérieur *MN*, fans fuivre le refte des parois, en 30 fecondes on a reçu 1799 pouces cubes d'eau.

EXPÉRIENCES IX, X, XI, XII.

(521). Hauteur conftante de l'eau dans le réfervoir au-deffus de l'orifice de fortie $=$ 2 pieds.

I. L'eau fortant par le tuyau *QSTH* de 6 lignes de diamètre, & fuivant fes parois, en 85 fecondes on a reçu 1731 pouces cubes d'eau.

II. L'eau fortant par le même tuyau, mais ne faifant que toucher fon bord fupérieur *QH*, fans fuivre le refte des parois, en 110 fecodes on a reçu 1714 pouces cubes d'eau.

III. L'eau fortant par le tuyau *MOPN* de 10 lignes de diamètre, & fuivant fes parois, en 30 fecondes on a reçu 1701 pouces cubes d'eau.

IV. L'eau fortant par le même tuyau, mais ne faifant que toucher fon bord fupérieur *MN* fans fuivre le refte de fes parois, en 40 fecondes on a reçu 1735 pouces cubes d'eau.

Table réfultante de ces huit expériences.

522. *Hauteurs conftantes de l'eau dans le réfervoir au-deffus de l'orifice de fortie, exprimées en lignes.*	*Diamètres des tuyaux, exprimés en lignes.*		*Pouces cubes d'eau dépenfés en une minute.*
	6	L'eau fort à plein tuyau.	1689.
	10		4703.
552	6	L'eau ne fuit pas les parois.	1293.
	10		3598.
	6	L'eau fort à plein tuyau.	1222.
	10		3402.
288	6	L'eau ne fuit pas les parois.	935.
	10		2603.

RÉFLEXIONS.

(523.) On voit par cette table, que *les dépenses par différens tuyaux additionnels, sous une même hauteur d'eau dans le réservoir, sont sensiblement proportionnelles aux aires des orifices, ou aux quarrés de leurs diamètres.*

J'ai employé des tuyaux de même hauteur, afin que les circonstances du frottement fussent les mêmes autant qu'il est possible. Cependant le tuyau de 10 lignes de diamètre donne un peu plus à proportion que l'autre.

(524.) La même table fait voir que *les dépenses par des tuyaux additionnels de même diamètre, sous différentes hauteurs dans le réservoir, sont sensiblement proportionnelles aux racines quarrées des hauteurs des réservoirs.* Sur quoi il faut observer que les petites hauteurs dans le réservoir procurent un peu plus d'eau à proportion que les grandes ; mais si les tuyaux étoient fort longs, le contraire arriveroit, à cause du frottement, comme on le verra dans la suite.

(525.) Des deux articles précédens, il suit qu'en général *les dépenses faites, pendant le même temps, par différens tuyaux additionnels, sous différentes hauteurs dans le réservoir, sont entr'elles, à peu de chose près, comme les produits des quarrés des diamètres des tuyaux par les racines quarrées des hauteurs des réservoirs.*

On voit par-là que les écoulemens par des

tuyaux additionnels, suivent entr'eux les mêmes loix que ceux qui se font par des orifices percés dans de minces parois, & que par conséquent les remarques qu'on a faites sur ces derniers, s'appliquent aussi aux premiers, avec les changemens convenables.

(526.) Si l'on compare entr'elles les dépenses, lorsque l'eau sort à plein tuyau, & lorsqu'elle se détache des parois, sous une même hauteur de réservoir au-dessus de l'orifice de sortie, & qu'on les appelle Q & q respectivement, on aura (522) ces différentes proportions,

$$Q : q : : 1689 : 1293,$$
$$Q : q : : 4703 : 3598,$$
$$Q : q : : 1222 : 935,$$
$$Q : q : : 3402 : 2603.$$

Le second rapport de chacune de ces proportions approche fort de celui de 17 à 13, ou même de celui de 13 à 10; & dans la pratique, on peut supposer, sans craindre d'erreur sensible, qu'on ait, $Q : q : : 13 : 10$.

(527.) Donc, lorsqu'on voudra qu'un tuyau additionnel & un orifice percé dans une mince paroi, sous une même hauteur de réservoir, donnent la même quantité d'eau dans le même temps, il faudra que leurs diamètres soient dans la raison de $\sqrt{10}$ à $\sqrt{13}$. Car supposons que, sous la même hauteur de réservoir, on ait un

tuyau additionnel dont l'eau fuive les parois, &
deux orifices percés dans une mince paroi ; que la
dépenfe du tuyau , pendant le temps propofé,
foit nommée Q, le diamètre de ce tuyau $= D$;
que les dépenfes des deux orifices , pendant le
même temps, foient q & q', leurs diamètres D & d;
on aura ces deux proportions ,

$$Q : q :: 13 : 10, (526),$$
$$q : q' :: D^2 : d^2, (469).$$

Donc $Q = q \times \frac{13}{10}$, & $q' = q \times \frac{d^2}{D^2}$. Ainfi,
pour qu'on ait $q' = Q$, il faut qu'on ait
$q \times \frac{d^2}{D^2} = q \times \frac{13}{10}$, & par conféquent D^2 :
$d^2 :: 10 : 13$; d'où il fuit qu'on aura $D : d ::$
$\sqrt{10} : \sqrt{13}$.

(528.) On obfervera , au fujet des dépenfes
de la dernière table, qu'elles font un peu moindres
qu'on ne les trouveroit par les tables des articles
463 , 465 , 467. Je ne crois pas qu'il faille attribuer ces différences uniquement aux erreurs inévitables dans les mefures des orifices , des temps
& des dépenfes même: il me femble qu'elle doit
être rejetée principalement fur la différence des
fluidités des eaux. Toutes les expériences qui fervent
de fondement aux tables des trois articles cités ,
ont été faites dans la belle faifon , avec une eau
très-limpide & très-fluide; mais les expériences
relatives à la dernière table ont été faites avec une
eau un peu trouble & imprégnée de corpufcules

étrangers. D'ailleurs les deux tonneaux dont je me suis servi avoient été précédemment remplis d'huile; il y avoit eu aussi de l'huile dans les tuyaux additionnels adaptés au tonneau qui servoit de réservoir. Or il est certain que ces sortes de matières grasses peuvent augmenter sensiblement l'adhérence des particules au fond & aux parois, & ralentir par conséquent la vîtesse des écoulemens. Quoiqu'il en soit, on comprend assez que le plus ou le moins de fluidité des eaux ne change rien aux résultats des articles précédens, puisque les écoulemens des mêmes eaux doivent suivre les mêmes loix.

(529.) Voici une table comparative de la dépense théorique par un orifice de 1 pouce de diamètre, avec la dépense effective par un tuyau additionnel de même diamètre, sous différentes hauteurs de réservoir: elle est analogue à celle de l'article 488. Les dépenses effectives qui composent la troisième colonne de cette nouvelle table, sont aux dépenses naturelles qui composent la seconde colonne, environ comme 13 est à 16. Ces calculs n'ont pas toute la précision qu'on auroit pu leur donner d'après les réflexions qui précèdent; mais ils sont suffisamment exacts pour les besoins de la pratique, qu'on a toujours en vue.

Il est facile (525) d'étendre l'usage de cette même table, & de trouver par son moyen la dépense que fera un tuyau additionnel quelconque, sous une hauteur donnée de réservoir.

Hauteurs constantes de l'eau dans le réservoir au-dessus de l'orifice extérieur du tuyau, exprimées en pieds.	Dépense théorique, en une minute, par un orifice d'un pouce de diamètre, exprimée en pouces cubes.	Dépense effective pendant le même temps, par un tuyau cylindrique qui a un pouce de diamètre & deux pouces de longueur, exprimée aussi en pouces cubes.
1	4381	3539.
2	6196	5002.
3	7589	6126.
4	8763	7070.
5	9797	7900.
6	10732	8654.
7	11592	9340.
8	12392	9975.
9	13144	10579.
10	13855	11151.
11	14530	11693.
12	15180	12205.
13	15797	12699.
14	16393	13177.
15	16968	13620.

CHAPITRE IV.

Mouvement des Eaux qui fortent d'un vafe qui fe vide librement. Autres fujets analogues.

(530.) Les écoulemens des fluides à leur fortie d'un vafe qui fe vide librement, ou qui eft plongé dans l'eau d'un autre vafe, ou qui eft traverfé par des diaphragmes, fuivent des loix qui ont entr'elles une liaifon étroite; je vais donc les confidérer ici fucceffivement.

§. I.
Vafes qui fe vident librement.

(531.) Dans les écoulemens des vafes entre-tenus conftamment pleins, les dépenfes par de petits orifices font indépendantes de la figure de ces vafes; il n'entre dans leur expreffion que la grandeur même de l'orifice, le temps de l'écoulement, & la hauteur du fluide dans le réfervoir. La loi n'eft pas la même pour les écoulemens des vafes qui fe vident, fans recevoir de nouvelle eau; la figure du vafe eft alors un élément effentiel de la dépenfe, comme nous l'avons déjà vu par la théorie. La queftion eft maintenant de donner, à l'aide de la théorie & de l'expérience, la loi que fuit réellement cette dépenfe.

(532.) Comme il faut nécessairement se borner, dans cette recherche, à l'examen de quelques cas particuliers, je ne considérerai ici que les écoulemens des vases prismatiques. Le réservoir dont je me servirai est celui qui a été décrit dans l'article 434, & qui est représenté par les *Fig. 3, 4, 5, 6.*

(533.) J'avois d'abord voulu déterminer le temps que ce réservoir, rempli au premier instant, à une certaine hauteur, met à se vider entièrement, du moins à peu de chose près, par des orifices percés à son fond, & j'avois même fait quelques expériences à ce sujet ; mais j'ai reconnu qu'elles ne pouvoient pas être exactes. L'entonnoir qui se forme à la surface de l'eau, lorsqu'elle est encore à quelques pouces de distance du fond, & qui diminue le produit de l'orifice, met beaucoup d'incertitude dans la fin de l'écoulement. A mesure que cet entonnoir s'agrandit, l'air s'y loge & occupe la place de l'eau. La surface est encore à plus de 2 lignes du fond, que l'eau ne fait plus que tomber goutte à goutte ; & on ne peut pas établir de règle générale sur la durée de cette espèce de pluie.

(534.) Examinons donc l'écoulement avant que l'entonnoir commence à le dénaturer. L'eau sort, dans les expériences suivantes, tantôt par un orifice d'un pouce de diamètre, tantôt par un orifice de 2 pouces de diamètre. Ils sont l'un & l'autre placés au fond du réservoir, & percés dans de minces plaques de cuivre, comme ci-dessus.

La hauteur primitive de l'eau dans le réservoir est toujours de 11 pieds 8 pouces, ou de 140 pouces. A 4 pieds & à 9 pieds au-deſſous de la ſurface de l'eau, on a percé, dans des plaques de cuivre adaptées aux parois, deux petits trous qu'on bouche avec des chevilles. Ces petits trous ſervent à faire connoître l'inſtant où la ſurface de l'eau en s'abaiſſant vient y répondre. Quand on juge à la vue ſimple qu'elle eſt prête à y toucher, on ôte la cheville; il ſe forme un petit jet qui dé-termine avec une grande préciſion l'inſtant deſiré, qui eſt celui où l'on ceſſe de conſidérer chaque écoulement. On a donc ainſi le temps que cette ſurface a employé pour s'abaiſſer de 4 pieds, ou de 9 pieds dans le réservoir. On voit que la hauteur primitive de l'eau dans le réſervoir étant toujours de 140 pouces, ſa hauteur dernière, dans le premier cas, eſt de 140 pouces — 48 pouces = 92 pouces; & que ſa hauteur der-nière, dans le ſecond cas, eſt de 140 pouces — 108 pouces = 32 pouces.

EXPÉRIENCES I, II, III, IV.

(535.) Hauteur primitive de l'eau dans le réſervoir = 11 pieds 8 pouces.

I. L'eau ſortant par un orifice circulaire de 1 pouce de diamètre, en 7 minutes 25 $\frac{1}{2}$ ſecondes, ſa ſurface s'abaiſſe de 4 pieds.

II. L'eau ſortant par un orifice circulaire de 2

pouces de diamètre, en 1 minute 52 fecondes, fa furface s'abaiffe de 4 pieds.

I I I. L'eau fortant par un orifice circulaire de 1 pouce de diamètre, en 20 minutes 24 ½ fecondes, fa furface s'abaiffe de 9 pieds.

I V. L'eau fortant par un orifice de 2 pouces de diamètre, en 5 minutes 6 fecondes, fa furface s'abaiffe de 9 pieds.

RÉFLEXIONS.

(536.) Comparons la théorie avec l'expérience, par le moyen de la formule

$$t = \frac{\theta A (\sqrt{h} - \sqrt{b})}{K \sqrt{a}}$$

qu'on a trouvée (209), & dans laquelle t eft le temps cherché de l'écoulement, θ le temps qu'un corps grave met à tomber de la hauteur donnée a, A la bafe ou la fection horizontale du réfervoir, K l'aire de l'orifice, h la hauteur primitive de l'eau dans le réfervoir, b fa hauteur dernière; & rappelons-nous que l'aire K doit être diminuée dans le rapport de 8 à 5, parce qu'il y a contraction de la première efpèce. Rappelons-nous auffi que l'aire A eft un quarré qui a 3 pieds de côté. En appliquant cette formule à nos expériences, on trouve

dans la première, $t = 7' \, 22'' ,36,$
dans la feconde , $t = 1' \, 50'' ,59.$
dans la troifième, $t = 20' \, 16'',$
dans la quatrième, $t = 5' \, 4''.$

Ces temps devroient être égaux à ceux qu'on a trouvés par l'expérience, puisque, dans l'usage de la formule, nous avons tenu compte de l'effet de la contraction. Il s'en faut peu que cette égalité ait lieu en effet ; & eu égard à toutes les circonstances qui peuvent altérer les résultats des expériences, nous pouvons conclure en sûreté que les écoulemens effectifs suivent entr'eux la même loi que les écoulemens théoriques, à peu-près.

(537.) Connoissant donc par l'expérience tout ce qui regarde l'écoulement d'un vase prismatique qui se vide, on déterminera tout ce qui regarde l'écoulement d'un autre vase prismatique qui se vide aussi, par le moyen de la proportion,

$$t : t' :: \frac{A(\sqrt{h} - \sqrt{b})}{K} : \frac{A'(\sqrt{h'} - b')}{K'},$$

qu'on a trouvée (212).

Cette proportion n'a lieu, en rigueur, que pour les écoulemens qui se font par des orifices horizontaux. Mais on peut l'employer aussi pour les écoulemens qui se font par des orifices latéraux, en fixant dans ces derniers un point moyen, duquel on comptera les hauteurs de l'eau. Par exemple, dans les orifices circulaires, le centre peut être pris pour le point moyen dont il s'agit. En général, il est permis de supposer, dans la pratique, que ce même point se confond avec le centre de gravité d'un orifice quelconque, pourvu que la hauteur dernière de l'eau dépasse un peu le bord supérieur de cet orifice.

§. I I.

Mouvement de l'eau dans un vase submergé.

Fig. 20. 　(537.) On voit *(Fig. 2 0)* un tonneau $ADCB$ qui a 2 pieds de diamètre, & dans lequel est plongé un cylindre vertical $VMNT$ de fer-blanc, qui a 1 pied de hauteut & 20 lignes de diamètre intérieur; ce cylindre est soutenu par un trépied qui s'applique à vis au fond du tonneau; sur sa surface convexe, on a gradué, en lignes, trois échelles verticales qui servent à déterminer la hauteur de l'eau, & à poser le cylindre bien à plomb; on a appliqué au fond différens orifices. Le tonneau étant d'abord vide, du moins jusqu'au-dessous de MN, on bouchoit l'orifice supérieur du cylindre, pour empêcher l'eau d'y entrer, à mesure qu'on emplissoit le tonneau; ensuite on débouchoit subitement le cylindre, & on y observoit le mouvement de l'eau, comme il suit.

EXPÉRIENCES I, II.

(538.) Le cylindre est enfoncé de 11 pouces dans l'eau du tonneau.

I. L'eau entrant dans le cylindre par un orifice K qui a 1 ligne de diamètre, elle s'y élève précisément au niveau de celle du tonneau, non au-dessus, en 119 secondes.

I I. L'eau entrant dans le cylindre par un orifice de 3 lignes de diamètre, elle s'y élève au

niveau

niveau de celle du tonneau, & ne monte pas au-deſſus, en 15 ſecondes.

Pendant que l'eau monte dans le cylindre, elle s'abaiſſe un peu dans le tonneau. J'ai tenu compte de cet abaiſſement qui eſt très-petit, dans l'enfoncement que j'ai attribué au cylindre.

RÉFLEXIONS.

(539.) Il faut remarquer d'abord que l'orifice ſupérieur du cylindre étant bouché à meſure que l'eau monte dans le tonneau, l'air contenu dans le cylindre eſt comprimé par cette eau, & ſe réduit par conséquent en un moindre volume. Il eſt aiſé de déterminer la hauteur qu'il occupera ; car le jour de l'expérience, l'air dans ſon état naturel, ſelon le baromètre, étoit comprimé avec une force ſenſiblement équivalente au poids d'une colonne d'eau de 32 pieds de hauteur. La hauteur de la colonne de compreſſion eſt donc de 32 pieds 11 pouces, lorſque l'eau eſt élevée dans le tonneau, de 11 pouces au-deſſus du point *M* ou *N*. Ainſi (66) la hauteur actuelle de l'air dans le cylindre ſera à ſa hauteur primitive & naturelle de 11 pouces, comme 32 pieds ſont à 32 pieds 11 pouces, ou comme 10,66 eſt à 11. L'eau s'élevera donc dans le fond du cylindre, de 0,31 pouces, ou d'environ 3,72 lignes.

(540.) Cela poſé, je cherche les durées de chacune des deux expériences qui précèdent, par la méthode théorique de l'article 416.; & je trouve, en ayant égard à l'effet de la contraction qui diminue la dépense théorique, dans le rapport de 8 à 5, que la première expérience devroit durer 155,97 secondes ; & l'autre, 17,33 secondes. Il s'en faut sensiblement que chaque durée théorique soit égale à la durée effective correspondante ; mais la différence est moindre dans le second cas que dans le premier. D'abord j'ai soupçonné quelque défaut dans les grandeurs absolue & comparative des deux orifices ; mais les ayant vérifiés de nouveau, ils ont été trouvés très-exacts. De plus le fond du cylindre ayant à peine un quart de ligne d'épaisseur, la contraction doit être de la même espèce pour les deux orifices. Quelle peut donc être la raison de cette différence entre la théorie & l'observation ? La voici.

(541.) Lorsqu'on débouche le bout supérieur du cylindre, l'eau qui entre par l'orifice K perce la tranche d'eau contenue dans le fond du cylindre, & y forme un véritable jet détaché qui dure jusqu'à ce que l'eau soit parvenue à une certaine hauteur ; après quoi la surface se met de niveau sur toute la largeur du cylindre, & continue à conserver cette position en s'élevant. Or, dans les premiers instans, la vîtesse au passage de l'orifice est dûe à presque toute la hauteur HM de l'eau du tonneau au-dessus du point M ou N ; elle ne diminue que peu-à-peu ; & enfin après la cessation du jet elle est simplement dûe à l'excès de la hauteur de l'eau dans le tonneau fur celle de l'eau contenue dans le cylindre. Cela pofé, il eft évident, & le témoignage des yeux en fait foi, que plus l'orifice eft petit, plus le jet d'eau doit durer. En effet, fi l'on confidère les cas extrêmes, celui où l'orifice K feroit infiniment petit par rapport au fond MN, & celui où K feroit égal à MN, on verra que, dans le premier cas, le jet d'eau dureroit toujours, & qu'il n'y en auroit point dans le fecond. Donc le cylindre doit mettre moins de temps, proportion gardée, à s'emplir par l'orifice de 1 ligne de diamètre, que par celui de 3 lignes de diamètre. De plus, on voit que le temps effectif peut être moindre que le temps théorique, parce que l'eau qui entre dans le cylindre, pendant les premiers inftans, a prefque la même vîteffe que fi elle s'échappoit dans l'air. Ceci eft confirmé par une expérience de M. Daniel Bernoulli, qui a trouvé plufieurs fois (*Hydrodyn. page 129*) qu'un cylindre fe vide dans le même temps, foit que les eaux s'échappent dans l'air, foit que le fond du cylindre foit un peu plongé dans une eau ftagnante.

(542.) Concluons encore de-là que nous avons été fondés à dire (258) qu'on ne doit commencer à déterminer par la théorie le temps que le vafe $AMNC$ (*Fig. 20, Tome I.*) met à s'emplir, que quand le fluide a quelque hauteur dans le vafe. Lorfque j'ajoute enfuite (260) que la hauteur AK ne peut pas différer beaucoup de AM, je fuppofe que l'orifice M, quoique petit,

a une certaine grandeur. Car s'il étoit extrêmement petit, les deux hauteurs proposées pourroient différer sensiblement. Il est impossible de
fixer en général leur rapport exact; la théorie
n'offre pour cela presque aucun secours, & on ne
peut guère espérer d'y parvenir que par des expériences très-multipliées.

EXPÉRIENCES III, IV, V.

(543.) I. L'eau entrant dans le cylindre
VMNT par un orifice de 1 pouce de diamètre,
il faut que ce même cylindre soit enfoncé de
8 pouces 11 lignes dans l'eau du tonneau, pour
que l'eau s'y élève jusqu'à son bord supérieur *VT*.

Cette expérience est un peu incertaine à cause
des bulles d'air qui se mêlent avec l'eau & qui en
troublent le mouvement; pour la bien faire, il
faudroit employer un tuyau beaucoup plus long
que celui dont je me suis servi.

II. Le fond *MN* étant tout-à-fait enlevé; par
un enfoncement de 7 pouces 7 lignes dans l'eau
du tonneau, l'eau s'élève dans le cylindre jusqu'au
bord supérieur *VT*.

III. Ayant fait mettre autour de *MN* un
large plateau de fer-blanc de 10 pouces de diamètre, qui servoit comme de fond au cylindre,
& l'eau entrant toujours par l'ouverture entière
MN, comme dans l'expérience précédente, il ne
faut qu'un enfoncement de 6 pouces 11 lignes;

pour que l'eau dans le cylindre s'élève au bord
supérieur *VT*.

RÉFLEXIONS.

(544.) Nous voyons que si l'orifice *K* a une
grandeur sensible par rapport au fond *M N*, le
fluide qui entre dans le cylindre s'élève au-dessus
du niveau du fluide environnant. Plus l'orifice *K*
est grand par rapport à *M N*, plus le mouvement
ascensionnel est grand : il est clair que ce mouvement ne peut pas avoir sa plénitude théorique, &
qu'il doit être altéré par la contraction qui resserre
le passage de l'eau en *M N*, & par le frottement
le long des parois du cylindre.

(545.) Lorsque le bout inférieur du tuyau
est plongé librement dans l'eau, les mouvemens
obliques des particules qui se dirigent vers *M N*
font moins dénaturés que lorsqu'ils font gênés par
un plateau ou fond qui en diminue nécessairement
l'obliquité ; la contraction doit donc être plus
grande dans le premier cas que dans le second.
Or, à mesure que la contraction augmente, ou
que le passage en *M N* est rétréci, le mouvement
ascensionnel doit nécessairement diminuer ; de-là
vient que, dans le premier des deux cas proposés,
le mouvement ascensionnel est moindre que dans
le second. M. le Chevalier de Borda est le premier qui ait fait cette remarque intéressante, &
qui l'ait confirmée par l'expérience *(Mémoires de
l'Académie, année 1766)*.

F iij

§. I I I.

Mouvement de l'eau dans un vase traversé de diaphragmes.

(546.) LORSQU'ON vase contient des diaphragmes percés de petites ouvertures, par lesquelles l'eau est obligée de passer, il peut arriver, comme nous l'avons observé (*Chap. VII de l'Hydraulique théorique*), que l'eau forme une masse continue, ou qu'elle se divise par parties qu'il faut regarder alors comme des masses isolées. En voici la preuve par l'expérience.

Fig. 21
& 22.

La *Figure 21* ou *22* représente un tuyau vertical de fer-blanc, dont le diamètre intérieur $= 6$ pouces, & la hauteur $AD = 3$ pieds. En EF est un diaphragme horizontal: la partie ED de la hauteur $= 1$ pied; & par conséquent la partie restante $EA = 2$ pieds. Ce diaphragme est percé d'une petite ouverture G, de 6 lignes de diamètre, par où l'eau communique d'un compartiment à l'autre. On adapte successivement à la base inférieure du tuyau, des couvercles percés de différens orifices par lesquels l'eau tombe. En renversant le tuyau, DC qui étoit d'abord la base inférieure (*Fig. 21*) devient la base supé-

Fig. 21.

Fig 22.

rieure (*Fig. 22*). Sur toute la hauteur du cylindre, on a pratiqué une fente rectangulaire d'environ 18 lignes de largeur, laquelle est bouchée par une lame de verre, qui permet de voir tout ce qui se passe dans l'intérieur du vase. Tout au-

près du diaphragme *E F*, & du côté du fond
que l'on regarde comme l'inférieur, est percée
perpendiculairemet à la paroi du cylindre, une
petite ouverture *t* que l'on bouche en dehors avec
un peu de cire, & que l'on ouvre quand on veut,
pour permetre à l'air d'entrer dans le compartiment
inférieur. Il y a sur le côté du cylindre,
une échelle graduée, pour mesurer les hauteurs.

EXPÉRIENCES I, II.

(547.) I. Le cylindre *(Fig. 21)* est rempli
d'eau sur toute sa hauteur; la distance *E D* du
diaphragme au fond = 1 pied; le trou latéral *t* est
fermé. Cela posé, en faisant sortir successivement
l'eau par différens orifices *M*, dont le diamètre
est de 6 lignes, de 12 lignes & de 21 lignes, on
observe constamment que l'eau du compartiment
inférieur abandonne le diaphragme, ou en d'autres
termes, que l'eau se sépare, lorsque la hauteur
E H de la surface de l'eau, dans le compartiment
supérieur, au-dessus du diaphragme, est de 6 à
7 lignes. Au premier moment de la séparation,
on entend un sifflement, qui est produit par le
passage de l'air du compartiment supérieur à
l'inférieur.

II. En renversant le cylindre, ou en le posant
sur son autre base *(Fig. 22)*, & appliquant successivement
à cette base les mêmes orifices que
tout-à-l'heure, on obtient physiquement les mêmes
résultats.

Fig. 21.

Fig. 22.

EXPÉRIENCES III, IV.

Fig. 21.　(548.) Le vase de la *Figure 21*, où $ED = 1$ pied, étant successivement rempli d'eau, si l'on ouvre ensuite le trou latéral t, on observera :

I. Que l'eau sortant par un orifice M de 6 lignes de diamètre, la séparation a lieu lorsque la distance $EH = 14$ pouces environ.

II. Que le diamètre de l'orifice M étant de 4 lignes, la séparation a lieu lorsque la distance $EH = 6$ pouces environ.

RÉFLEXIONS.

(549.) Dans les expériences I & II, la pression de l'atmosphère qui agit contre le fluide de bas en haut, comme de haut en bas, tend d'abord à empêcher la séparation de l'eau ; mais quand la surface de l'eau dans le compartiment supérieur, est arrivée à la distance de 6 à 7 lignes de l'orifice G, il s'y forme un entonnoir par où l'air s'insinue du compartiment supérieur à l'inférieur ; ce qui produit nécessairement une séparation dans le fluide. Les expériences III & IV, où le trou t est ouvert pendant l'écoulement, font voir que la séparation a lieu quand l'orifice G ne peut plus fournir l'eau avec une abondance suffisante, pour remplacer la dépense qui se fait par l'orifice M. De-là, on peut apprécier la théorie du *Chapitre VII de l'Hydraulique* déjà cité, & fixer les modifications qu'il convient d'y apporter dans la pratique.

CHAPITRE V.

Applications des principes précédens à des problèmes d'utilité pratique.

(550.) Parmi les ufages qu'on peut faire de ces principes, je me borne, pour le préfent, à deux ; on en trouvera d'autres dans la fuite.

§. I.

Manière de déterminer les écoulemens par la feule voie de l'expérience.

(551.) Nous avons indiqué (475 & 499) la manière de déterminer les écoulemens par le moyen de la théorie combinée avec l'expérience. Mais fi on ne veut rien emprunter de la théorie, on pourra parvenir au même but avec le feul fecours de l'expérience. C'eft ce que je me propofe d'expliquer ici. Pour plus de clarté, je raifonnerai fur des exemples particuliers, & je fuppoferai que les orifices font percés dans de minces parois. On appliquera fans peine les mêmes méthodes aux écoulemens par des tuyaux additionnels. Toutes les queftions qu'on peut propofer fur ce fujet, fe réduifent aux fuivantes qui font analogues à celles de l'article 202.

(552.) QUESTION I. *On fuppofe qu'un réfervoir foit entretenu conftamment plein, à la hauteur de*

11 pieds 6 pouces au-deſſus d'un orifice de 16 lignes de diamètre; & on demande la quantité d'eau que cet orifice donnera en 8 minutes ?

Les dépenſes faites dans le même temps par différens orifices, fous différentes hauteurs de réſervoirs, font entr'elles (471) comme les produits de ces ouvertures par les racines des hauteurs des réſervoirs, ou comme les produits des quarrés des diamètres des ouvertures par les racines des hauteurs des réſervoirs. Or, (488) puiſqu'en une minute, une ouverture de 12 lignes de diamètre, fous 11 pieds de hauteur d'eau dans le réſervoir, donne 8990 pouces cubes d'eau; il eſt clair qu'en faiſant cette proportion, $144 \times \sqrt{}$ (11 pieds) : $256 \times \sqrt{}$ (11 pieds 6 pouces) : : 8990 pouces cubes d'eau : un quatrième terme, ce quatrième terme, 16341 pouces cubes, eſt la dépenſe que notre orifice de 16 lignes de diamètre fait en une minute. Multipliant cette quantité par 8, on aura 130728 pouces cubes pour la dépenſe qu'il fait en 8 minutes.

(553.) QUESTION II. *On ſuppoſe qu'un réſervoir ſoit entretenu conſtamment plein à la hauteur de 11 pieds 6 pouces au-deſſus d'un orifice qui donne 245544 pouces cubes d'eau en 6 minutes; & on demande le diamètre de cet orifice ?*

Puiſque l'orifice donne 245544 pouces cubes en 6 minutes, il donnera 40924 pouces cubes en une minute. Donc, en nommant D fon diamètre exprimé en lignes, nous aurons, par la même règle que nous venons d'employer, 144 lignes quarrées $\times \sqrt{}$ (11 pieds) : $D^2 \times \sqrt{}$ (11 pieds 6 pouces) :: 8990 : 40924 ; & par conséquent $D^2 =$ 144 lignes quarrées $\times \dfrac{40924}{8990} \times \dfrac{\sqrt{132}}{\sqrt{138}} =$ 641,1 lignes quarrées. Donc $D =$ 25,32 lignes. Le diamètre cherché est donc presque de 2 pouces 1 ligne & $\frac{1}{3}$ de ligne.

(554.) QUESTION III. *On suppose qu'un réservoir entretenu constamment plein à la hauteur de 16 pieds, ait donné 45678 pouces cubes d'eau par un orifice de 16 lignes de diamètre, pendant un certain temps : on demande la durée de ce temps ?*

Je cherche d'abord, par la méthode de la question I, la dépense que notre orifice feroit en une minute ; & je trouve que cette dépense $=$ 19276 pouces cubes. Ensuite j'observe que les dépenses faites par un même orifice , sous une même hauteur constante de réservoir , étant entr'elles comme les temps qu'elles durent , on aura la proportion , 19276 : 45678 : : 1 minute : au temps cherché qu'on trouvera $=$ 2 minutes 22 $\frac{1}{6}$ secondes environ.

(555.) QUESTION IV. *On suppose qu'un réservoir donne 40000 pouces cubes d'eau en 4 minutes , par un orifice de 10 lignes de diamètre : on demande la hauteur du réservoir ?*

Puisque le réservoir proposé donne 40000 pouces cubes d'eau en 4 minutes , il donnera 10000 pouces cubes en une minute. En nommant h la hauteur cherchée, exprimée en pieds, on aura toujours, par la règle générale de l'article 471, la proportion, $144 \times \sqrt{(11 \text{ pieds})} : 100 \times \sqrt{h} :: 8990 : 10000$. Donc, $h = 11$ pieds $\times \dfrac{(144)^2 \times (100)^2}{(8990)^2} = 28{,}22$ pieds $= 28$ pieds 2 pouces 8 lignes environ.

Tous ces réfultats ont autant de précifion qu'il en faut ordinairement dans la pratique; mais fi on croyoit néceffaire de pouffer l'exactitude encore plus loin, on y parviendra facilement à l'aide des remarques que nous avons faites dans les articles 485 & 486.

§. I I.

De la diftribution des eaux.

Fig. 23.

(556.) Soit *M N O P* (*Fig. 23*) l'élévation d'un réfervoir nourri par les eaux d'un aqueduc, d'une fource, d'un ruiffeau, ou de toute autre manière qu'on voudra imaginer. Il eft queftion de percer la paroi *M N O P* de plufieurs ouvertures, par lefquelles prifes enfemble, il forte autant d'eau que le réfervoir en reçoit, & dont les dépenfes particulières foient entr'elles en raifon donnée. Ce problême a plufieurs applications dans la pratique; il eft fur-tout utile, lorfqu'on veut partager, entre les fontaines publiques ou particulières, les eaux amenées dans les différens quartiers d'une ville, & reçues d'abord dans des réfervoirs, d'où elles paffent enfuite à leurs deftinations, par le moyen de différens tuyaux.

(557.) La première opération qu'on ait à faire ici, eft de déterminer la quantité d'eau que le réfervoir reçoit & donne pendant un certain temps. Pour cela, on percera perpendiculairement à la face ou paroi *MNOP,* un trou de grandeur convenable, par lequel on laiffera échapper l'eau. Lorfqu'après les mouvemens d'ofcillation qui auront d'abord lieu, la furface de l'eau dans le réfervoir demeurera calme, & fe tiendra toujours au même point fans monter ni defcendre, on fera affuré que le trou propofé dépenfe précifément autant d'eau que le réfervoir en reçoit. Alors on recevra l'eau qu'il donne, dans un baquet, pendant un temps connu ; & ayant mefuré exactement cette quantité, foit par le moyen de la pinte, foit avec tout autre *étalon* bien jaugé, on connoîtra la recette & la dépenfe totales du réfervoir. On pourra toujours faire ces évaluations en pouces cubes. Il eft inutile, comme on voit, de s'embarraffer de la grandeur précife du trou, ni de la hauteur de l'eau dans le réfervoir.

(558.) Cette opération préliminaire étant faite, & le trou qu'on y a employé étant maintenant bouché, voici comment on partagera l'eau du réfervoir en plufieurs portions.

Ayant fixé les figures qu'on veut donner aux orifices de diftribution, & leurs diftances à la furface de l'eau dans le réfervoir, que je fuppofe répondre toujours au même point de la paroi *MNOP*, du moins pendant un certain temps ; si l'on nomme Q la dépense totale que le réservoir peut faire en un temps donné, & que nous venons de déterminer ; & si l'on suppose que les dépenses partielles, correspondantes au même temps, soient entr'elles respectivement comme les nombres quelconques m, n, p, &c : on aura ces différentes proportions :

$$m + n + p + \&c : m :: Q : \text{la première dépense}$$
$$\text{partielle} = \frac{m\,Q}{m + n + p + \&c},$$

$$m + n + p + \&c : n :: Q : \text{la seconde dépense}$$
$$\text{partielle} = \frac{n\,Q}{m + n + p + \&c},$$

$$m + n + p + \&c : p :: Q : \text{la troisième dépense}$$
$$\text{partielle} = \frac{p\,Q}{m + n + p + \&c},$$
$$\&c.$$

La question sera donc réduite à trouver la grandeur que doit avoir chaque orifice pour dépenser, en un temps donné, une quantité donnée d'eau, sous une hauteur donnée de réservoir.

(559.) Pour éclaircir cela par un exemple, supposons que l'eau s'écoule par les trois orifices circulaires A, B, C, percés dans une mince paroi qui donne lieu à la contraction de la première espèce ; que leurs centres soient placés sur une même ligne horizontale DE distante de la surface QK de l'eau, de la quantité donnée CH ; que la dépense totale Q soit de 3600 pouces cubes en 1 minute ; & que les dépenfes particulières des orifices A, B, C, pendant le même temps, foient entr'elles comme les nombres, 6, 3, 1. On aura les proportions,

10 : 6 : : 3600 pouces cubes : dépenfe de $A =$ 2160 pouces cubes.

10 : 3 : : 3600 pouces cubes : dépenfe de $B =$ 1080 pouces cubes.

10 : 1 : : 3600 pouces cubes : dépenfe de $C =$ 360 pouces cubes.

Maintenant, connoiffant la hauteur CH qu'on peut toujours prendre, fans craindre d'erreur fen‑fible, pour la hauteur moyenne de l'eau au-deffus des trois orifices, il ne s'agit plus que de trouver les diamètres que les orifices A, B, C, doivent avoir pour donner les trois quantités d'eau que nous venons de déterminer. Suppofons, par exemple, $CH =$ 6 pouces, & nommons D, d, δ les diamètres des trois orifices propofés, ex‑primés en lignes ; en prenant pour bafe, d'après l'article 488, qu'un orifice circulaire de 1 pouce de diamètre, fous 1 pied ou 12 pouces de hau‑teur de réfervoir, donne 2722 pouces cubes d'eau en 1 minute, on aura (471) ces proportions :

$2722 : 2160 : : 1 \times 144$ lignes quarrées : $D\,D \times \sqrt{\tfrac{1}{2}}$,

$2722 : 1080 : : 1 \times 144$ lignes quarrées : $d\,d \times \sqrt{\tfrac{1}{2}}$,

$2722 : 360 : : 1 \times 144$ lignes quarrées : $\delta\,\delta \times \sqrt{\tfrac{1}{2}}$,

lefquelles donnent $D =$ 12,71 lignes, $d =$ 9 lignes, $\delta =$ 5 $\tfrac{1}{7}$ lignes.

(560.) Il auroit été également facile de trouver les grandeurs des orifices, si leurs centres n'avoient pas été placés sur une même ligne horizontale. Toutes les difpofitions de centres font également admiffibles dans la théorie, le niveau de l'eau demeurant le même. Mais, dans la pratique, il faut confidérer que, comme l'eau provifionnelle qui nourrit le réfervoir, diminue par les temps de féchereffe, la furface de l'eau pourra s'abaiffer, par exemple, en *D E* ou *F G*. Alors les orifices *A*, *B*, *C*, ne donneront pas de l'eau dans la raifon convenable. L'orifice *C* n'en donne point du tout, lorfque le niveau de l'eau eft en *F G*. Le même inconvénient a lieu, dans un autre fens, pour les trois orifices *V*, *T*, *S*. Lorfque le niveau de l'eau eft en *I K*, l'orifice *S* donne plus à proportion que les deux autres. Quelqu'arrangement qu'on donne aux orifices lorfqu'ils font fort inégaux, il y aura toujours des temps où les uns donneront plus à proportion que les autres.

(561.) De-là M. Mariotte a conclu qu'il falloit abandonner les orifices circulaires. Il leur fubftitue des orifices rectangulaires verticaux qui ont tous même hauteur, & dont les bafes font fur une même ligne horizontale. Par-là, foit que le niveau de l'eau hauffe ou baiffe, les dépenfes demeurent toujours entr'elles dans la même raifon. Cependant cette idée n'a pas été adoptée. Les ouvertures rectangulaires font très-difficiles à faire avec précifion; elles font fujettes à beaucoup de frottement,

frottement, fur-tout quand elles font petites ; elles
font fouvent expofées à être bouchées par le limon
& les autres ordures que l'eau charie avec elle.
On a donc confervé les orifices circulaires, dont
la conftruction eft facile, & l'ufage commode.

(562.) Il eft aifé d'éviter en grande partie les
inconvéniens auxquels nous avons vu que ces ouvertures font fujettes. Pour cela, il n'y a qu'à
mettre tous les centres dans une même ligne
horizontale & divifer une grande ouverture en
plufieurs autres plus petites, qui prifes enfemble
fourniffent la même quantité d'eau, & la tranf-
mettent à un même tuyau. En donnant ainfi à
toutes les ouvertures à peu - près la même grandeur, on fera non-feulement en forte que leurs
dépenfes confervent toujours entr'elles à peu-près
le même rapport ; mais on évitera que les grandes
ouvertures ne donnent plus à proportion que les
petites ; ce qui ne manqueroit pas d'arriver fi les
ouvertures étoient fort inégales.

(563.) Dans nos calculs nous avons toujours
évalué les quantités d'eau dépenfées, en pouces
cubes ; mais les Fontainiers ne fe fervent pas de
cette mefure. Ils emploient le *pouce d'eau*, la *ligne
d'eau*, &c. Voici ce qu'ils entendent par-là.

M. Mariotte a trouvé qu'en 1 minute une
ouverture circulaire & verticale, de 1 pouce de
diamètre, dont le centre eft diftant de 7 lignes
de la furface de l'eau, dépenfe près de 14 pintes
de Paris, le pied cube étant fuppofé contenir 36

pintes. Cette dépense a été appelée *pouce d'eau* par lui & par les auteurs qui l'ont suivi. La ligne d'eau est la $\frac{1}{144}$ partie du pouce d'eau ; elle est par conséquent fournie en 1 minute par un orifice de 1 ligne de diamètre, dont le centre est distant de 7 lignes de la surface de l'eau. &c.

De-là on dit en général qu'un orifice quelconque donne, ou *un pouce d'eau*, ou *une ligne d'eau*, lorsqu'en 1 minute il donne, ou 14 pintes, ou la $\frac{1}{144}$ partie de 14 pintes, &c.

Il est assurément très-permis d'employer les mots qu'on définit ; mais plusieurs Fontainiers ignorans ont abusé de l'expression de M. Mariotte, & se sont persuadé que le pouce d'eau étoit en général la dépense faite en 1 minute par une ouverture circulaire & verticale de 1 pouce de diamètre, sans s'embarrasser de la hauteur de l'eau dans le réservoir au-dessus du trou ; ce qui est absurde, car la hauteur du réservoir est un des élémens essentiels de la dépense. Toutes les mesures sont arbitraires ; la commodité & la facilité qu'elles offrent dans l'usage, sont les seules raisons qui doivent déterminer au choix qu'on adopte. Il n'y auroit point d'équivoque ni d'autre inconvénient à craindre, si l'on évaluoit les dépenses en pouces cubes, ou du moins en mesures qui continssent un nombre connu de pouces cubes. Je crois qu'en cela on est d'autant plus fondé à s'éloigner de M. Mariotte, qu'il attribue une dépense un peu trop forte à une ouverture verticale & circulaire, de 1 pouce de diamètre, fous 7 lignes de charge.

(564.) Il fera toujours facile de trouver par le moyen du poids le nombre de pouces cubes contenus dans un vafe ou étalon quelconque, en fe fouvenant que le pied cube d'eau douce pèfe 70 livres à peu de chofe près.

Si l'on prend pour étalon la pinte de Paris, & qu'on la méfure jufte, il en faudra 36 pour faire le pied cube ; elle contient par conféquent 48 pouces cubes.

Lorfque l'eau dépaffe les bords de la mefure, comme il peut fe faire fans qu'elle fe répande, il ne faudra que 35 pintes pour faire le pied cube ; & alors chacune de ces pintes vaudra $49\frac{13}{35}$ pouces cubes.

Le muid de Paris contient 8 pieds cubes, ou 288 des premières pintes, & 280 des dernières. Ainfi, tout orifice qui donne 14 des premières pintes en une minute, donnera $2\frac{11}{12}$ muids en une heure, ou 70 muids en 24 heures ; & un orifice qui donne 14 des fecondes pintes en une minute, donnera 3 muids en une heure, ou 72 muids en 24 heures.

CHAPITRE VI.

Principes généraux du mouvement des eaux jailliſſantes.

(565.) On appelle en général *eaux jailliſſantes*, des eaux qui, au ſortir d'un orifice quelconque, forment un jet; mais on donne plus particulièrement ce nom aux eaux qui montent, ou qui ſont lancées par un orifice latéral à une certaine diſtance. L'ouverture O *(Fig. 24)* par laquelle le jet ſort, ſe nomme ordinairement *ajutage*.

Fig. 24.

(566.) Les eaux qui doivent fournir à la dépenſe du jet, s'aſſemblent dans un réſervoir $ADCB$, d'où elles ſont amenées au point O par un tuyau GEO qu'on appelle *tuyau de conduite* ou ſimplement la *conduite*; l'extrémité MO de ce tuyau ſe nomme *ſouche*, par alluſion ſans doute à la ſouche d'un arbre aux branches duquel on compare le jet. Quelquefois la ſouche eſt plus large que le reſte du tuyau, & on ne la fait pas de la même matière que lui; elle eſt pour l'ordinaire de plomb.

(567.) Quelle que ſoit la direction d'un jet, la dépenſe qu'il fait eſt toujours la même, pourvu que l'ajutage O & la hauteur RO du réſervoir au-deſſus de l'ajutage, ſoient les mêmes; cela eſt une ſuite néceſſaire de la preſſion égale des fluides en tous ſens. Cette dépenſe ſe déterminera donc dans tous les cas par les méthodes précédentes.

(568.) Suivant la théorie (197) l'eau, au sortir d'un ajutage quelconque très-petit, a une vîtesse capable de la faire remonter à la hauteur de la surface de l'eau dans le réservoir; ainsi les jets dirigés de bas en haut suivant la verticale, s'élèveroient, si rien ne les en empêchoit, à la hauteur entière de leurs réservoirs.

(569.) Lorsque l'ajutage est posé obliquement à l'horizon, les gouttes d'eau, qui sortent toujours perpendiculairement au plan de l'ajutage, peuvent être considérées, au moins sensiblement, comme des projectiles isolés, qui sont lancés successivement, suivant une direction quelconque. Voici donc la courbe qu'elles doivent décrire, dans cette hypothèse, en vertu de la force de projection combinée avec la pesanteur, & abstraction faite de la résistance de l'air.

(570.) Soit $G E O$ (*Fig. 25*) un tuyau de conduite, qui tire l'eau du réservoir $A D C B$, & qui la laisse échapper par l'ajutage O, suivant une direction quelconque $O K$ oblique à l'horizon. Chaque goutte, immédiatement à sa sortie de l'ajutage, a une vîtesse dûe à la hauteur $R O$ de la surface de l'eau du réservoir au-dessus de l'ajutage (195). Ainsi, par la théorie de la chute des graves (*Voyez mon Traité de Mécanique*), si cette vîtesse étoit continuée uniformément, suivant la direction $O K$, la goutte parcourroit un espace $O K$ double de $O R$, dans le même temps qu'un corps grave met à tomber de la hauteur

G iij

RO. Des points O & K foient menées les horizontales OH, KI, dont la feconde rencontre en I la verticale OR, prolongée lorfqu'il eft néceffaire. Je partage l'efpace OK en une infinité d'élémens égaux Oa, ab, bc, &c, & j'abaiffe les verticales ad, bf, cg, &c, qui déterminent les élémens correfpondans Od, df, fg, &c, de la courbe OSH. Sur Od, df, fg, &c, comme diagonales, je conftruis les parallélogrammes $Oadh$, $difm$, $fngp$, &c, qui ont chacun un côté parallèle à OK, & un côté vertical ; enfuite je prolonge les droites fm, gp, &c, jufqu'à la verticale ON. Maintenant, confidérons à chaque inftant, le mouvement que la goutte propofée a réellement, fuivant les côtés Od, df, fg, &c, de la courbe, comme compofé de deux autres, l'un parallèle à OK, provenant de l'impulfion initiale, l'autre vertical, produit par la pefanteur. Ces mouvemens font Oa & Oh pour le premier côté ; dl ou ab & dm ou hi pour le fecond ; fn ou bc & fp ou ik pour le troifième, &c. En raifonnant toujours de même jufqu'à ce que la fomme des élémens Oa, ab, bc, &c, compofe la droite finie OL, & que la fomme des élémens Oh, hi, ik, &c, compofe la verticale correfpondante ON ou LM, on verra que la goutte décrit la courbe OSH, avec cette loi, que dans le temps où elle décriroit uniformément l'efpace quelconque OL avec fa vîteffe en O, elle décriroit la verticale ON ou LM correfpondante, en vertu de la feule pefanteur, & fa vîteffe étant zéro au premier inflant. Or fi l'on nomme θ le temps qu'un corps grave met à tomber d'une hauteur donnée α, le temps qu'il mettra à tomber de la hauteur $L M$ fera exprimé par $\frac{\theta}{\sqrt{\alpha}} \times \sqrt{L M}$, & le temps qu'il mettra à tomber de la hauteur $R O$ fera exprimé par $\frac{\theta}{\sqrt{\alpha}} \times \sqrt{R O}$. Le temps employé à parcourir uniformément $O K$ avec la vîteffe de la goutte en O fera donc auffi $\frac{\theta}{\sqrt{\alpha}} \times \sqrt{R O}$; & pour avoir celui qui eft employé à parcourir uniformément $O L$ avec cette vîteffe, il faut faire la proportion, $O K$ ou $2 R O : O L ::$ $\frac{\theta}{\sqrt{\alpha}} \times \sqrt{R O}$: au temps cherché $= \frac{\theta}{\sqrt{}} \times \frac{O L}{2 \sqrt{R O}}$. On aura donc l'équation $\frac{\theta}{\sqrt{\alpha}} \times \sqrt{L M} = \frac{\theta}{\sqrt{\alpha}} \times \frac{O L}{2 \sqrt{R O}}$; ou bien, $4 L M \times R O = (O L)^2$, qui caractérife la courbe $O S H$, & qui eft celle d'une parabole, dont $O N$ eft un diamètre; $M N$, une ordonnée quelconque à ce diamètre; & $4 O R$, le paramètre de ce même diamètre. De-là, les propriétés de la parabole *(Voyez ma Géométrie)* fourniffent cette conftruction.

(571.) Du point O, centre de l'ajutage, *(Fig. 26)*, menez $O F$ qui faffe avec la direction Fig. 26. $O K$ du jet, l'angle $F O K$ égal à l'angle donné $K O R$, que fait la direction du jet avec la verticale; prenez $O F = O R$: le point F fera le foyer de la parabole. Par ce point F, menez la verticale FA, qui rencontre OK en A; abaissez du point O la perpendiculaire OT sur AF; divisez AT en deux parties égales au point S: ce point sera le sommet de la parabole; SFE, son axe; le quadruple de SF, son paramètre.

(572.) Pour trouver les expressions des lignes OT, ST, SF, je nomme h chacune des lignes égales & données OR, OF, AF; 1, le sinus total; p chacun des angles égaux & donnés AOR, FAO, FOA: on aura $OT = h$ sinus $(180^d - 2p) = h$ fin. $2p = 2h$ fin. p. cof. p; $FT = h$ cof. $(180^d - 2p) = - h$ cof. $2.p$; $AT = AF - FT = h + h$ cof. $2p$;

$$ST = \frac{h(1 + \text{cof. } 2p)}{2} = h(\text{cof. } p)^2;$$

$$SF = ST + TF = h\,\frac{(1 - \text{cof. } 2p)}{2} =$$

h (fin. $p)^2$. Ces expressions donnent une nouvelle construction qui est fort simple.

(573.) Sur la hauteur OR du réservoir, comme diamètre, décrivez le demi-cercle OLR qui rencontre en L la direction du jet; menez l'ordonnée horizontale LZ que vous prolongerez vers S, de la quantité $LS = ZL$: le point S fera le sommet de la parabole; de sorte qu'abaissant la verticale ST, menant l'ordonnée OT, on aura $OT = 2h$ fin. p. cof. p; $ST = h$ (cof. $p)^2$; & la ligne SF (distance du sommet au foyer, laquelle est le quart du paramètre), aura pour expreſſion $\dfrac{(OT)^2}{4\,ST} = h\,(\text{ſin. } p)^2$. En effet,

$OL = OR \times \text{ſin. } ORL = h\,\text{coſ. } p$; & par conſéquent $OT = 2\,LZ = 2\,OL \times \text{ſin. } p = 2\,h$
$\text{ſin. } p.\ \text{coſ. } p$; $ST = ZO = OL \times \text{coſ. } p = h$
$(\text{coſ. } p)^2$; $SF = \dfrac{(OT)^2}{4\,ST} = h \times (\text{ſin. } p)^2$.

(574.) On voit, par cette conſtruction,
que ſi l'on prend $R\zeta = OZ$ (ce qui donne
$l\zeta = LZ,\ \zeta s = 2\,\zeta l$), & qu'on décrive la
parabole $O\,s\,H$ ſuivant la même loi que la parabole $O\,S\,H$; ces deux paraboles auront leurs
ſommets ſur la même verticale TA, & ſe ren-
contreront en H. Il en ſera de même de toutes
les autres paires de paraboles, qu'on pourra décrire de la même manière.

(575.) Si le terrain n'étoit pas horizontal,
mais qu'il formât avec l'horizontale OH l'angle
donné VOH; connoiſſant cet angle, on trouveroit ſans peine le point V où la parabole OSH
rencontre le terrain. Car ayant mené la verticale
VY, & l'horizontale VP, ſuppoſons les quantités
données $OT = a$; $TX = c$; le paramètre de la
parabole $= m$; l'inconnue $VY = x$: on trouvera
TY ou $VP = \dfrac{a\,(x-c)}{c}$; $SP = ST - VY$
$= \dfrac{a^2}{m} - x$; $SP \times m = (VP)^2$; ou
$\left(\dfrac{a^2}{m} - x\right) m = \dfrac{a^2\,(x-c)^2}{c^2}$; & par
conſéquent $x = 2\,c - \dfrac{c^2\,m}{a^2}$; $SP = \dfrac{a^2}{m}$
$+ \dfrac{c^2\,m}{a^2} - 2\,c$.

Fig. 27.

(576.) Lorsque l'orifice est vertical, comme dans la *Figure 27*, la parabole OM décrite par le jet, a pour paramètre le quadruple de la hauteur BO du réservoir, & l'ordonnée PM $= 2\sqrt{(OP \times OB)}$.

(577.) Il suit de ces formules que si l'on a un tuyau qui contienne de l'eau dont on ne connoisse pas la hauteur au-dessus d'un endroit proposé, on la trouvera par l'amplitude de la parabole que décrira le jet formé en cet endroit. Par exemple, si dans le cas de la *Figure 27*, on ne connoissoit pas la hauteur OB du réservoir, on la trouveroit par l'équation $PM = 2\sqrt{(OP \times OB)}$ qui donne $OB = \dfrac{(PM)^2}{4\,OP}$. Le problème n'a pas plus de difficulté dans l'hypothèse générale de l'article 570.

(578.) Soit $ADCB$ un vase prismatique vertical; & qu'il sorte un jet par l'ajutage latéral O. Si l'on prend $OH = OB$, & qu'on mène l'ordonnée HQ de la parabole OQM, la droite BQ touchera cette courbe en Q. Or, puisqu'on a par la propriété de la même courbe OQM, $(HQ)^2 = OH \times 4\,OB$, on aura évidemment $HQ = HB$, & par conséquent l'angle HBQ sera de 45 degrés. D'où l'on voit que si dans tous les points de la hauteur BC il y a des ajutages O, tous les jets qui en sortiront, seront touchés par la droite BD qui forme avec BC un angle de 45 degrés.

CHAPITRE VII.

Continuation du même sujet. Usage de l'expérience & de la théorie pour l'établissement des jets d'eau.

(579.) Je commence par rapporter les expériences que j'ai faites, pour comparer la hauteur ou l'amplitude que les jets d'eau ont réellement avec la hauteur ou l'amplitude qu'ils devroient avoir suivant la théorie; de-là je passerai successivement aux autres questions qui appartiennent à ce sujet.

(580.) Au grand réservoir *ADCB (Fig. 28 & 29)* qui a été décrit dans l'article 434, on a adapté horizontalement deux tuyaux *OE* de fer-blanc, fermés l'un & l'autre par le bout *E*, & ouverts du côté du réservoir ; ils ont chacun 6 pieds de longueur : le diamètre du premier est de 3 pouces 8 lignes ; celui du second, de 9 à 10 lignes. En *F* est un ajutage de 2 lignes de diamètre ; en *G*, un ajutage de 4 lignes de diamètre ; en *H*, un ajutage de 8 lignes de diamètre. De plus, il y a *(Fig. 28)* en *K*, un tuyau conique *KM* dont la hauteur est de 5 pouces 10 lignes, le diamètre de la base inférieure de 9 lignes, celui de la base supérieure de 4 lignes ; en *I* un tuyau cylindrique *IN* haut de 5 pouces 10 lignes, &

Fig. 28 & 29.

Fig. 28.

dont le diamètre est de 4 lignes. Pour abréger, j'appellerai *gros tuyau* le tuyau OE (*Fig. 28*); & *petit tuyau* le tuyau OE (*Fig. 29*).

J'ai fait souder en dehors, autour de chacun des ajutages, des bouts de tuyau de fer-blanc, d'un diamètre plus grand que celui de l'ajutage, pour pouvoir arrêter, quand on veut, l'écoulement, au moyen de bouchons de liége qui entrent dans ces bouts de tuyau.

EXPÉRIENCES I, II, III, IV, V.

(581.) L'eau est entretenue dans le réservoir à la hauteur constante de 11 pieds au-dessus de la paroi supérieure OF du gros tuyau (*Fig. 28*). Je compte la hauteur de chaque jet depuis cette même paroi.

I. Le jet vertical, par l'ajutage F de 2 lignes de diamètre, s'élève à 10 pieds 10 lignes. La colonne forme une belle gerbe. En inclinant un peu le jet, il s'élève à 10 pieds 4 pouces 6 lignes.

II. Le jet vertical, par l'ajutage G de 4 lignes de diamètre, s'élève à 10 pieds 5 pouces 10 lignes. La colonne ne s'élargit pas beaucoup par en haut; elle forme une belle gerbe. En inclinant un peu le jet, il s'élève à 10 pieds 7 pouces 6 lignes.

III. Le jet vertical, par l'ajutage H de 8 lignes de diamètre, s'élève à 10 pieds 6 pouces 6 lignes. Dans tous les jets, l'eau fait des bonds qui ne sont pas de la même hauteur. Ils sont plus sensibles ici que dans les deux exemples précédens.

La colonne s'élargit beaucoup par en haut. En inclinant un peu le jet, il s'élève prefque à la hauteur de 10 pieds 8 pouces, & la colonne fe déforme moins que quand il eft exactement vertical.

IV. Le jet vertical, par le tuyau conique *KM*, s'élève à 9 pieds 6 pouces 4 lignes. La colonne eft fort belle. En inclinant un peu le jet, il s'élève à 9 pieds 8 pouces 6 lignes.

V. Le jet vertical, par le tuyau cylindrique *IN*, s'élève à 7 pieds 1 pouce 6 lignes. La colonne eft fort belle. En inclinant un peu le jet, il s'élève à 7 pieds 3 pouces 6 lignes.

EXPÉRIENCES VI, VII, VIII.

(582.) L'eau eft entretenue dans le réfervoir à la hauteur conftante de 11 pieds au-deffus de la paroi fupérieure *OF* du petit tuyau *(Fig. 29)*. Fig. 29. Je compte toujours la hauteur du jet depuis cette paroi.

I. Le jet vertical, par l'ajutage *F* de 2 lignes de diamètre, s'élève à 9 pieds 11 pouces. La colonne eft belle.

II. Le jet vertical, par l'ajutage *G* de 4 lignes de diamètre, s'élève à 9 pieds 7 pouces 10 lignes. La colonne fe déforme beaucoup, & la gerbe en haut eft fort élargie.

III. Le jet vertical, par l'ajutage *H* de 8 lignes de diamètre, ne s'élève guère qu'à 7 pieds 10 pouces. La colonne s'éparpille extrêmement, &

n'eſt formée, pour ainſi dire, que de jets détachés qui ſe ſuccèdent les uns aux autres.

EXPÉRIENCES IX, X.

(583.) Le jet ſortant, dans ces deux expériences (*Fig. 27*), par un ajutage vertical O de 6 lignes de diamètre :

I. Lorſque la hauteur OB du réſervoir eſt de 5 pieds, à une abſciſſe verticale OP de 4 pieds 3 pouces 7 lignes, répond une ordonnée horizontale PM de 11 pieds 3 pouces 3 lignes.

II. Lorſque la hauteur OB du réſervoir eſt de 4 pieds, à une abſciſſe verticale OP de 4 pieds 3 pouces 7 lignes, répond une ordonnée horizontale PM de 8 pieds 2 pouces 8 lignes.

RÉFLEXIONS.

(584.) Pluſieurs cauſes concourent à diminuer l'élévation des jets verticaux. Il s'en préſente d'abord deux : le frottement contre le circuit de l'orifice, & la réſiſtance que l'air oppoſe au mouvement de la colonne. L'effet du frottement n'eſt pas bien conſidérable, du moins pour les jets qui ſortent par des orifices percés dans de minces parois : la réſiſtance de l'air diminue beaucoup plus l'élévation des jets, ſur-tout pour de grandes hauteurs de réſervoirs.

(585.) A ces deux cauſes s'en joint une autre dont on parviendra ainſi à connoître l'effet. Imaginons (*Fig. 30*) pluſieurs files de globules

Fig. 27.
Fig. 30.

a, b, c, d, e, &c, qui se touchent & qui n'aient pas de pesanteur; concevons qu'en un même instant ils soient tous lancés suivant la direction AM par une force donnée; concevons de plus que chacun d'eux éprouve l'action d'une force retardatrice qui agit dans le sens opposé MA, & qui est telle que lorsqu'ils arrivent en MN, leur vîtesse initiale est totalement éteinte. Il est évident que si, lorsque chaque première file est parvenue en MN, elle est anéantie tout-à-coup pour permettre à la file suivante de prendre la même position, tous les globules (quel que soit le nombre des files qui se succèdent) conserveront entr'eux la même position, & que la colonne $AMNB$ demeurera cylindrique. Mais si les premières files ne disparoissent pas pour laisser la place libre aux files suivantes, de proche en proche l'espace $AMNB$ se remplira; alors les globules qui partent sans cesse de AB, choquent ceux qui sont répandus sur leur chemin; ces chocs, dont la plupart se font obliquement, obligent la colonne $AMNB$ à s'élargir, & lui font perdre une partie de sa vîtesse. Il en est exactement de même d'un jet d'eau : les particules qui sortent sans cesse de l'ajutage, & qui s'élèvent, sont retardées par la pesanteur; & comme l'espace compris entre l'ajutage & le point où finit leur vîtesse initiale, est rempli de molécules, ces molécules sont choquées par l'eau qui succède; la colonne s'élargit nécessairement en s'éloignant de l'ajutage,

& perd par cette raifon une partie de fa vîteffe. De plus, lorfque le jet eft bien vertical, les particules, après s'être élevées auffi haut qu'elles peuvent, retombent fur elles-mêmes par la pefanteur ; ce qui doit diminuer encore la vîteffe des nouvelles particules afcendantes ; auffi on obferve qu'en inclinant un peu le jet, il s'élève un peu plus haut que quand il eft exactement vertical.

(586.) Les gros jets s'élèvent plus haut que les petits, parce que de deux jets qui fortent avec des vîteffes égales de leurs ajutages, le plus gros a plus de maffe, & par conféquent plus de force pour vaincre les obftacles oppofés, que n'en a le petit. Je parle ici des jets qui s'élèvent à une hauteur un peu confidérable ; car pour les jets qui n'excèdent pas deux ou trois pieds de hauteur, & dont les ajutages ne font pas au-deffous de 1 ligne de diamètre, les petits s'élèvent fenfiblement à la même hauteur que les gros. Mais dans le cas même où les gros jets s'élèvent plus haut que les petits, ils ne dépenfent pas par cette raifon plus d'eau à proportion que ces derniers ; car la dépenfe eft comme le produit de l'ajutage par la vîteffe au fortir de l'ajutage ; & cette vîteffe eft fenfiblement la même dans les deux cas, abftraction faite du frottement.

(587.) Quand je dis que les gros jets s'élèvent plus haut que les petits, je fuppofe que le tuyau de conduite fourniffe les eaux avec une abondance fuffifante : en ce cas, la propofition eft confirmée

par

par les trois premières expériences. Mais si le tuyau de conduite est fort étroit, les expériences VI, VII, VIII, font voir que les petits jets s'élèvent plus haut que les gros. Il faut donc que le diamètre de la conduite ait une certaine grandeur par rapport à celui de l'ajutage, pour que le jet s'élève à toute la hauteur qu'il est possible ; nous déterminerons dans la suite cette grandeur.

(588.) Souvent on fait les ajutages en forme de cônes ou de cylindres saillans, d'une certaine hauteur au-dessus de la souche. Cet usage est très-vicieux ; car les jets, par ces sortes d'ajutages (Exp. IV & V), ne s'élèvent pas si haut que les jets par des ajutages percés immédiatement dans la paroi du tuyau. Les ajutages cylindriques sont les plus mauvais de tous. Les ajutages qui procurent le plus d'élévation à l'eau, sont ceux qui sont percés dans la platine horizontale qui ferme l'extrémité du tuyau. Il faut que cette platine soit bien polie, mince, d'une épaisseur uniforme, & percée perpendiculairement. Ceci confirme l'article 502.

(589.) Il résulte de la comparaison de plusieurs expériences que M. Mariotte a faites sur les jets d'eau, & de la comparaison des miennes avec celles du même auteur, que *les différences des hauteurs des jets verticaux, aux hauteurs de leurs réservoirs, sont entr'elles sensiblement comme les quarrés des hauteurs des jets.* Lorsqu'on connoîtra donc par une expérience la quantité dont il s'en faut qu'un jet s'élève à la hauteur de son réservoir, on trouvera par une simple proportion la quantité dont il s'en faudra que tout autre jet de hauteur donnée s'élève à la hauteur de son réservoir. On aura la hauteur du réservoir, en ajoutant à la hauteur du jet la quantité trouvée par la proportion qu'on vient d'indiquer.

(590.) Si la hauteur du réservoir du second jet dont il s'agit étoit donnée, & qu'il fallût déterminer celle du jet, ce problème demanderoit la résolution d'une équation du second degré. En effet, soient a la hauteur du réservoir du jet de l'expérience; b la hauteur du même jet; c la hauteur du réservoir du jet proposé; x la hauteur de ce même jet : on aura la proportion, $a - b : c - x ::$ $bb : xx$; d'où l'on tire $xx = \dfrac{bb(c-x)}{a-b}$,

$$\& \quad x = \frac{-bb + b\sqrt{[4ac - 4bc + bb]}}{2(a-b)}.$$

(591.) Les jets qui se détournent un peu de la direction verticale, s'élèvent un peu plus haut que les jets rigoureusement verticaux, comme on le voit par les cinq premières expériences. Nous en avons donné la raison physique (585). Il y a donc quelque chose à gagner du côté de l'élévation du jet, en lui donnant une petite inclinaison; mais, d'un autre côté, il ne produit pas un effet aussi agréable aux yeux, que lorsque la gerbe retombe perpendiculairement sur elle-même.

(592.) On trouve, par les expériences IX & X, que dans les jets obliques, les amplitudes

effectives font un peu moindres que les amplitudes théoriques ; mais les premières, comme les
dernières, font entr'elles (du moins fenfiblement),
comme les racines des hauteurs des réfervoirs.
Connoiffant donc, par l'expérience, une amplitude
effective, on trouvera les autres par de fimples
proportions. Mais ces déterminations ne peuvent
être exactes, à moins que les hauteurs des réfervoirs ne foient médiocres. Car pour des hauteurs
confidérables, on ne peut fuppofer ni que les jets
décrivent fenfiblement des paraboles, ni que leurs
amplitudes foient proportionnelles aux racines des
hauteurs des réfervoirs. Les vraies courbes qu'ils
décrivent alors font comme indéterminables par
la théorie ; & il faudroit un très-grand nombre
d'expériences pour parvenir à les connoître par
approximation.

(593.) Nous n'avons pas befoin d'infifter fur
l'ufage des jets d'eau en général, pour l'embel-
liffement des jardins & des édifices. L'art de les
varier & de les produire fous différentes figures
propres à flatter la vue, a été pouffé très-loin.
Tantôt ils s'élèvent en belles gerbes ou colonnes
d'eau qui retombent fur elles-mêmes ; quelquefois
ils forment des efpèces d'arbres, de champignons,
de nappes, &c. Tous ces effets s'opèrent par différens tuyaux & par différens ajutages auxquels on
donne la hauteur de réfervoir, l'inclinaifon & la
fituation convenables. Mon objet n'eft pas d'expliquer ici en détail ce méchanifme, qui eft plutôt

une affaire de goût & d'Architecture que d'Hydraulique. Ceux qui feront à portée de voir le Parc de Verfailles, les Jardins de Marly, de Saint-Cloud, de Chantilly, &c, apprendront fur ce fujet des chofes dont il n'eft guère poffible de donner des idées bien claires dans un livre. On peut confulter nénanmoins ce que M. Belidor en a dit (*Archit. Hydraul. Tome II, page 389 & fuiv.*)

(594.) Quelquefois l'eau qui fort par un ajutage faillit beaucoup plus haut que ne le demande la hauteur du réfervoir. Ce phénomène, qui n'eft que momentané, eft produit par l'air que l'eau entraîne avec elle dans la conduite. Voici comment.

Fig. 24. Suppofons que l'orifice O (*Fig. 24*) étant bouché, l'air que l'eau entraîne avec elle fe foit cantonné, du moins en grande partie, dans le petit efpace $m\,n\,u\,b$, extrémité de la fouche. Lorfqu'on ouvre l'ajutage O, cet air s'échappe; l'eau qui le fuit tombe dans l'efpace qu'il laiffe vide, & acquiert par cette petite chute dans le tuyau une certaine vîteffe qui augmente, au paffage de l'orifice, dans le rapport de l'aire du même orifice à l'aire de la fection perpendiculaire du tuyau. Car foit $E\,e$ le petit efpace que la liqueur parcourt dans le tuyau pendant un inftant; il doit fortir, durant le même inftant, par l'ajutage O, un volume égal au petit cylindre $E\,H\,h\,e$. D'où il fuit évidemment que la vîteffe en O eft à la vîteffe en $E\,H$, comme la fection $E\,H$ eft à l'orifice O. La vîteffe en O peut donc, dans les premiers inftans, être très-confidérable, lorfque l'ajutage *O* eft fort petit par rapport à la fection *E H.* Mais bientôt elle diminue, parce que le mouvement produit par la chute de l'eau dans l'efpace vide *m n u b,* s'anéantit lorfque cet efpace eft entièrement rempli d'eau. Alors la fimple preffion du fluide fupérieur à l'orifice, devient la feule caufe permanente qui produife l'écoulement ; & la vîteffe n'eft plus dûe qu'à la hauteur *RO* du réfervoir.

On voit par-là que ces jets fubits & extraordinaires, ne font pas produits par le reffort de l'air qui fuit l'eau à fon paffage par l'orifice, comme quelques auteurs l'ont penfé. Car il eft évident que cet air fe meut avec l'eau contiguë, comme feroit celle dont il occupe la place, & qu'il ne peut pas donner d'impulfion à l'eau qui le précède. C'eft au contraire l'air antérieur & contigu à l'ajutage, qui en procurant une chute à l'eau, fait augmenter d'abord confidérablement la hauteur du jet.

(595.) On a déjà remarqué. (587) que le tuyau de conduite doit avoir une certaine groffeur, pour fournir à la dépenfe de l'ajutage, fans quoi le jet ne s'élève pas à toute la hauteur qu'il pourroit avoir. Cherchons le plus petit diamètre qu'on puiffe donner à la conduite, relativement à celui d'un ajutage propofé. Tout ce que nous allons dire fur ce fujet s'appliquera auffi aux tuyaux qui doivent fournir à la dépenfe des jets obliques, puifque, fous même hauteur de réfervoir & pour

H iij

un même orifice, la dépense est la même, quelle que soit la position de l'ajutage.

(596.) Il est clair, comme tout-à-l'heure, que la vîtesse au sortir de l'ajutage est à la vîtesse le long du tuyau, comme la section perpendiculaire du tuyau est à l'ajutage, ou comme le quarré du diamètre du tuyau, est au quarré du diamètre de l'ajutage. Donc, en nommant D le diamètre du tuyau; d celui de l'ajutage; h la hauteur RO du réservoir; u la vîtesse le long du tuyau; & considérant que la vîtesse permanente du fluide au sortir de l'ajutage, la seule dont il s'agisse ici, peut s'exprimer par $\sqrt{h}$: on aura la proportion, $\sqrt{h} : u :: DD : dd$, & par conséquent $u = \dfrac{dd}{DD} \sqrt{h}$.

Par la même raison, si l'on a un second tuyau & un second ajutage, & qu'on désigne les quantités analogues à D, d, u, h, par les mêmes lettres accentuées, on aura l'équation $u' = \dfrac{d'd'}{D'D'} \sqrt{h'}$,

Maintenant, je prends pour hypothèse (ce qui donne des résultats assez conformes à l'expérience, comme on le verra bientôt), que deux jets s'élèvent chacun à toute la hauteur possible, lorsque les vîtesses des eaux, dans les deux tuyaux de conduite, sont égales. Je fais donc, $u = u'$; ou, $\dfrac{dd}{DD} \sqrt{h} = \dfrac{d'd'}{D'D'} \sqrt{h'}$; d'où l'on tire la proportion, $DD : D'D' :: dd \sqrt{h} : d'd' \sqrt{h'}$, c'est-à-dire que *les quarrés des diamètres des tuyaux de conduite doivent être entr'eux en raison composée des*

*quarrés des diamètres des ajutages & des racines
quarrées des hauteurs des réfervoirs.*

Ainfi, connoiffant, par une expérience immédiate,
le diamètre que doit avoir un tuyau pour fournir
à la dépenfe d'un ajutage donné, fous une hauteur
donnée de réfervoir, on déterminera le diamètre
de tout autre tuyau, pour fournir à un ajutage
donné, fous une hauteur donnée de réfervoir.
En conféquence j'ai fait l'expérience fuivante.

E X P É R I E N C E XI.

(597.) La *Figure 31* repréfente un tuyau de Fig. 31.
fer blanc, de 1 pouce de diamètre, garni d'un
grand entonnoir *A C B,* pour recevoir l'eau qui
doit fournir à la dépenfe de l'ajutage. La fouche
M O eft de plomb, & fon diamètre eft d'un peu
plus de 1 pouce; on a mis fucceffivement en *O*
des ajutages depuis une ligne de diamètre, jufqu'à
7 lignes. La hauteur *R O* du réfervoir a été conftamment de 3 pieds 2 pouces 11 lignes; & les
jets fe font élevés, comme il eft exprimé ici.

Diamètre de l'ajutage.	*Hauteur du jet.*		
lignes.	pieds.	pouces.	lignes.
1.	3.	1.	6.
2.	3.	1.	8.
3.	3.	2.	0.
4.	3.	1.	7.
5.	3.	1.	5.
6.	3.	0.	4.
7.	2.	10.	6.

RÉFLEXIONS.

(598.) On voit qu'un très-petit ajutage fait perdre quelque chose à la hauteur du jet, par la raison que nous en avons donnée (586). Mais la grandeur de l'ajutage a sa limite, & nous pouvons établir que, pour une hauteur de 3 pieds 2 pouces 11 lignes de réfervoir, & une conduite qui a 1 pouce de diamètre, l'ajutage peut avoir environ 3 $\frac{3}{4}$ lignes de diamètre. Si l'on cherche, d'après cette règle, quel doit être le diamètre de la conduite, pour 52 pieds de hauteur de réfervoir, & un ajutage de 6 lignes de diamètre, on trouvera que ce diamètre doit être d'environ 38 lignes. M. Mariotte trouve, par l'expérience, 36 lignes. Pour la facilité des calculs, nous suppoferons (toujours d'après la même règle) que, pour une hauteur de 16 pieds & un ajutage de 6 lignes de diamètre, il faut que la conduite ait environ 28 $\frac{1}{2}$ lignes de diamètre. Il ne peut y avoir qu'à gagner du côté de la hauteur du jet, en faifant les tuyaux de conduite plus gros que ne le demandent ces calculs; mais on ne doit pas les faire plus étroits, fi l'on veut que le jet s'élève à toute la hauteur qu'on peut efpérer.

Dans tous ces calculs, je ne parle point de la contraction de la veine, parce que cet élément entre de la même manière dans les rapports que nous confidérons.

(599.) Nous avons avancé (472) que les

vîteſſes au ſortir d'un réſervoir par différens orifices, étoient ſenſiblement les mêmes (abſtraction
faite de tout obſtacle) par les grands & par les
petits orifices, pourvu néanmoins que la largeur
du réſervoir fût toujours beaucoup plus grande
que le plus grand orifice. Ici l'on peut regarder
la conduite comme le réſervoir, l'ajutage comme
l'orifice. Alors, en conſidérant qu'une plus grande
hauteur du jet indique une plus grande vîteſſe
au ſortir de l'orifice, & ſuppoſant que dans tous
les cas l'eau ſoit fournie avec une abondance ſuffiſante, on pourra ſe former une idée de la limite
du rapport qui doit exiſter dans chaque cas, entre
la largeur du réſervoir & l'aire de l'orifice, pour
que l'orifice par ſa grandeur ne faſſe rien perdre
à la vîteſſe.

(600.) Le tuyau *CMO (Fig. 32)* m'a donné Fig. 32.
occaſion de faire une autre expérience qui peut
ſervir d'éclairciſſement à l'article 204.

Ayant fait enlever la ſouche, j'ai fait mettre ſucceſſivement en *O* pluſieurs ajutages de différentes
grandeurs; puis, ayant fait remplir le tuyau juſqu'en *C*, je lui ai permis de ſe vider par ces
ajutages, ſans lui fournir de nouvelle eau proviſionnelle. Les jets alloient frapper une planche
horizontale *TP*. Lorſque le diamètre de l'ajutage
excédoit 4 lignes, le jet alloit au premier inſtant
en *Z*, enſuite il augmentoit juſqu'en *S*, après
quoi il diminuoit ſans ceſſe; de ſorte que la plus
grande amplitude du jet n'eſt pas alors celle qui

des jets & des réfervoirs qui ne font pas com-prifes dans la table, fe trouvent par le moyen de cette même table combinée avec les articles 589 & 590.

La troifième colonne contient, en pintes de Paris, dont 36 forment le pied cube, les dépenfes en 1 minute par un ajutage de 6 lignes de diamètre, relativement aux hauteurs de la feconde colonne. Ces dépenfes ont été déterminées par le moyen des expériences du Chapitre II. Lorfqu'il fe trouve des fractions de pintes au-deffous de $\frac{1}{2}$, je les néglige; mais fi ces fractions valent $\frac{1}{2}$ ou plus de $\frac{1}{2}$, j'écris 1 à leur place. Connoiffant les dépenfes par un ajutage de 6 lignes de diamètre, une fimple proportion fera connoître les dépenfes par tout autre ajutage, fous même hauteur dans le réfervoir, puifqu'il a été démontré (469) que les dépenfes font alors entr'elles comme les aires des ajutages, ou comme les quarrés des diamètres ou des rayons des mêmes ajutages.

Dans la quatrième colonne, on trouve les diamètres que doivent avoir les tuyaux de conduite pour un ajutage de 6 lignes de diamètre, relati-vement aux hauteurs de la feconde colonne. J'en ai ufé ici pour les fractions de lignes, comme dans la colonne précédente, pour les fractions de pintes. Lorfqu'on voudra avoir les diamètres des tuyaux pour d'autres ajutages, & des hauteurs quelconques de réfervoir, on les déterminera par notre table combinée avec l'article 596.

Cette quatrième colonne a été calculée d'après l'hypothèfe (598) que, pour un ajutage de 6 lignes de diamètre, fous 16 pieds de hauteur de réfervoir, il faut que la conduite ait 28 lignes $\frac{1}{2}$ de diamètre; & d'après le principe (596) que les quarrés des diamètres des tuyaux de conduite, font comme les quarrés des diamètres des ajutages, multipliés par les racines des hauteurs des réfervoirs.

Il manque une cinquième colonne pour déterminer les épaiffeurs des conduites. Ces épaiffeurs dépendent de la qualité des matières dont les tuyaux font formés.

On a donné dans l'*Hydroflatique (Chap. IV)*, la méthode pour déterminer les épaiffeurs des tuyaux, lorfque ces tuyaux font compofés, ou peuvent être regardés, au moins fenfiblement, comme compofés de filets flexibles, & lorfque de plus le fluide qui y eft enfermé, eft flagnant. Dans le cas où le fluide eft en mouvement dans le tuyau, la preffion qui réfulte contre les parois de ce tuyau, eft toujours déterminable par les loix générales de l'Hydroflatique, comme nons l'avons déjà expliqué (239), & comme on le verra encore ci-deffous *(Chap. XI)*. Ainfi on trouve également alors l'épaiffeur que le tuyau doit avoir, en le fuppofant compofé de filets flexibles, comme tout à l'heure.

Hauteurs des jets, exprimées en pieds.	Hauteurs des réservoirs, exprimées en pieds & pouces.		Dépense en une minute, par un ajutage de six lignes de diamètre, exprimée en pintes de Paris.	Diamètres des tuyaux de conduite relatifs aux deux colonnes précédentes, exprimés en lignes.
5	5	1	32	21.
10	10	4	45	26.
15	15	9	56	28.
20	21	4	65	31.
25	27	1	73	33.
30	33	0	81	34.
35	39	1	88	36.
40	45	4	95	37.
45	51	9	101	38.
50	58	4	108	39.
55	65	1	114	40.
60	72	0	120	41.
65	79	1	125	42.
70	86	4	131	43.
75	93	9	136	44.
80	101	4	142	45.
85	109	1	147	46.
90	117	0	152	47.
95	125	1	158	48.
100	133	4	163	49.

(606.) SCHOLIE GÉNÉRAL. Quoique l'application des règles précédentes à la pratique ne paroiffe préfenter aucune difficulté, je ferai néanmoins cette application à deux exemples.

EXEMPLE I. *On veut avoir un jet vertical de 44 pieds de hauteur par un ajutage de 1 pouce de diamètre; & l'on demande, 1.° la hauteur du réfervoir, 2.° la dépenfe du jet; 3.° le diamètre du tuyau de conduite !*

1.° Puifque les différences des hauteurs des jets verticaux aux hauteurs des réfervoirs, font entr'elles comme les quarrés des hauteurs des jets (589), & qu'un jet de 45 pieds demande une hauteur de réfervoir de 51 pieds 9 pouces (605); en faifant cette proportion $(45)^2 : (44)^2 :: 6$ pieds 9 pouces : un quatrième terme qui eft de 6 pieds 7 pouces; ajoutant cette quantité à 44 pieds, la fomme 50 pieds 7 pouces fera la hauteur du réfervoir.

2.° En faifant la proportion, $\sqrt{}$[51 pieds 9 pouces] : $\sqrt{}$[50 pieds 7 pouces] :: 101 pintes : un quatrième terme, ce terme qui eft d'environ 100 pintes, fera la dépenfe en 1 minute par un ajutage de 6 lignes de diamètre, pour la hauteur 50 pieds 7 pouces de réfervoir. Multipliant cette dépenfe par 4, puifque l'ajutage propofé a 1 pouce de diamètre, le produit 400 pintes fera la dépenfe demandée.

3.° Les quarrés des diamètres des tuyaux font en raifon compofée des quarrés des diamètres des ajutages & des racines quarrées des hauteurs des réservoirs ; & par conséquent les diamètres des tuyaux font comme les produits des diamètres des ajutages par les racines quatrièmes des hauteurs des réservoirs. On aura donc la proportion, $6 \sqrt[4]{}$ [51 pieds 9 pouc.] : 12 $\sqrt[4]{}$ [50 pieds 7 pouc.] :: 38 lignes : est au diamètre demandé qu'on trouve d'environ 6 pouces 3 lignes.

EXEMPLE II. *On a une pièce d'eau qu'on ne peut remplir que par intervalles. Cette pièce a 4 pieds de profondeur, & elle contient 20 toises cubes d'eau. Elle est élevée d'environ 38 pieds au-dessus d'un jardin dans lequel on veut former un jet, au moyen de l'eau qu'elle peut fournir, sans rien recevoir d'ailleurs : il s'agit de déterminer toutes les choses relatives à l'établissement de ce jet d'eau!*

Le premier objet qu'on doit se proposer pour résoudre cette question, est de chercher le temps que la pièce d'eau mettra à se vider entièrement par un ajutage pris à volonté, car c'est là-dessus qu'on se réglera pour déterminer l'ajutage qu'il convient d'employer, & les autres choses relatives à l'établissement du jet. Le problème de l'article 250 pourroit être appliqué ici ; mais je crois que dans la pratique on préférera la méthode suivante, qui est suffisamment exacte pour l'objet qu'on a en vue.

Je suppose que la hauteur moyenne de l'eau au-dessus de la platine horizontale dans laquelle l'ajutage doit être percé, soit de 36 pieds. On peut prendre pour cette hauteur, sans craindre beaucoup

beaucoup d'erreur, la fomme faite de la moitié de la hauteur de l'eau dans le réfervoir, & de la hauteur du fond du réfervoir au-deffus de l'ajutage. Alors je change le problème en un autre qui a été réfolu (554), & qui confifte à *trouver le temps dans lequel 20 toifes cubes d'eau s'écouleront, par exemple, par un ajutage de 1 pouce de diamètre, en fuppofant que le vafe demeure conftamment plein à la hauteur de 36 pieds au-deffus de l'orifice.* Il eft clair que le temps ainfi déterminé ne peut guère différer du temps demandé. Or en opérant, comme dans l'article cité 554, je trouve que ce temps eft d'environ 613 minutes, ou de 10 heures 13 minutes. Le jet pourra donc être fourni pendant 10 heures 13 minutes, en fuppofant l'ajutage de 1 pouce de diamètre. Si l'on veut que le jet dure quatre fois plus de temps, il faudra employer un ajutage quatre fois plus petit, & dont le diamètre foit par conféquent de 6 lignes, &c. On réglera ainfi le diamètre de l'ajutage fur le temps qu'on voudra que la pièce d'eau fourniffe au jet.

Le diamètre de l'ajutage étant donné avec la hauteur du réfervoir, le refte de la folution s'achève comme dans l'exemple précédent.

CHAPITRE VIII.

Du mouvement des eaux dans les tuyaux de conduite.

(607.) LORSQU'ON a de l'eau à conduire d'un réfervoir à un endroit éloigné, on doit commencer par s'affurer, au moyen du nivellement, fi le point d'où l'eau doit partir eft plus élevé que celui où elle doit arriver; l'écoulement ne pouvant pas avoir lieu fans cette condition. Mais quand on connoîtra ainfi la hauteur du premier point au-deffus du fecond, & qu'il fera queftion d'amener l'eau dans un long tuyau, on s'expoferoit à commettre des erreurs très-confidérables, fi pour déterminer la quantité d'eau qui doit fortir par l'orifice d'arrivée, on fe contentoit de combiner cet orifice avec la hauteur du réfervoir, fuivant les procédés du *Chapitre III;* car, les tuyaux additionnels, que l'on a confidérés dans ce chapitre, avoient peu de longueur, & la réfiftance du frottement y étoit peu fenfible; au lieu que dans les longs tuyaux, tels que ceux dont nous nous occupons maintenant, le frottement de l'eau contre leurs parois, ralentit confidérablement la vîteffe, comme on va le voir par l'expérience. Je commence par l'examen du mouvement de l'eau dans des tuyaux rectilignes.

(608.) Sur une éminence voisine de la prise d'eau des fontaines de la ville de Mézières, on a creusé dans la terre deux réservoirs *F E D G*, *H K L M (Fig. 33)*, dont le premier qui doit fournir à la dépense, peut contenir 25 ou 30 toises cubes d'eau ; le second beaucoup moins grand, dans lequel l'eau est entretenue à une hauteur constante au-dessus de l'axe du tuyau, ne contient guère que 6 toises cubes d'eau, lorsqu'il est rempli à sa plus grande hauteur qui est d'environ 4 ½ pieds. Un tuyau horizontal *O* de fer-blanc, d'environ 8 à 9 pouces de diamètre, communique par l'un de ses bouts avec le réservoir *H K L M*, & porte à l'autre bout une caisse quarrée *X* de fer-blanc, qui a un pied de hauteur sur chaque face, & qui est fermée de tous côtés. A l'une des faces verticales de cette caisse, sont adaptés perpendiculairement, en *A* & *B*, deux tuyaux rectilignes de fer-blanc, l'un ayant 16 lignes de diamètre intérieur, l'autre 2 pouces de diamètre aussi intérieur. On a porté leurs longueurs jusqu'à 180 pieds. La *Figure 33* fait voir toutes ces choses en profil ; la *Figure 34* les montre en plan. Le rectangle *efgd* est la section horizontale du réservoir provisionnel ; *h m k* est le réservoir nourricier des tuyaux ; *o* le tuyau de communication de ce réservoir avec la caisse quarrée *X; a t* & *b u* les deux tuyaux qui s'emboîtent à la caisse *X*.

Il est évident que la caisse *X* étant fermée de tous côtés, la hauteur de l'eau au-dessus de l'axe

Fig. 33.

Fig. 33.
Fig. 34.

de chaque tuyau, dans chaque expérience, eſt une ligne verticale compriſe entre cet axe, & le plan horizontal qui raſe la ſurface de l'eau dans le réſervoir *H K L M*. On a alongé ſucceſſivement les deux tuyaux de 30 pieds, juſqu'à 180 ; & on a meſuré la dépenſe de chacun d'eux, l'autre étant bouché. A l'entrée du tuyau *O,* dans le réſervoir *H K L M,* eſt un tambour de 1 pied de diamètre & de hauteur, criblé de petits trous pour laiſſer paſſer l'eau, & arrêter en même temps les ordures qui pourroient engorger les tuyaux, & troubler le mouvement de l'eau.

De diſtance en diſtance, on a fait des petits trous aux parois de chaque tuyau, pour faciliter la ſortie de l'air intérieur. On bouche enſuite ces trous avec un peu de cire appliquée par-deſſus.

EXPÉRIENCES I, II, III,.....VI.

(609.) La hauteur conſtante de l'eau dans le réſervoir au-deſſus de l'axe du tuyau $=$ 1 pied ; & le diamètre du tuyau $=$ 16 lignes.

I. A 30 pieds de la caiſſe *X,* en 45 ſecondes on reçoit 2084 pouces cubes d'eau.

II. A 60 pieds de la caiſſe, en 45 ſecondes on reçoit 1468 pouces cubes d'eau.

III. A 90 pieds de la caiſſe, en 45 ſecondes on reçoit 1190 pouces cubes d'eau.

IV. A 120 pieds de la caiſſe, en 50 ſecondes on reçoit 1126 pouces cubes d'eau.

V. A 150 pieds de la caiffe, en 50 fecondes on reçóit 982 pouces cubes d'eau.

VI. A 180 pieds de la caiffe, en 50 fecondes on reçoit 877 pouces cubes d'eau.

EXPÉRIENCES VII, VIII, IX,....XII.

(610.) La hauteur conftante de l'eau dans le réfervoir au-deffus de l'axe du tuyau $=$ 2 pieds; & le diamètre du tuyau eft toujours de 16 lignes.

I. A 30 pieds de la caiffe, en 50 fecondes on reçoit 3388 pouces cubes d'eau.

II. A 60 pieds de la caiffe, en 50 fecondes on reçoit 2407 pouces cubes d'eau.

III. A 90 pieds de la caiffe, en 50 fecondes on reçoit 1960 pouces cubes d'eau.

IV. A 120 pieds de la caiffe, en 1 minute on reçoit 2011 pouces cubes d'eau.

V. A 150 pieds de la caiffe, en 1 minute on reçoit 1762 pouces cubes d'eau.

VI. A 180 pieds de la caiffe, en 1 minute on reçoit 1583 pouces cubes d'eau.

EXPÉRIENCES XIII, XIV, XV,....XVIII.

(611.) La hauteur conftante de l'eau dans le réfervoir au-deffus de l'axe du tuyau $=$ 1 pied; & le diamètre du tuyau $=$ 2 pouces.

I. A 30 pieds de la caiffe, en 70 fecondes on reçoit 8960 pouces cubes d'eau.

II. A 60 pieds de la caiffe, en 70 fecondes on reçoit 6492 pouces cubes d'eau.

III. A 90 pieds de la caiſſe, en 70 ſecondes on reçoit 5290 pouces cubes d'eau.

IV. A 120 pieds de la caiſſe, en 75 ſecondes on reçoit 4930 pouces cubes d'eau.

V. A 150 pieds de la caiſſe, en 75 ſecondes on reçoit 4358 pouces cubes d'eau.

VI. A 180 pieds de la caiſſe, en 75 ſecondes on reçoit 3899 pouces cubes d'eau.

EXPERIENCES XIX, XX, XXI,......XXIV.

(612.) La hauteur conſtante de l'eau dans le réſervoir au-deſſus de l'axe du tuyau $=$ 2 pieds; & le diamètre du tuyau eſt toujours de 2 pouces.

I. A 30 pieds de la caiſſe, en 1 minute on reçoit 11219 pouces cubes d'eau.

II. A 60 pieds de la caiſſe, en 1 minute on reçoit 8190 pouces cubes d'eau.

III. A 90 pieds de la caiſſe, en 1 minute on reçoit 6812 pouces cubes d'eau.

IV. A 120 pieds de la caiſſe, en 65 ſecondes on reçoit 6375 pouces cubes d'eau.

V. A 150 pieds de la caiſſe, en 65 ſecondes on reçoit 5668 pouces cubes d'eau.

VI. A 180 pieds de la caiſſe, en 65 ſecondes on reçoit 5103 pouces cubes d'eau.

Table résultante de toutes ces Expériences.

613. Hauteur constante de l'eau dans le réservoir au-dessus de l'axe du tuyau, exprimée en pieds.	Distances des points où l'on a reçu l'eau, à la caisse quarrée, exprimées en pieds.	Nombre de pouces cubes d'eau, fournis en 1 minute par le tuyau de 16 lignes de diamètre.	Nombre de pouces cubes d'eau, fournis en 1 minute par le tuyau de 2 pouces de diamètre.
1	30	2778	7680.
1	60	1957	5564.
1	90	1587	4534.
1	120	1351	3944.
1	150	1178	3486.
1	180	1052	3119.
2	30	4066	11219.
2	60	2888	8190.
2	90	2352	6812.
2	120	2011	5885.
2	150	1762	5232.
2	180	1583	4710.

RÉFLEXIONS.

(614.) Si l'on cherche par le moyen de l'article 529, les dépenses de deux bouts de tuyaux additionnels de 16 lignes & de 2 pouces de diamètre, dont l'eau suive les parois, on trouvera qu'en 1 minute que nous prenons toujours pour la mesure commune du temps :

I iv

III. A 90 pieds de la caisse, en 70 secondes on reçoit 5290 pouces cubes d'eau.

IV. A 120 pieds de la caisse, en 75 secondes on reçoit 4930 pouces cubes d'eau.

V. A 150 pieds de la caisse, en 75 secondes on reçoit 4358 pouces cubes d'eau.

VI. A 180 pieds de la caisse, en 75 secondes on reçoit 3899 pouces cubes d'eau.

EXPERIENCES XIX, XX, XXI,.....XXIV.

(612.) La hauteur constante de l'eau dans le réservoir au-dessus de l'axe du tuyau $=$ 2 pieds; & le diamètre du tuyau est toujours de 2 pouces.

I. A 30 pieds de la caisse, en 1 minute on reçoit 11219 pouces cubes d'eau.

II. A 60 pieds de la caisse, en 1 minute on reçoit 8190 pouces cubes d'eau.

III. A 90 pieds de la caisse, en 1 minute on reçoit 6812 pouces cubes d'eau.

IV. A 120 pieds de la caisse, en 65 secondes on reçoit 6375 pouces cubes d'eau.

V. A 150 pieds de la caisse, en 65 secondes on reçoit 5668 pouces cubes d'eau.

VI. A 180 pieds de la caisse, en 65 secondes on reçoit 5103 pouces cubes d'eau.

Table réfultante de toutes ces Expériences.

613. Hauteur conftante de l'eau dans le réfervoir au-deffus de l'axe du tuyau, exprimée en pieds.	Diftances des points où l'on a reçu l'eau, à la caiffe quarrée, exprimées en pieds.	Nombre de pouces cubes d'eau, fournis en 1 minute par le tuyau de 16 lignes de diamètre.	Nombre de pouces cubes d'eau, fournis en 1 minute par le tuyau de 2 pouces de diamètre.
1	30	2778	7680.
1	60	1957	5564.
1	90	1587	4534.
1	120	1351	3944.
1	150	1178	3486.
1	180	1052	3119.
2	30	4066	11219.
2	60	2888	8190.
2	90	2352	6812.
2	120	2011	5885.
2	150	1762	5232.
2	180	1583	4710.

RÉFLEXIONS.

(614.) Si l'on cherche par le moyen de l'article 529, les dépenfes de deux bouts de tuyaux additionnels de 16 lignes & de 2 pouces de diamètre, dont l'eau fuive les parois, on trouvera qu'en 1 minute que nous prenons toujours pour la mefure commune du temps:

1.° La hauteur du réservoir étant de 1 pied, le tuyau de 16 lignes de diamètre donneroit 6330 pouces cubes d'eau.

2.° La hauteur du réservoir étant de 2 pieds, le même tuyau donneroit 8939 pouces cubes d'eau.

3.° La hauteur du réservoir étant de 1 pied, le tuyau de 2 pouces de diamètre donneroit 14243 pouces cubes d'eau.

4.° La hauteur du réservoir étant de 2 pieds, le même tuyau donneroit 20112 pouces cubes d'eau.

On voit que ces dépenses font beaucoup plus grandes que leurs correspondantes dans la table qui précède ; & que la dépense de chaque tuyau diminue d'autant plus, que ce tuyau s'alonge davantage.

(615.) Pour nous faire d'abord une idée générale de la raison suivant laquelle la dépense d'un même tuyau décroît à mesure que sa longueur croît, nous prendrons le nombre 100 pour représenter dans tous les cas la dépense à l'origine ; & alors les dépenses à 30 pieds, à 60 pieds, à 90 pieds, &c, feront les quatrièmes termes de chacune des proportions suivantes.

1.° Le tuyau de 16 lignes de diamètre, fous 1 pied de hauteur d'eau dans le réservoir, donne

$$6330 : 2778 :: 100 : 43,89$$
$$6330 : 1957 :: 100 : 30,91$$
$$6330 : 1587 :: 100 : 25,07$$
$$6330 : 1351 :: 100 : 21,34$$
$$6330 : 1178 :: 100 : 18,61$$
$$6330 : 1052 :: 100 : 16,62.$$

2.° Le même tuyau, fous 2 pieds de hauteur de réfervoir, donne

$$8939 : 4066 :: 100 : 45,48$$
$$8939 : 2888 :: 100 : 32,31$$
$$8939 : 2352 :: 100 : 26,31$$
$$8939 : 2011 :: 100 : 22,50$$
$$8939 : 1762 :: 100 : 19,71$$
$$8939 : 1583 :: 100 : 17,70.$$

3.° Le tuyau de **2** pouces de diamètre, fous 1 pied de hauteur de réfervoir, donne

$$14243 : 7680 :: 100 : 53,92$$
$$14243 : 5564 :: 100 : 39,06$$
$$14243 : 4534 :: 100 : 31,83$$
$$14243 : 3944 :: 100 : 27,69$$
$$14243 : 3486 :: 100 : 24,48$$
$$14243 : 3119 :: 100 : 21,90.$$

4.° Enfin le même tuyau, fous 2 pieds de hauteur de réfervoir, donne

$$20112 : 11219 :: 100 : 55,78$$
$$20112 : 8190 :: 100 : 40,72$$
$$20112 : 6812 :: 100 : 33,87$$
$$20112 : 5885 :: 100 : 29,26$$
$$20112 : 5232 :: 100 : 26,01$$
$$20112 : 4710 :: 100 : 23,41.$$

(616.) Ces calculs font voir que la dépenfe d'un tuyau d'une certaine longueur eft confidérablement moindre qu'elle ne feroit, fi l'eau ne trouvoit aucun obftacle fur fon chemin, & confervoit toute fa vîteffe initiale. En effet, les pointes dont les parois du tuyau (quelque polies qu’on les suppose) sont toujours hérissées, doivent nécessairement ralentir la vîtesse du courant. Il est clair que pour un même tuyau & une même hauteur de réservoir, la dépense doit d’autant plus diminuer, que le tuyau s’alonge davantage. La colonne fluide peut être regardée comme composée d’une infinité de filets : or, de tous ces filets, ceux qui touchent les parois, & qu’on peut appeler *filets latéraux*, sont les seuls qui soient sujets au frottement immédiat contre les parois. Ce frottement, en se faisant sentir de proche en proche aux filets contigus, diminue nécessairement de la circonférence au centre; ainsi, quelle que soit la loi du frottement contre les parois, les filets latéraux & les filets centraux ne sont pas retardés de la même manière. A mesure que la longueur du tuyau augmente, la vîtesse des premiers diminue; & en vertu de cette diminution de vîtesse, ils retardent de moins en moins les seconds. Donc, la force qui pousse l’eau à l’entrée du tuyau, étant constamment la même, les dépenses doivent diminuer de moins en moins en s’éloignant de l’origine du tuyau. Ce raisonnement est confirmé par nos expériences. L’excès d’une dépense sur la dépense consécutive va toujours en décroissant.

(617.) Ces mêmes expériences peuvent servir à trouver, du moins à peu-près, le rapport suivant lequel les dépenses diminuent. En effet, ayant Fig. 35. pris la droite *A G (Fig. 35)* pour représenter l'un de nos tuyaux, & l'ayant partagée en six parties égales *AB, BC, CD, DE, EF, FG,* qui expriment les divisions du même tuyau, imaginons que les dépenses à l'origine *A*, & aux points suivans *B, C, D, &c,* sont exprimées par les perpendiculaires *AH, BI, CK, &c ;* & faisons passer par les points *H, I, K, &c,* la courbe *HIKLMNO.* Les dépenses étant liées entr'elles par la loi de continuité qui a lieu dans toute la nature, l'ordonnée quelconque *PQ*, prise en-déçà ou en-delà du point *G,* exprimera la dépense correspondante au point *P* du tuyau. Nous ne connoissons pas *à priori* la nature de la courbe proposée ; & par conséquent nous ne pouvons pas la tracer en rigueur. Mais on peut lui en substituer une autre connue, qui passe par les points *H, I, K, L, M, N, O,* & qui n'en différera pas sensiblement.

(618.) Supposons l'abscisse indéterminée $AP = x$, l'ordonnée correspondante $PQ = y$; & prenons $y = a + bx + cx^2 + dx^3 + ex^4 + fx^5 + gx^6$, pour l'équation de la nouvelle courbe dont il s'agit. Dans cette équation, les coëfficiens a, b, c, d, e, f, g, sont indéterminés ; mais on les connoîtra, en observant que $x = 0$ donne $y = AH$; $x = AB$, donne $y = BI$; $x = AC$, donne $y = CK$; $x = AD$, donne $y = DL$; $x = AE$, donne $y = EM$; $x = AF$, donne $y = FN$; $x = AG$, donne $y = GO$.

Par exemple, foient AH, BI, CK, &c, les dépenfes que fait le tuyau de 16 lignes de diamètre, fous 1 pied de hauteur de réfervoir, dépenfes qu'il faut prendre dans les articles 613 & 614. Je fupprimerai dans ces dépenfes la dénomination *pouces cubes*, pour abréger. De plus, je nommerai 1 chacune des parties égales AB, BC, CD, &c, de l'axe; ce qui rend $AC = 2$, $AD = 3$, $AE = 4$, &c. Lorfqu'on voudra faire des applications de ces calculs, on fe fouviendra qu'on a pris ainfi 30 pieds pour l'unité de mefure de la longueur du tuyau. Cela pofé, on aura ces fept équations du premier degré :

$$(\mathrm{I}). \quad 6330 = a.$$

$$(\mathrm{II}). \quad 2778 = a + b + c + d + f + g.$$

$$(\mathrm{III}). \quad 1957 = a + 2b + 4c + 8d + 16e + 32f + 64g.$$

$$(\mathrm{IV}). \quad 1587 = a + 3b + 9c + 27d + 81e + 243f + 729g.$$

$$(\mathrm{V}). \quad 1351 = a + 4b + 16c + 64d + 256e + 1024f + 4096g.$$

$$(\mathrm{VI}). \quad 1178 = a + 5b + 25c + 125d + 625e + 3125f + 15625g.$$

$$(\mathrm{VII}). \quad 1052 = a + 6b + 36c + 216d + 1296e + 7776f + 46656g,$$

lefquelles ferviront à connoître les fept inconnues a, b, c, d, e, f, g. Ayant déterminé ces inconnues & fubftitué leurs valeurs dans l'équation générale

$$y = a + bx + cx^2 + dx^3 + ex^4 + fx^5$$

$+ g x^6$, on pourra employer cette même équation à trouver une dépenfe quelconque y.

Il ne feroit pas plus difficile de trouver x en y, foit par la méthode du retour des fuites, foit en conftruifant une courbe qui eût les y pour abfciffes, & les x pour ordonnées.

M. Charles, de l'Académie royale des Sciences, a donné, dans la *Nouvelle Encyclopédie méthodique*, au mot *interpolation*, une favante méthode d'interpolation, qu'il a appliquée aux expériences précédentes. Ce même fujet a été traité d'une autre manière, plus élémentaire & plus facile à employer dans la pratique, par M. Lallemant, Profeffeur de Mathématiques aux Écoles de Reims, dans un Mémoire qui a été préfenté à l'Académie des Sciences, & qui paroîtra dans le Recueil des *Savans étrangers*.

(619.) Comme on ne fauroit trop chercher à généralifer & à fimplifier les réfultats des expériences, je vais auffi examiner, par une méthode femblable à celle que j'ai employée ailleurs (69), fi, pour une même hauteur de réfervoir, & un même tuyau horizontal, l'on ne peut pas fuppofer qu'à mefure que ce tuyau s'alonge, les dépenfes d'eau qu'il fait, fuivent, au moins fenfiblement, une certaine puiffance des diftances à l'origine.

Soit donc AZ *(Fig. 35)* l'axe du tuyau; A Fig 35. l'origine; B un point donné où l'on eft cenfé connoître la dépenfe, par une expérience immédiate; P un point quelconque : suppofons $AB = a$; $AP = x$; la dépenfe en B, pour une minute $= Q$; la dépenfe en $P = q$, auffi pour une minute. Je feins qu'on ait la proportion, $Q : q :: a^n : x^n$, (n étant un expofant qu'il faut déterminer). Cette proportion donne,

$$Q \, x^n = q \cdot a^n ; \quad \& \; n = \frac{\log. \, q \; - \; \log. \, Q}{\log. \, x \; - \; \log. \, a} ; \quad \text{ou}$$

$$n = \frac{- \, (\log. \, Q \; - \; \log. \, q)}{\log. \, x \; - \; \log. \, a}.$$

Cela pofé, 1.° pour déterminer n, au moyen des expériences relatives à notre premier tuyau, qui a 16 lignes de diamètre, fuppofons d'abord que la hauteur conftante du réfervoir $= 1$ pied. En faifant $AB = a = 30$ pieds, on aura (613), $Q = 2778$ pouces cubes; & en faifant fucceffivement $x = 2\,a$, $x = 3\,a$, $x = 4\,a$, $x = 5\,a$, $x = 6\,a$, on aura (toujours en pouces cubes), $q = 1957$, $q = 1587$, $q = 1351$, $q = 1178$, $q = 1052$. Or, ces différentes fuppofitions donnent, $n = - (0,50 \; +)^*$; $n = - (0,51 \; -)$; $n = - (0,52 \; +)$; $n = - (0,53 \; -)$; $n = - (0,54 \; -)$. D'où l'on voit que la valeur de n eft $- \frac{1}{2}$, à peu de chofe près.

Si, pour le même tuyau, on fuppofe la hauteur du réfervoir $= 2$ pieds, on trouvera, par des calculs femblables aux précédens, $n = - (0,49 \; +)$;

---

* Le figne $+$ ou $-$, écrit après un nombre, indique que ce nombre eft un peu trop foible ou un peu trop fort.

$n = - (0, 50 -); n = - (0, 50 +); n = - (0, 51 +); n = - (0, 52 +)$. La valeur de n eft encore $-\frac{1}{2}$, à peu de chofe près.

2.° Pour déterminer n, au moyen des expériences relatives à notre fecond tuyau, qui a 2 pouces de diamètre, faifons d'abord la hauteur conftante du réfervoir $= 1$ pied : nous trouverons, $n = - (0, 47 -); n = - (0, 48 -); n = - (0, 48 +); n = - (0, 49 +); n = - (0, 50 +)$. La valeur de n ne s'écarte guère de $-\frac{1}{2}$.

Si pour le même tuyau, on fuppofe la hauteur du réfervoir $= 2$ pieds, on trouvera, $n = - (0, 45 +); n = - (0, 46 -); n = - (0, 46 +); n = - (0, 47 +); n = - (0, 48 +)$. La valeur de n eft un peu au-deffous de $-\frac{1}{2}$.

(620.) Il réfulte de tous ces calculs, que dans la pratique, où l'on n'a pas befoin d'une fi grande précifion, on peut prendre pour règle, que *les dépenfes faites, en temps égaux, par un même tuyau horizontal, fous une même hauteur de réfervoir, & pour différentes diftances de l'orifice de fortie à l'origine du tuyau, font entr'elles en raifon inverfe des racines quarrées de ces diftances.*

Connoiffant donc, par l'expérience, la dépenfe pour une diftance donnée, on trouvera la dépenfe pour toute autre diftance. Suivant les articles 613 & 614, la dépenfe, à 30 pieds de diftance à l'origine, eft à peu-près la moitié de la dépenfe-

à l'origine ; & cette dernière dépenfe fe trouve en général par les méthodes du *Chapitre III* : on a donc alors toutes les données néceffaires pour réfoudre le problème.

(621.) Ces déterminations peuvent être rectifiées & perfectionnées par quelques remarques qui doivent trouver place ici.

Des deux tuyaux que nous avons employés dans les expériences précédentes, celui de 16 lignes de diamètre, dépenfe un peu moins à proportion, que celui de 2 pouces de diamètre, fous une même hauteur de réfervoir, & une même longueur. La raifon en eft que relativement à la furface de l'orifice par lequel l'eau s'écoule, il y a plus de frottement dans le premier tuyau que dans le fecond. Il eft bon cependant d'être prévenu que notre gros tuyau a un peu plus de 2 pouces de diamètre : j'ai évalué l'excès à $\frac{1}{8}$ de ligne ; mais cet excès eft trop petit pour infirmer la remarque que nous venons de faire. Nous avons obfervé la même chofe (479) pour le frottement des orifices percés en de minces parois.

(622). Plus la hauteur de l'eau dans le réfervoir, au-deffus de l'axe du tuyau, eft grande, plus la diminution de la dépenfe eft petite, proportion gardée. Nous en avons donné d'avance la raifon dans l'article 483. On y a vu que le frottement étant fuppofé proportionnel à la vîteffe, ou à la racine quarrée de la hauteur du

réfervoir,

réfervoir, il fe fait d'autant moins fentir que cette hauteur eft plus grande.

(623.) On conçoit que la longueur d'un tuyau peut être telle que l'eau qui le parcourt, ait à peine la force néceffaire pour vaincre le frottement ; ou que du moins l'écoulement ne fe faffe que dans un temps très-long, & pour ainfi dire, goutte à goutte. J'en ai fait l'expérience avec nos deux tuyaux. A 180 pieds de la caiffe, l'écoulement par chacun d'eux fe réduit à un filet, & les gouttes fe fuccèdent prefque comme fi elles étoient des corps ifolés, lorfque la hauteur de l'eau dans le réfervoir au-deffus des parois inférieures, n'eft que de 16 lignes. Il faut donc, pour produire un écoulement fenfible & continu dans ces tuyaux, une hauteur de réfervoir, ou une pente d'environ 20 lignes fur 180 pieds, ou de $\frac{2}{3}$ ligne fur 1 toife. Mais, lorfqu'une eau courante a un volume un peu confidérable, elle n'a pas befoin d'une fi grande pente. Je reviendrai fur cet objet, en parlant du cours des rivières.

(624.) Lorfqu'un tuyau eft vertical ou incliné, la pefanteur tend à accélérer la vîteffe dans le tuyau même De la combinaifon de cette force avec la preffion de l'eau du réfervoir & avec le frottement, il réfulte des effets qu'il s'agit d'examiner ici.

Soit donc *MQRN (Fig. 36)* un long tuyau cylindrique vertical, adapté au fond du réfervoir *ADCB* entretenu conftamment plein à la hauteur

Fig. 36.

HM. Je fais d'abord abstraction de la résistance produite par le frottement le long des parois de ce tuyau. Il est évident que la vîtesse du fluide à l'instant où il est prêt à passer en MN, étant dûe à la hauteur HM, si chaque particule devenoit ensuite un corps isolé & libre, soumis seulement à l'action de la pesanteur, ce corps parvenu en un point quelconque Q de la verticale MQ, auroit une vîtesse dûe à la hauteur HQ. Mais toutes les particules tiennent les unes aux autres, & ne se séparent mutuellement que quand elles y sont forcées par une puissance supérieure à leur viscosité naturelle. Tant qu'elles forment, en vertu de cette dernière force, une même colonne qui remplit entièrement le tuyau $MQRN$, sans y laisser aucun vide, elles se meuvent nécessairement toutes avec la même vîtesse le long de l'espace MQ. Or, comme la vîtesse produite par la pression de l'eau contenue dans le réservoir $ADCB$, sur l'orifice MN, est toujours la même, & que d'un autre côté chaque particule reçoit d'autant plus de coups de la pesanteur, qu'elle s'éloigne davantage de MN, il est clair que les particules inférieures doivent accélérer de proche en proche les supérieures, afin que toutes ensemble prennent la même vîtesse. La plupart des auteurs d'Hydraulique prétendent que cette accélération se fait, de manière que la vîtesse ou la dépense en un point quelconque Q ou O, est toujours comme la racine de la hauteur correspondante *HQ* ou *HO*. Cela est sensiblement vrai pour des tuyaux qui ont peu de longueur ; car nous avons vu (495) que la dépense faite par un court tuyau *MOPN* (*Fig. 13*), sous la hauteur *HO*, est à la dépense qu'il fait, lorsqu'il est coupé au point *S*, comme la racine de la hauteur *HO* est à la racine de la hauteur *HS*. La raison en est qu'alors l'engrénage des parties de la colonne *MOPN* ou *MSTN* est assez fort pour que la pesanteur puisse exercer sensiblement toute son action sur l'eau qui compose chacune de ces colonnes ; & que de plus cette action est exercée à peu-près de la même manière dans les deux cas. Mais il n'en doit pas être ainsi, pour de longs tuyaux, pareils à celui de la *Figure 36*. L'adhérence réciproque des particules, qui donne lieu à l'accélération dont nous avons parlé, a ses bornes, comme nous l'avons déjà dit ; & le tuyau peut devenir si long que les particules inférieures se détachent des supérieures, ou que la colonne finisse par s'amincir vers son bout inférieur, & par ne former plus qu'un filet auquel il est indifférent que le tuyau soit prolongé davantage ou non. L'assertion que la vîtesse ou la dépense par un tuyau vertical adapté au fond d'un réservoir, est comme la racine de la hauteur correspondante, n'est donc pas exacte en général. Nous verrons tout-à-l'heure qu'en ayant égard au frottement, elle s'éloigne entièrement de la vérité.

(625.) Il en est du mouvement de l'eau dans

Fig. 37. un tuyau incliné $MNQR$ (*Fig. 37*), comme de celui dans un tuyau vertical. Sous même hauteur de réfervoir $ADCB$, la vîteffe initiale à l'orifice MN eft la même dans les deux cas. De plus, lorfque le tuyau eft incliné, la pefanteur relative, qui agit dans le fens de fa longueur, eft à la pefanteur abfolue, comme la hauteur du plan incliné eft à fa longueur ; rapport qui eft conftant fur toute la longueur du tuyau. La vîteffe produite par la pefanteur relative, le long du plan incliné MI, eft donc la même que la vîteffe produite par la pefanteur abfolue le long de la verticale EI. Ainfi pour un petit tuyau incliné $MIFN$ (le refte $IFQR$ du tuyau $MNQR$ étant fupprimé), la dépenfe en I doit être fenfiblement proportionnelle à la racine de la hauteur correfpondante KI de réfervoir. Mais les mêmes caufes qui empêchent que cette loi n'ait lieu pour de longs tuyaux verticaux, empêchent également qu'elle n'ait lieu pour de longs tuyaux inclinés.

(626.) Comme il feroit trop embarraffant de faire des expériences avec de longs tuyaux verticaux, je ne confidérerai ici que des tuyaux inclinés. Celui dont je me fuis déjà fervi, & qui a 16 lignes de diamètre, a été incliné fuivant une direction bien rectiligne MR. En cet état il forme l'hypothénufe d'un triangle rectangle MOR, laquelle eft à la hauteur OR, comme 2124 eft à 241. Il eft divifé en trois parties égales MI,

IG, GR, chacune de 59 pieds; & on a mefuré les dépenfes à 177 pieds, 118 pieds, & 59 pieds du réfervoir, comme il fuit.

EXPÉRIENCES XXV, XXVI, XXVII.

(627.) Hauteur conflante de l'eau dans le réfervoir au-deffus du centre de l'orifice fupérieur du tuyau $=$ 10 pouces.

I. A 177 pieds de la caiffe, en 45 fecondes le tuyau a donné 4346 pouces cubes d'eau. Cette dépenfe revient à 5795 pouces cubes en 1 minute.

II. A 118 pieds de la caiffe, en 45 fecondes le tuyau a donné 4351 pouces cubes d'eau. Cette dépenfe revient à 5801 pouces cubes en 1 minute.

III. A 59 pieds de la caiffe, en 45 fecondes le tuyau a donné 4356 pouces cubes d'eau. Cette dépenfe revient à 5808 pouces cubes en 1 minute.

RÉFLEXIONS.

(628.) Si notre tuyau n'avoit qu'environ 2 pouces de longueur, ou qu'il fît la fonction de ces bouts de tuyaux additionnels dont nous avons tant parlé dans le chapitre III, il donneroit en vertu de la preffion de l'eau contenue dans le réfervoir, environ 5779 pouces cubes en 1 minute. Or, fuivant nos expériences, à chaque divifion il donne un peu plus; les dépenfes paroiffent diminuer un peu, à mesure que le tuyau devient plus long: on voit par-là qu’il s’en faut beaucoup que ces dépenses fuivent la raifon des racines des hauteurs *L R*, *H G*, *K I*.

(629.) En diminuant un peu l’angle d’inclinaifon *R M O* du tuyau, les dépenses en *R*, *G*, *I* approcheroient davantage de la dépenfe à l’origine. De-là fuit une remarque qui peut être utile dans la pratique ; quelle que foit la longueur d’un tuyau pareil au nôtre, il donne à peu de chofe près la même quantité d’eau qu’il donneroit à fon origine, lorfque fa pente *O R* eft la huit ou neuvième partie de la longueur *M R*, ou lorfque l’angle *R M O* eft d’environ 6 degrés 31 minutes. On voit donc qu’alors le frottement détruit à peu-près la vîteffe qui provient de la pefanteur relative de l’eau contenue, à chaque inflant, dans le tuyau. Cette loi n’a peut-être pas lieu pour toutes fortes de tuyaux & pour toutes fortes de hauteurs de réfervoir ; mais on peut du moins fe faire par-là quelqu’idée de la pente qu’il convient de donner à un tuyau, lorfqu’on veut compenfer par ce moyen le déchet que le frottement occafionne dans la dépenfe.

(630.) Ajoutons au fujet du même tuyau *M N Q R*, une obfervation qui vient à l’appui de l’article précédent. L’ouverture *Q R* étant parfaitement bouchée, il fe forme par les petits trous *n*, *p*, *q* deftinés à laiffer échapper l’air intérieur, des jets d’eau qui s’élèvent aux points *y*, *x*, *s*, conformément aux loix expliquées dans les chapitres VI & VII ; mais fi on débouche l'ouverture QR, fans boucher les trous n, p, q, les jets ceffent, & au bout de quelques fecondes, l'écoulement devient régulier & permanent. D'où l'on voit que l'eau ceffe alors de preffer, au moins fenfiblement, la paroi fupérieure du tuyau, & que la vîteffe inftantanée produite par la pefanteur relative de la colonne $MNQR$ eft égale, au moins, à la vîteffe détruite à chaque inftant par la réfiftance du frottement.

CHAPITRE IX.

Continuation du même sujet : mouvement des eaux dans des tuyaux curvilignes.

(631.) Ici mon premier objet étant de comparer les dépenses par des tuyaux curvilignes, avec les dépenses par des tuyaux rectilignes, j'ai commencé par faire construire, avec du plomb laminé, un tuyau *O N (Fig. 38)*, de 50 pieds de longueur, & de 1 pouce de diamètre intérieur très-bien calibré; il a 1 ligne d'épaisseur. A l'origine *O* est soudé un autre tuyau *M* d'environ 2 pouces de diamètre intérieur, qui communique avec le plus petit des deux réservoirs dont il a été parlé dans l'article 608. Ce tuyau additionnel est garni d'un robinet *R* percé intérieurement d'un trou de plus de 18 lignes de diamètre réduit, par le moyen duquel on permet ou on empêche l'écoulement. Le tuyau *O N* est percé de plusieurs petits trous *E, F, G*, destinés à laisser échapper l'air que l'eau entraîne avec elle.

EXPÉRIENCE XXVIII.

(632.) Le tuyau rectiligne *O N* ayant été mis dans une position horizontale, & l'eau étant entretenue dans le réservoir à la hauteur de 4 pouces au-dessus de son axe *T V*, en 2 minutes on a reçu par le bout *N*, 1152 pouces cubes d'eau. Cette dépense revient à 576 pouces cubes en 1 minute.

EXPÉRIENCE XXIX.

(633.) Le tuyau étant toujours le même & dans la même position, & l'eau étant entretenue dans le réservoir à la hauteur constante de 1 pied au-dessus de l'axe *TV*, en 1 minute on a reçu par le bout *N*, 1050 pouces cubes d'eau.

EXPÉRIENCE XXX.

(634.) Le même tuyau ayant été courbé, comme il est exprimé dans les *Figures 39 & 40* ; Fig. 39 & ce tuyau étant fixé bien solidement sur un &40. plancher mobile, d'abord j'ai fait mettre le plancher dans une position horizontale *(Fig. 39)*, en sorte que la courbe *OQSZXYN* doit être regardée comme tracée sur un plan horizontal. Le point *N* est placé dans le prolongement de la ligne horizontale *TV* qui représente l'axe du tuyau à l'origine *O*.

Cela posé, en entretenant l'eau dans le réservoir à la hauteur constante de 4 pouces au-dessus de la ligne *TV*, en 2 minutes on a reçu en *N*, 1080 pouces cubes d'eau. Cette dépense revient à 540 pouces cubes en 1 minute.

EXPÉRIENCE XXXI.

(635.) Tout étant le même que dans l'expérience précédente, avec cette différence que l'eau eſt maintenant entretenue dans le réſervoir à la hauteur de 1 pied au-deſſus de la ligne TV, en 1 minute on a reçu en N, 1030 pouces cubes d'eau.

EXPÉRIENCE XXXII.

(636.) Le plan du tuyau curviligne $OQSZ$ XYN a été mis dans une poſition verticale (*Fig. 40*). L'extrémité N eſt dans la ligne horiſontale TV, & aucun des coudes du tuyau ne s'élève au-deſſus de cette ligne.

Cela poſé, l'eau ayant été miſe à la hauteur de 4 pouces dans le réſervoir, & les évens deſtinés à laiſſer échapper l'air, étant bouchés, l'air enfermé dans la conduite empêchoit le mouvement de l'eau ; elle n'a commencé à paroître en N qu'après qu'on a eu fait de petites ouvertures aux coudes ſupérieurs du tuyau. Lorſque le cours a été bien établi, en 2 minutes on a reçu en N, 1040 pouces cubes d'eau. Cette dépenſe revient à 520 pouces cubes en 1 minute.

EXPÉRIENCE XXXIII.

(637.) Tout étant le même que dans l'expérience précédente, avec cette différence que l'eau eſt maintenant entretenue dans le réſervoir à la hauteur de 1 pied au-deſſus de l'axe TV, en 1 minute on a reçu en N, 1028 pouces cubes d'eau.

RÉFLEXIONS.

(638.) Les expériences XXVIII & XXIX comparées enſemble font voir qu'à meſure que la hauteur de l'eau dans le réservoir augmente, le déchet de la dépense diminue; ce qui confirme l'article 622.

(639.) Par la comparaison de l'expérience XXX avec l'expérience XXVIII, & de l'expérience XXXI, avec l'expérience XXIX, on voit que les sinuosités horizontales d'un tuyau diminuent la dépense que fait ce même tuyau lorsqu'il est rectiligne. Le frottement doit être sensiblement le même dans les deux cas. Le choc de l'eau contre les angles du tuyau fait perdre une partie de la vîtesse, & diminue par conséquent la dépense. S'il n'y avoit pas de saut dans la courbure, c'est-à-dire, si chaque angle formé par deux côtés consécutifs de la courbe, approchoit infiniment de 180 degrés, comme cela a lieu dans une véritable courbe, la courbure ne diminueroit point la dépense. Car soit $OQSZN$ (*Fig. 41*) un tuyau Fig. 41. quelconque curviligne & horizontal qu'un corps parcourt en vertu d'une force impulsive qu'il a reçue en O. Supposons que ce corps, étant arrivé au point quelconque Q, parcoure en un instant l'élément Qq de la courbe, & soit prolongé Qq d'une quantité $qr = Qq$: il est évident que si lorsque le corps est arrivé en q, il pouvoit librement se mouvoir suivant la direction Qq, il parcourroit qr dans le même temps qu'il a parcouru Qq. Représentons la vîtesse en q, par l'espace Qq ou qr parcouru en un instant, c'est-à-dire, par le rapport (fini) de l'élément de l'espace à l'élément du temps;

& décomposons la vîtesse qr en deux autres qf, qh, l'une perpendiculaire à la courbe, l'autre dirigée suivant la courbe. De ces deux vîtesses, la première est détruite par la résistance du tuyau; la seconde est la seule qui reste au mobile. Du point q comme centre, avec le rayon qh, soit décrit le petit arc ht pour déterminer la différence tr des deux vîtesses qr, qh. Cela posé, lorsque l'angle Qqh est infiniment obtus, & que par conséquent l'angle hqr est infiniment petit, 1.° le triangle qth peut être regardé comme un triangle rectiligne rectangle en t, & on a la proportion $qt : th :: th : tr$; 2.° la ligne th est infiniment petite par rapport à qt, puisque th est à qt comme le sinus d'un angle infiniment petit est au sinus d'un angle qui diffère infiniment peu d'un angle droit. De-là il résulte que tr est infiniment petite par rapport à ht, puisque tr est troisième proportionnelle aux lignes qt, th; donc à plus forte raison tr est infiniment petite par rapport à qr. Ainsi le mobile ne perd en q qu'une partie infiniment petite du second ordre de sa vîtesse; il en est de même pour tous les autres points de la courbe. Donc, en parcourant l'espace fini $OQSZN$, le mobile ne peut perdre qu'une infinité de parties infiniment petites du second ordre de sa vîtesse, ou, ce qui revient au même, qu'une partie infiniment petite du premier ordre. Donc, sa vîtesse, qui est finie, ne peut pas être altérée par cette perte, & la dépense en N doit être la même que fi le tuyau étoit rectiligne. Concluons donc que fi en effet les dépenfes ne font pas les mêmes dans les deux cas, la perte de vîteffe que fait le mobile en *q* n'eft pas infiniment petite du fecond ordre, & que par conféquent l'angle *h q r* n'eft pas infiniment petit. Malgré tous les foins qu'on peut prendre dans la pratique, de bien adoucir les coudes d'un tuyau, on ne peut guère parvenir à une courbure rigoureufe, & il doit fe perdre une partie finie de la vîteffe par le choc contre les côtés du polygone.

On peut objecter qu'en courbant le tuyau on a fait diminuer fon diamètre; mais cette diminution n'eft pas affez grande pour produire toute celle de la dépenfe.

(640.) En comparant l'expérience XXXII avec l'expérience XXVIII, & l'expérience XXXIII avec l'expérience XXIX, on voit que les finuofités verticales d'un tuyau font diminuer la dépenfe. Cela vient encore de la perte de vîteffe que l'eau fait en frappant contre les coudes de la conduite. En effet, les colonnes *O Q* & *S Q* (*Fig. 40*), *S Z* & *X Z*, *X Y* & *N Y*, fe font équilibre deux à deux par la pefanteur (21); d'où il fuit, qu'abftraction faite de toute réfiftance, l'eau fe mouvroit dans le tuyau curviligne *O Q S Z X Y N* de la même manière que s'il étoit rectiligne. Mais dans le premier cas le choc de l'eau contre les coudes de la conduite se joint au frottement, & la dépense doit être moindre que dans le second.

(641.) Il nous reste encore à comparer l'expérience XXXII avec l'expérience XXX, & l'expérience XXXIII avec l'expérience XXXI, pour savoir si l'eau est également retardée par les sinuosités horizontales & par les sinuosités verticales. Or cette comparaison fait voir que les premières sinuosités sont un peu moins nuisibles au mouvement de l'eau que les secondes. Cette différence s'explique, en considérant que dans le cas des sinuosités verticales le mouvement de l'eau est composé de deux autres mouvemens, l'un horizontal qui provient de l'impulsion initiale que l'eau a reçue en O; l'autre vertical, provenant de la pesanteur, lequel est accéléré dans les parties OQ, SZ, XY, & retardé dans les parties SQ, XZ, NY. Or on conçoit que de la combinaison de ces mouvemens avec le frottement & avec le choc contre les coudes de la conduite, il peut résulter un mouvement un peu différent de celui qui a lieu, lorsque les sinuosités du tuyau sont horizontales, & où il n'y a par conséquent qu'une impulsion horizontale combinée avec le frottement, & avec le choc contre les coudes de la conduite. La figure du tuyau doit aussi influer pour quelque chose dans le même effet.

(642.) De-là suit la réponse à une question de pratique. On a de l'eau à conduire d'un point à un autre qui en est séparé par des montagnes &

des vallées : on demande quel eft le meilleur parti, ou de franchir directement les montagnes & les vallées, ou de les contourner, en fuppofant que le développement de l'efpace parcouru par l'eau, foit le même dans les deux cas! Pour un tuyau à peu-près pareil au nôtre, le fecond parti eft plus avantageux que le premier, lorfque la charge d'eau eft peu confidérable, comme on le voit par la comparaifon des expériences XXX & XXXII. Mais lorfque la charge d'eau n'eft pas fort au-deffous de 1 pied, l'avantage dont il s'agit s'évanouit prefque entièrement, comme on le voit par la comparaifon des expériences XXXI & XXXIII.

(643.) Dans une longue conduite qui a des pentes & des contrepentes, l'air mêlé avec l'eau peut, en s'accumulant dans les parties éminentes, ralentir ou même arrêter tout-à-fait le cours de l'eau. Soit, par exemple, le tuyau $O\,M\,N\,Q\,K$ (*Fig. 42*), dont le plan eft vertical, & dans Fig. 42. lequel l'eau coule en allant de O vers K. Il peut fe faire qu'au bout d'un certain temps l'efpace $D\,E\,N$ fe rempliffe d'air, & que cet air ferme en partie ou en totalité le paffage à l'eau. Il y a même des cas où l'on tenteroit vainement, en comprimant cet air, de faciliter le paffage à l'eau : le volume auquel l'air eft réduit, peut être fi petit, eu égard à fa maffe, qu'il fallut, pour le comprimer, une force très-fupérieure à celle que le tuyau peut fupporter, d'où réfulteroit néceffaire-ment alors la rupture du tuyau. Pour prévenir

ces inconvéniens, il faut placer aux parties éminentes *N, K, &c,* des *ventoufes* qui donnent iffue
à l'air. Ces ventoufes font des petits tuyaux de
plomb, de 8 à 9 pouces de hauteur, qu'on foude
à la conduite, & dont le bout fupérieur fe ferme
par le moyen d'une foupape renverfée, qui laiffe
fortir l'air jufqu'à ce que l'eau la fouléve, & la
tienne enfuite fermée lorfque les vents font fortis.
Quelquefois, au lieu d'une foupape, on met au
fommet des ventoufes, des robinets qu'on ne ferme
qu'après que l'air eft entièrement forti, & que le
cours de l'eau eft bien établi.

(644.) M. Couplet a donné dans les Mémoires
de l'Académie, pour l'année 1732, *des recherches*
fur le mouvement des eaux dans les tuyaux de conduite.
Cet ouvrage, contenant plufieurs expériences fort
en grand & très-propres à éclaicir de plus en
plus le fujet que nous traitons, je crois devoir
en donner une idée à mes lecteurs.

I.

L'Auteur commence par fixer la mefure de
l'étalon qui lui a fervi à faire fes expériences. Il
obferve que M. Mariotte a fait le pouce d'eau
trop grand, en difant qu'il eft d'environ 14 pintes
de Paris, & que cette quantité d'eau eft fournie
en 1 minute par une ouverture circulaire & verticale, de 1 pouce de diamètre, fous 7 lignes de
charge. Il conclut d'après des expériences faites
autrefois par M. fon père & par Mrs Picard,
Roëmer, Villiard, que l'ouverture propofée ne

donne,

donne, en 1 minute, que 13 $\frac{1}{3}$ pintes, dont 36 font le pied cube ; & c'eſt cette valeur qu'il prend pour la meſure du pouce d'eau.

Le vaiſſeau dont il ſe ſert dans ſes expériences pour recevoir les eaux, eſt de 12 pintes, meſure de Saint-Denys ; ou, ce qui revient au même, de 18 $\frac{2}{3}$ pintes, meſure de Paris, la pinte de Paris étant à celle de Saint-Denys, dans le rapport de 9 à 14. Ce même vaiſſeau ou étalon contient donc 896 pouces cubes. Notre auteur détermine, avec un pendule à $\frac{1}{2}$ ſeconde, le temps que ſon étalon emploie à ſe remplir. Il paroît qu'il n'a rien oublié pour mettre toute l'exactitude poſſible dans ſes expériences. Elles ont été faites à Verſailles, ſur pluſieurs conduites différentes, & ſous différentes hauteurs de réſervoir.

I I.

La première conduite qui a 4 pouces de diamètre, menoit autrefois l'eau du réſervoir de la place Dauphine, appelé *le réſervoir des bonnes eaux,* dans celui des petites Écuries à Verſailles. Le réſervoir de la place Dauphine eſt un parallélipipède, dont la hauteur eſt de 2 pieds 8 pouces, & ayant pour baſe un quarré d'environ 2 pieds de côté. Il tire ſes eaux du regard quarré près Saint-Antoine. A ſon fond eſt une ſoupape qui a 6 pouces de diamètre, & à laquelle s'abouche un tuyau vertical de plomb, & du même diamètre de 6 pouces dans la longueur ſeulement d'environ

6 pieds ; après quoi ce tuyau s'abouche avec un second tuyau vertical, aussi de plomb, de 4 pouces de diamètre & de 17 pieds 4 pouces de longueur. Au bout de ce second tuyau, est soudé, presque en retour d'équerre, un tuyau de fer de 4 pouces de diamètre, qui s'élève en serpentant, & qui forme le reste de la conduite, à cela près que vers son extrémité il y a un tuyau de plomb ascendant, de 4 pouces de diamètre & d'environ 6 pieds 3 pouces de longueur, par lequel l'eau sort à gueulebée dans le réservoir des petites Écuries.

Le développement total de cette conduite, depuis le réservoir de la place Dauphine jusqu'à celui des petites Écuries, est de 296 toises 5 pieds 4 pouces. Elle a plusieurs sinuosités horizontales & verticales. Les différences qui se trouvent entre les lignes de niveau & les lignes de conduite, sont assez petites pour pouvoir être négligées par rapport au frottement.

Ici & dans la suite, on doit toujours entendre par charge d'eau la différence de niveau entre la surface de l'eau dans le réservoir de départ, & le bout de la conduite, par lequel l'eau est versée librement à gueulebée dans le réservoir de décharge.

Cela posé, 1.° sous 9 pouces de charge d'eau, la dépense que fait la conduite revient à 2 pouces d'eau 63 lignes *.

---

* Comme dans tout ceci j'extrais M. Couplet, j'emploie sa manière d'évaluer les dépenses. Mais si on veut convertir les

2.° Sous 21 pouces de charge d'eau , la dépenfe de la conduite eſt de 4 pouces d'eau.

3.° Sous 31 pouces de charge d'eau , la dépenſe de la conduite eſt de 5 pouces d'eau 60 lignes.

I I I.

A la place de la conduite précédente , on en a mis une autre qui a 6 pouces de diamètre , & qui mène actuellement (1732) l'eau du réſervoir de la place Dauphine aux petites Écuries de Verſailles. Elle eſt d'abord compoſée d'un tuyau vertical de plomb , de 6 pouces de diamètre & de 23 pieds 4 pouces de longueur , adapté au fond du réſervoir de la place Dauphine ; ce tuyau eſt courbé vers ſon extrémité inférieure , & s'abouche avec un tuyau de fer qui a par-tout 6 pouces de diamètre , & qui finit par s'aboucher avec un tuyau de plomb de 6 pouces de diamètre , & de 9 pieds 2 pouces 6 lignes de longueur , arrondi en cet endroit , & adapté verticalement par ſon extrémité ſupérieure au fond du réſervoir des petites Écuries. Il y a dans cette conduite quelques ſinuoſités , mais moins nombreuſes &

---

pouces d'eau , lignes d'eau , &c , en pouces *cubes* & parties de pouces cubes , il faut ſe ſouvenir que , ſelon lui , le pouce d'eau contient 13 $\frac{1}{3}$ pintes de Paris , dont 36 font le pied cube ; & que par conſéquent le pouce d'eau vaut 640 pouces cubes , la ligne d'eau vaut $\frac{640}{144}$ pouces cubes $=$ 4 $\frac{4}{9}$ pouces cubes $=$ 4 pouces cubes $+$ 768 lignes cubes , &c. Selon nos expériences (468), le pouce d'eau ne vaut que 628 pouces cubes , en ſuppoſant qu'on entende , par cette expreſſion , la dépenſe que fait en 1 minute une ouverture circulaire de 1 pouce de diamètre ſous 7 lignes de charge d'eau.

L ij

moins brufques que dans la précédente ; elle a 285 toifes 2 pieds 9 pouces 6 lignes de développement depuis le fond du réfervoir de la place Dauphine jufqu'au fond de celui des petites Écuries.

Cela pofé, 1.° Sous une charge de 3 pouces, la dépenfe de cette conduite eft de 7 pouces d'eau 44 lignes.

2.° Soüs une charge de 5 pouces $\frac{1}{4}$, la dépenfe de la conduite eft de 10 $\frac{1}{2}$ pouces d'eau.

I V.

La troifième conduite, partie grès, partie plomb, a 5 pouces de diamètre, & apporte les eaux du regard quarré près Saint-Antoine dans le réfervoir de diftribution de la place Dauphine. Cette conduite eft de grès dans fon commencement, fur la longueur d'environ 50 toifes ; tout le refle eft en plomb. Son développement total eft de 1170 toifes 1 pied 7 pouces. Celui des lignes de niveau qui répondent à chacune de fes parties, eft de 1164 toifes environ. Elle a plufieurs finuofités.

Cela pofé, 1.° fous 25 pouces de charge d'eau, la dépenfe de cette conduite eft de 9 pouces 115 lignes.

2.° Sous 5 pouces 7 lignes de charge d'eau, la dépenfe eft de 3 pouces 101 lignes.

3.° Sous 11 pouces $\frac{1}{3}$ de charge d'eau, la dépenfe eft de 5 pouces 116 lignes.

4.° Sous 16 pouces 9 lignes de charge d'eau, la dépenfe eft de 7 pouces 86 lignes.

5.° Sous 21 pouces 1 ligne de charge d'eau, la dépenfe eft de 8 pouces 122 lignes.

6.° Sous 24 pouces de charge d'eau, la dépense eft de 9 pouces 86 lignes.

V.

Les eaux du quarré des deux réfervoirs de la butte de Montboron, fituée au-deffus de Verfailles, & fur la gauche du chemin de Verfailles à Paris, font amenées au réfervoir du château - d'eau, fitué dans la rue des Bons - enfans, contre le corps-de-garde Suiffe, par cinq conduites de fer, dont deux ont 18 pouces de diamètre, & les trois autres, 1 pied de diamètre. Ces conduites ont même profil, même développement qui eft d'environ 600 toifes. Elles ne font pas entièrement de fer; leur extrémité du côté du château - d'eau de la rue des Bons - enfans, eft de plomb, fur 53 pieds 10 pouces 9 lignes de longueur. Elles ont plufieurs finuofités, mais les coudes en font affez bien adoucis. M. Couplet a trouvé,

1.° Que fous une charge de 12 pieds 1 pouce 1 ligne, chaque conduite, de 18 pouces de diamètre, dépenfe 934 pouces 30 lignes.

2.° Que fous la même charge de 12 pieds 1 pouce 1 ligne, chaque conduite, de 1 pied de diamètre, dépenfe 249 pouces 17 lignes.

V I.

Enfin, notre auteur détermine la dépenfe d'une conduite qui ayant d'abord 18 pouces de diamètre, mène l'eau du quarré des réfervoirs du Parc-aux-cerfs à celui du bout de l'aile, & qui enfuite

L iij

n'ayant plus que 1 pied de diamètre, mène l'eau au réservoir de Roquencour.

Au fond du quarré qui reçoit l'eau des réservoirs du Parc-aux-cerfs, est une soupape de 2 pieds de diamètre, à laquelle s'abouche une conduite de fer qui a 18 pouces de diamètre. Sur l'extrémité de cette conduite, s'élève verticalement un tuyau de plomb de 18 pouces de diamètre, & de 31 pieds 6 pouces de hauteur, lequel conduit & jette à gueulebée l'eau dans le réservoir du bout de l'aile. En-delà de ce tuyau, la conduite se prolonge, mais n'a plus que 1 pied de diamètre ; elle mène l'eau au réservoir de Roquencour. On permet ou on empêche ce nouvel écoulement, au moyen d'un robinet qui a 1 pied d'ouverture comme sa conduite à l'origine de laquelle il est placé.

Le développement de la conduite, depuis le quarré des réservoirs du Parc-aux-cerfs jusqu'à la gueulebée dans le réservoir du bout de l'aile, est de 790 toises environ ; & depuis le même quarré, jusqu'à la gueulebée dans le réservoir de Roquencour, de 2340 toises environ.

Cela posé, 1.° sous 4 pieds 7 $\frac{1}{2}$ pouces de charge d'eau, & le robinet dont on a parlé étant fermé, la dépense de la conduite de 18 pouces de diamètre, par sa gueulebée dans le réservoir du bout de l'aile, est de 345 pouces 108 lignes.

2.° Sous 20 pieds 3 pouces de charge d'eau, & le robinet proposé étant ouvert, la dépense de la conduite de 1 pied de diamètre, par fa gueulebée dans le réfervoir de Roquencour, eft de 168 pouces.

Dans ce fecond cas, l'eau regorge par la gueulebée du tuyau montant dans le réfervoir du bout de l'aile, quoique cette gueulebée foit élevée de 14 pieds ¼ au-deffus de celle qui jette l'eau dans le réfervoir de Roquencour.

V I I.

Telles font les expériences de M. Couplet. Je les ai rapportées de fuite, & dépouillées de toutes réflexions, pour plus de clarté.

L'auteur, à la fuite des expériences relatives à chaque conduite, cherche la dépenfe qu'on auroit dû avoir d'après le principe, que les dépenfes, durant un même temps, font en raifon compofée des orifices & des racines quarrées des hauteurs des charges ; & d'après l'expérience de M. Mariotte, qu'une ouverture de 3 lignes de diamètre, fous une hauteur de 13 pieds de charge, donne 1 pouce d'eau. Il trouve 1.° que les dépenfes mefurées ne font point entr'elles dans le rapport que demanderoit le principe cité ; 2.° que les mêmes dépenfes mefurées font fort au-deffous des dépenfes calculées d'après l'expérience de M. Mariotte. Il attribue ces différences & ces déchets aux pertes de vîteffe que l'eau fait à caufe du frottement le long des parois de chaque conduite. Il remarque auffi que l'air cantonné dans les coudes d'une conduite, oppofe un grand obftacle au mouvement de l'eau. L'ufage des ventoufes eft indifpenfable. L'auteur cite à ce fujet une expérience qu'il a faite fur une conduite de plomb de 8 pouces de diamètre & de 1900 toifes de longueur, qui amène les eaux de Roquencour au château de Verfailles, dans les réfervoirs du deffous de la rampe de la Chapelle, fous une pente ou charge de 2 pieds 6 pouces. Cette conduite n'a jamais fourni, par fa gueulebée, que 22 ou 23 pouces d'eau, d'environ 30 qui fe préfentent à fon embouchure. Lorfqu'on lâchoit autrefois l'eau à l'embouchure de cette conduite, il fe paffoit environ 10 jours avant qu'il en parût une goutte à fon bout de fortie; & cela, parce que le long de cette conduite il y avoit beaucoup de coudes élevés, dans lefquels l'air fe cantonnoit, & d'où il ne fortoit qu'avec beaucoup de peine. C'eft pour cela qu'on prit le parti d'adoucir quelques coudes, & de mettre des ventoufes aux endroits les plus élevés, où elles font encore; & alors, au bout de 12 heures, on vit fortir quelques filets d'eau; au lieu de 10 à 12 jours qu'il falloit auparavant; & 5 à 6 heures après il fortit 22 à 23 pouces d'eau, qui eft toute la quantité qu'on peut avoir par cette conduite. Dans cet intervalle de 5 à 6 heures qu'on attendit avant d'avoir l'écoulement dans fa plénitude, il fortit des bouffées de vent, des flocons d'air & d'eau, & des filets d'eau, qui tantôt couloient & tantôt ne couloient plus. Cela fait voir clairement la réfiftance que l'air oppofe aux mouvemens des eaux dans les conduites, & la néceffité d'y mettre des ventoufes ou des *évents*.

VIII.

Les réflexions de M. Couplet font juftes en général. Cependant je crois devoir remarquer,

1.° Que la manière dont il détermine les dépenfes que les conduites propofées devroient faire, au moyen du principe d'Hydraulique énoncé ci-deffus, & de l'expérience de M. Mariotte, eft erronée, en ce qu'il n'a pas connu, non plus que M. Mariotte, le déchet que la contraction de la veine fluide occafionne dans la dépenfe. Il auroit dû multiplier les dépenfes ainfi calculées, par la fraction $\frac{13}{10}$, parce que l'eau fortoit à plein orifice dans les conduites ; au lieu que dans l'expérience de M. Mariotte, l'eau fort par un orifice percé dans une mince paroi, ce qui donne lieu à une contraction de la première efpèce & diminue la dépenfe, comme nous l'avons expliqué. Alors les différences des dépenfes calculées aux dépenfes effectives, auroient été encore plus confidérables que M. Couplet ne les a trouvées.

2.° L'hypothèfe, que les dépenfes par un même tuyau devroient être proportionnelles aux racines quarrées des charges, abftraction faite de la réfiftance des obftacles, n'a lieu que pour des tuyaux qui ont peu de longueur (495). Elle n'eft pas admiffible pour de longs tuyaux (624 & 625).

3.° Il me femble que parmi les obftacles qui

s'oppofent au mouvement de l'eau , M. Couplet ne compte pas affez la perte de vîteffe occafionnée par le choc contre les angles rectilignes des tuyaux qu'il a employés. Dans la conduite de fa première figure, il y a, vers l'origine, à l'abouchement du tuyau de plomb avec celui de fer , un angle qui doit détruire en grande partie la vîteffe du courant ; elle a plufieurs autres coudes qui ne font pas affez adoucis. On a corrigé la plupart de ces défauts dans la feconde conduite. La troifième & la cinquième ont quelques fauts affez brufques dans leur courbure. La quatrième eft moins dé-fectueufe à cet égard. Il eft certain que les coudes font très-nuifibles au mouvement de l'eau ; & on doit en diminuer le nombre , ou du moins les adoucir le plus qu'il eft poffible.

4.° M. Couplet ne dit point fi dans l'étendue des conduites qu'il a confidérées, il n'y avoit pas quelqu'étranglement qui altérât le cours de l'eau. Il fe forme fouvent de tels étranglemens par le limon dont l'eau eft chargée, & par les ordures , comme les brins d'herbes ou de paille , &c. qu'elle charie : ces matières s'affemblent, s'uniffent entre elles , & compofent une efpèce d'enduit qui s'at-tache aux parois de la conduite , & bouche en partie le paffage à l'eau. Le filence de l'auteur fur cet article important , doit faire préfumer qu'il avoit pris le foin de s'affurer qu'il n'y avoit pas en effet de femblables obftructions dans fes con-duites.

Ces remarques que je fais en faveur des commençans, ne regardent, pour ainſi dire, que la partie théorique du Mémoire de M. Couplet, & ne portent aucune atteinte à ſes expériences qui ſont précieuſes, comme ayant été faites fort en grand, & ſur des conduites qui ont différentes ſinuoſités.

(645.) En combinant nos expériences avec celles de M. Couplet, on ſe formera une idée générale & ſuffiſante dans la pratique, de la perte de vîteſſe que l'eau fait dans les tuyaux de conduite, ſoit rectilignes, ſoit curvilignes. Par-là, on ſe mettra en état de déterminer, à peu-près, le diamètre qu'il convient de donner à une conduite, relativement à ſa longueur, à la quantité d'eau qu'elle doit porter, & à la charge d'eau. Pour faciliter encore davantage ce travail, j'ajoute ici une table qui contient les réſultats de toutes les expériences dont il s'agit.

La première colonne fait connoître les diamètres des conduites, leurs longueurs, leurs pentes, leurs ſinuoſités. La longueur de chaque conduite eſt toujours priſe dans le ſens de ſon développement, & comprend par conféquent les ſinuoſités lorſqu'il s'y en trouve.

La ſeconde exprime les charges d'eau, c'eſt-à-dire, les hauteurs des réſervoirs au-deſſus de la gueulebée par laquelle ſe fait la décharge.

Dans la troiſième, chaque fraction exprime le rapport de la dépenſe effective à la dépenſe qui auroit réellement lieu fi l'eau n'éprouvoit aucune réfiftance dans fon chemin, & fe mouvoit comme dans les tuyaux additionnels dont il eft parlé *(Chap. III)*. Ainfi cette feconde dépenfe eft le quatrième terme d'une proportion dont les trois premiers font l'unité, le dénominateur de la fraction propofée, & la dépenfe effective qui eft donnée par les expériences précédentes.

DIAMÈTRES & longueurs des conduites.	*CHARGES D'EAU, ou hauteurs des réfervoirs, exprimées en pieds, pouces & lignes.*			*RAPPORT de la dépenfe effective à la dépenfe dépouillée de l'effet des réfiftances.*
Conduite de plomb, rectiligne & horizontale, qui a un pouce de diamètre, & 50 pieds de longueur.	0.	4.	0	$\dfrac{1}{3,55}$
	1.	0.	0	$\dfrac{1}{3,18}$
Même conduite, avec plufieurs finuofités horizontales.	0.	4.	0	$\dfrac{1}{3,78}$
	1.	0.	0	$\dfrac{1}{3,43}$
Même conduite, mêmes finuofités, mais pofées verticalement.	0.	4.	0	$\dfrac{1}{3,93}$
	1.	0.	0	$\dfrac{1}{3,44}$

DIAMÈTRES & longueurs des conduites.	CHARGES D'EAU, ou hauteurs des réservoirs, exprimées en pieds, pouces & lignes.			RAPPORT de la dépense effective à la dépense dépouillée de l'effet des résistances.
Conduite de fer-blanc, rectiligne & horzontale, qui a 16 lignes de diamètre, & 180 pieds de longueur.	1.	0.	0	$\frac{1}{6,01}$
	2.	0.	0	$\frac{1}{5,64}$
Conduite de fer-blanc, rectiligne & horizontale, qui a 2 pouces de diamètre, & 180 pieds de longueur.	1.	0.	0	$\frac{1}{4,57}$
	2.	0.	0	$\frac{1}{4,27}$
Conduite de fer-blanc rectiligne, ayant 16 lignes de diamètre, 177 pieds de longueur, & inclinée sous une pente qui est la $\frac{2+1}{212+}$ partie de sa longueur.	20.	11.	0	$\frac{1}{5}$
Même conduite, mais n'ayant que 118 pieds de longueur.	13.	4.	8	$\frac{1}{4}$

DIAMÈTRES & longueurs des conduites.	CHARGES D'EAU, ou hauteurs des réservoirs, exprimées en pieds, pouces & lignes.			RAPPORT de la dépense effective à la dépense dépouillée de l'effet des résistances.
Même conduite, mais n'ayant que 59 pieds de longueur.	6.	8.	4	$\dfrac{1}{2,82}$
Conduite presqu'entièrement de fer, qui a 4 pouces de diamètre, & environ 297 toises de longueur, avec plusieurs sinuosités horizontales & verticales.	0.	9.	0	$\dfrac{1}{28,5}$
	1.	9.	0	$\dfrac{1}{26,53}$
	2.	7.	0	$\dfrac{1}{25,79}$
Conduite presqu'entièrement de fer, qui a 6 pouces de diamètre, & environ 285 toises de développement avec plusieurs sinuosités horizontales & verticales.	0.	3.	0	$\dfrac{1}{12,35}$
	0.	5.	3	$\dfrac{1}{11,37}$

DIAMÈTRES & longueurs des conduites.	CHARGES D'EAU, ou hauteurs des réservoirs, exprimées en pieds, pouces & lignes.			RAPPORT de la dépense effective à la dépense dépouillée de l'effet des résistances.
Conduite, partie grès, partie plomb, qui a 5 pouces de diamètre, & environ 1170 toises de longueur, avec plusieurs sinuosités horizontales & verticales.	0.	5.	7	$\frac{1}{23,10}$
	0.	11.	4	$\frac{1}{20,98}$
	1.	4.	9	$\frac{1}{19,49}$
	1.	9.	1	$\frac{1}{18,78}$
	2.	1.	0	$\frac{1}{18,46}$
Conduite de fer qui a 1 pied de diamètre, & environ 600 toises de longueur, avec des sinuosités horizontales & verticales.	12.	1.	3	$\frac{1}{10,08}$
Conduite de fer qui a 18 pouces de diamètre, & environ 600 toises de longueur, avec plusieurs sinuosités horizontales & verticales.	12.	1.	3	$\frac{1}{4,05}$

DIAMÈTRES & longueurs des conduites.	CHARGES D'EAU, ou hauteurs des réservoirs, exprimées en pieds, pouces & lignes.	RAPPORT de la dépense effective à la dépense dépouillée de l'effet des réfistances.
Conduite de fer qui a 18 pouces de diamètre, & environ 790 toises de longueur, avec plusieurs finuofités horizontales & verticales.	4. 7. 6	$\dfrac{1}{10,11}$
Conduite de fer qui a 1 pied de diamètre, & environ 2340 toises de longueur, avec plusieurs finuofités horizontales & verticales.	20. 3. 0	$\dfrac{1}{19,34}$

(646.) Cette table offre plufieurs termes de comparaifon entre les dépenfes effectives & les dépenfes dépouillées des effets des réfiftances, felon les différens rapports qu'il y a entre les diamètres des conduites, leurs longueurs, & les charges d'eau. Lorfqu'on voudra amener de l'eau d'un réfervoir à un point éloigné & placé plus bas, on choifira dans cette même table le cas le plus analogue à celui qu'on veut traiter ; & on parviendra ainfi à connoître, du moins à peu-près, les dimenfions

qu'il

qu'il convient de donner à la conduite. Éclaircissons
cela par un exemple.

(647.) Soit *A D C B* *(Fig. 43)* un amas d'eau Fig. 43.
formé de la réunion de plusieurs sources dans un
même réservoir. On s'est assuré par la méthode
de l'article 557, ou par quelqu'autre voie équivalente, que cette quantité d'eau ainsi recueillie,
est de 40000 pouces cubes en 1 minute ; & il
s'agit de la conduire au point *O* par le moyen du
tuyau *G E D O.* Je suppose qu'on ait reconnu par
le nivellement, que la plus grande hauteur *A H*
ou *R O* qu'on puisse donner au réservoir *A D C B*
au-dessus de la gueulebée *O,* est de 4 pieds. De
plus, je suppose qu'eu égard à toutes les circonstances du terrein, la conduite doive avoir 400
toises de développement ; & qu'on aura soin d'en
bien adoucir les sinuosités.

Ces opérations préliminaires posées, on demande
le diamètre qu'il faut donner à cette conduite, pour
qu'elle prenne & amène toute l'eau que le réservoir
A D C B peut lui fournir !

Puisque les dépenses faites par deux tuyaux
additionnels, de quelques pouces de longueur, sous
une même charge d'eau, sont comme les quarrés
des diamètres de ces tuyaux (523) ; & que la
dépense faite par un tuyau additionnel, de 1 pouce
de diamètre, sous 4 pieds de hauteur de réservoir,
est de 7070 pouces cubes, en 1 minute (529) ;
si l'on fait la proportion, $\sqrt{7070} : \sqrt{40000} :: 1$
pouce ou 12 lignes : un quatrième terme, ce

quatrième terme qu'on trouve de 28,54 lignes, est le diamètre qu'il faudroit donner à un tuyau additionnel pour dépenser en 1 minute les 40000 pouces cubes d'eau que le réservoir proposé peut fournir. Mais comme le tuyau $GEDO$ doit avoir 400 toises de longueur, on voit par notre table que si on ne lui donnoit pas un plus grand diamètre, il ne prendroit qu'environ la huit ou neuvième partie de l'eau, & qu'il refuseroit le surplus. Supposons, pour nous arrêter à quelque chose de fixe, qu'il prît alors 5000 pouces cubes d'eau seulement. J'imagine que la charge totale AH ou RO est composée de deux parties AN, NH, dont la première feroit passer 5000 pouces cubes d'eau en 1 minute par un tuyau de 28,54 lignes de diamètre & exempt de frottement, & dont la seconde NH ou QO est destinée à vaincre le frottement. Ensuite je cherche le diamètre D qu'il faudroit donner à un second tuyau exempt aussi de frottement pour que la première charge AN ou RQ y fît passer 40000 pouces cubes d'eau en 1 minute ; & je trouve ce diamètre par la proportion (523), $\sqrt{5000} : \sqrt{40000} :: 28,54$ lignes $: D = 80,73$ lignes $= 6$ pouces $8\frac{7}{10}$ lignes environ. D'où l'on voit que si la résistance du frottement pour deux tuyaux de même longueur, & dont l'un a 28,54 lignes de diamètre, l'autre 80,73 lignes de diamètre, étoit exprimée par la charge NH, la conduite proposée $GEDO$ devroit avoir 80,73 lignes de diamètre. Mais on a vu (621) que le frottement eſt un peu moindre dans un gros tuyau que dans un petit. La différence ne doit pas être ici fort ſenſible, & je crois qu'on ne peut guère ſe tromper en donnant 6 pouces 8 lignes environ de diamètre à notre conduite pour amener au point *O,* malgré la réſiſtance du frottement, les 40000 pouces d'eau que le réſervoir *A D C B* peut fournir en 1 minute.

Pour ſe ménager une certaine latitude dans ces ſortes de calculs, il eſt à propos d'employer pour hauteur du réſervoir, une hauteur un peu moindre que celle qu'on peut réellement ſe procurer. La raiſon en eſt que ſi par les calculs qu'on vient d'indiquer, le diamètre de la conduite ſe trouve un peu trop petit, l'eau s'élèvera dans le réſervoir un peu plus haut qu'on ne l'a ſuppoſé, en quoi il n'y a point d'inconvénient ; & que ſi au contraire le diamètre de la conduite ſe trouve un peu trop grand, l'eau s'abaiſſera un peu dans le réſervoir.

Tous ces calculs, je le répète, ne doivent pas être regardés comme extrêmement exacts, parce qu'ils ſont fondés ſur des élémens qu'on ne connoît pas avec aſſez de préciſion ; mais ils ſont admirables dans la pratique, & ils ſerviront du moins a éviter, en grande partie, le haſard de faire une conduite trop étroite relativement au volume d'eau qu'elle doit porter, ou de la faire trop groſſe, & de ſe jeter par-là dans une dépenſe inutile.

CHAPITRE X.

Même sujet : dépenses par des orifices adaptés aux extrémités de longues conduites. Diverses remarques sur l'établissement des conduites pour des fontaines.

(648.) LES tuyaux qui fourniffent l'eau à gueulebée, en donnent une plus grande quantité que s'ils étoient garnis d'ajutages à leurs extrémités par où fe fait la décharge ; car la partie de la gueulebée, qui eft bouchée dans le fecond cas, eft un obftacle analogue au frottement, & doit faire diminuer la dépenfe. Malgré cette diminution, l'eau fortant par un ajutage moindre que la gueulebée, doit s'élever plus haut que par la gueulebée, parce qu'étant refferrée par l'ajutage, elle doit acquérir plus de vîteffe, fans que néanmoins la compenfation foit complète relativement à la dépenfe. Nous avons déterminé (596) le diamètre que doit avoir la conduite pour qu'un jet d'eau, fortant par un ajutage *donné*, fous une hauteur *donnée* de réfervoir, s'élève à toute la hauteur poffible. Dans cette détermination, nous avons comparé les diamètres de deux ajutages à ceux de leurs conduites, & nous n'y avons pas fait entrer les effets du frottement, ou du moins nous avons fuppofé tacitement qu'ils y étoient de la même manière. Cette fuppofition & les conféquences que nous en avons tirées, font fuffifamment exactes dans la pratique, pour les conduites qui n'ont pas des longueurs & des finuofités confidérables ; mais lorfqu'une conduite doit mener l'eau un peu loin, par des pentes & des contre-pentes, le mouvement naturel de l'eau dans la conduite, & la vîteffe au fortir de l'ajutage, font tellement altérés, qu'on a befoin de nouvelles expériences pour s'en faire des idées qui aient la juft effe defirable.

(649.) Il en eft de même, foit pour les tuyaux qui amènent les eaux de la campagne à un réfervoir d'où elles doivent être enfuite diftribuées entre les fontaines d'une ville, foit pour les tuyaux de diftribution. Les dimenfions de tous ces tuyaux doivent être réglées fur la charge d'eau ou fur la différence de niveau du point de départ au point d'arrivée, fur les quantités d'eau qu'ils ont à conduire, fur leurs longueurs & fur les finuofités auxquelles la nature du terrein les affujettit.

(650.) Le 8 & le 9 octobre 1779, je fis à Mézières plufieurs expériences fur les écoulemens de différentes fontaines publiques & particulières ; expériences qui peuvent éclaircir toute cette matière, & qui n'ayant pas encore été publiées, trouvent ici leur place naturelle.

On venoit alors de conftruire tout récemment, fur la place d'armes de cette ville, un *château-d'eau* qui contient un vafte réfervoir de plomb, où les eaux font amenées d'une montagne voifine par un tuyau principal, & d'où elles font enfuite diftribuées à la ville. De ce réfervoir *A (Fig. 44)* partent immédiatement des tuyaux qui portent les eaux à un grand nombre de fontaines publiques & particulières : il en part auffi un tuyau *C* qui alimente un réfervoir *B,* fitué dans l'un des faubourgs de la ville, lequel réfervoir fournit à la dépenfe de trois fontaines.

Je n'ai fait des expériences que fur les écoulemens dont j'ai pu connoître les élémens avec une exactitude fuffifante. Ces élémens font, 1.° les charges d'eau ; elles ont été déterminées par le nivellement : 2.° les dimenfions des ajutages ; elles ont été prifes au compas : 3.° les diamètres des conduites ; on en a mefuré les calibres : 4.° les longueurs des conduites : ces longueurs, qu'il faut toujours prendre fuivant leur développement, tant pour les finuofités horizontales que pour les fuites verticales, ne font pas ici déterminées avec la dernière précifion ; mais on fent qu'une erreur de quelques pieds fur cet objet ne peut être d'aucune conféquence.

Les fontaines dont il s'agit ont des noms particuliers ; mais comme ces noms font fujets à changer, fur-tout pour les maifons particulières, je défignerai les fontaines fur lefquelles j'ai opéré, par la fuite des nombres 1, 2, 3, &c.

Toutes les mefures d'eau ont été prifes à la pinte, dont la *contenance* eft de 48 pouces cubes ; j'ai réduit ces mefures en pouces cubes, écrivant

1 pour les fractions qui valent $\frac{1}{2}$ ou plus de $\frac{1}{2}$, & négligeant les fractions plus petites : la durée de chaque expérience est exactement de 1 minute. Ainsi, par la dépense d'une fontaine, j'entendrai le nombre de pouces cubes d'eau que cette fontaine fournit en 1 minute.

Les charges d'eau font évaluées en pouces, qu'on a toujours exprimés en nombres ronds, ce qui ne peut produire aucune erreur fenfible; les longueurs des conduites font eftimées en pieds.

EXPÉRIENCES I, II,......VII.

(651.) Dans ces fept expériences, chaque fontaine eft alimentée par une conduite particulière.

I. Fontaine (1). Charge d'eau $= 295$ pouces; diamètre de l'ajutage $= 7\frac{1}{2}$ lignes ; dépenfe $= 242$ pouces cubes; diamètre de la conduite $= 1$ pouce; fa longueur $= 161$ pieds.

II. Fontaine (2). Charge d'eau $= 285$ pouces; diamètre de l'ajutage $= 5\frac{3}{4}$ lignes; dépenfe $= 230$ pouces cubes ; diamètre de la conduite $= 1$ pouce; fa longueur $= 192$ pieds.

III. Fontaine (3). Charge d'eau $= 231$ pouces ; diamètre de l'ajutage $= 6\frac{1}{4}$ lignes ; dépenfe $= 222$ pouces cubes; diamètre de la conduite $= 1$ pouce; fa longueur $= 193$ pieds.

IV. Fontaine (4). Charge d'eau $= 237$ pouces ; diamètre de l'ajutage $= 6\frac{1}{2}$ lignes ; dépenfe $= 218$ pouces cubes; diamètre de la conduite $= 1$ pouce; fa longueur $= 188$ pieds.

V. Fontaine (5). Charge d'eau $=$ 238 pouces; ajutage rectangulaire de 2 $\frac{1}{2}$ lignes fur 7 lignes; dépenfe $=$ 168 pouces cubes ; diamètre de la conduite $=$ 1 pouce; fa longueur $=$ 146 pieds.

VI. Fontaine (6). Charge d'eau $=$ 349 pouces; ajutage rectangulaire de 7 $\frac{1}{2}$ lig. fur 5 $\frac{1}{2}$ lig. dépenfe $=$ 588 pouces cubes ; diamètre de la conduite $=$ 15 lignes ; fa longueur $=$ 187 pieds.

VII. Fontaine (7). Charge d'eau $=$ 96 pouces ; deux ajutages ayant chacun 6 lignes de diamètre; dépenfe par les deux ajutages $=$ 1686 pouces cubes ; diamètre de la conduite $=$ 18 lignes; fa longueur $=$ 1069 pieds.

EXPÉRIENCES VIII, IX.

(652.) Dans ces deux expériences , les fontaines font alimentées par un même tuyau de 15 lignes de diamètre, auquel s'implante un court tuyau de dérivation pour la première.

I. Fontaine (8). Charge d'eau $=$ 295 pouces; diamètre de l'ajutage $=$ 3 $\frac{1}{2}$ lignes; dépenfe $=$ 450 pouces cubes; longueur de la conduite $=$ 278 pieds.

II. Fontaine (9). Charge d'eau $=$ 391 pouces; deux ajutages ayant chacun 5 lignes de diamètre; dépenfe $=$ 1232 pouces cubes; longueur de la conduite $=$ 314 pieds.

EXPÉRIENCES X,.... XIII.

(653.) Dans ces quatre expériences, les fontaines

font alimentées par un même tuyau de 18 lignes
de diamètre, auquel s'implantent de courts tuyaux
de dérivation d'un diamètre un peu moindre.

I. Fontaine (10). Charge d'eau $=$ 365
pouces ; ajutage rectangulaire de 2 lignes fur
6 $\frac{1}{2}$ lignes ; dépenfe $=$ 636 pouces cubes ; longueur de la conduite $=$ 446 pieds.

II. Fontaine (11). Charge d'eau $=$ 315
pouces ; diamètre de l'ajutage $=$ 4 lignes ;
dépenfe $=$ 696 pouces cubes ; longueur de la
conduite $=$ 506 pieds.

III. Fontaine (12). Charge d'eau $=$ 324
pouces ; diamètre de l'ajutage $=$ 5 $\frac{1}{2}$ lignes ;
dépenfe $=$ 900 pouces cubes ; longueur de la
conduite $=$ 668 pieds.

IV. Fontaine (13). Charge d'eau $=$ 360
pouces ; diamètre de l'ajutage $=$ 11 lignes ;
dépenfe $=$ 600 pouces cubes ; longueur de la
conduite $=$ 812 pieds.

EXPÉRIENCES XIV, XV, XVI.

(654.) Les tuyaux de conduite partent ici du
réfervoir *B*, & chaque fontaine a fon tuyau
particulier.

I. Fontaine (14). Charge d'eau $=$ 125
pouces ; diamètre de l'ajutage $=$ 5 lignes ;
dépenfe $=$ 576 pouces cubes ; diamètre de la
conduite $=$ 1 pouce ; fa longueur $=$ 194 pieds.

II. Fontaine (15). Charge d'eau $=$ 131
pouces ; diamètre de l'ajutage $=$ 5 $\frac{1}{4}$ lignes ;

dépenfe $=$ 576 pouces cubes ; diamètre de la conduite $=$ 1 pouce ; fa longueur $=$ 462 pieds.

III. Fontaine (16). Charge d'eau $=$ 120 pouces ; diamètre de l'ajutage $=$ 7 lignes ; dépenfe $=$ 480 pouces cubes ; diamètre de la conduite $=$ 15 lignes ; fa longueur $=$ 420 pieds.

Réfultat de toutes ces Expériences.

(655.) Si l'on nomme E la longueur de la conduite, ou l'efpace parcouru par l'eau ; n le rapport de la dépenfe effective à la dépenfe théorique correfpondante ; p le rapport de la hauteur dûe à la vîteffe de chaque écoulement, à la charge d'eau qui a eu lieu réellement dans chacune des expériences précédentes ; qu'enfuite on cherche (201) n & p pour chaque expérience : on aura

I. $E = 161$ pieds ; $n = 0,045$; $p = 0,002.$

II. $E = 192$ pieds ; $n = 0,075$; $p = 0,006.$

III. $E = 193$ pieds ; $n = 0,068$; $p = 0,005.$

IV. $E = 188$ pieds ; $n = 0,061$; $p = 0,004.$

V. $E = 146$ pieds ; $n = 0,089$; $p = 0,008.$

VI. $E = 187$ pieds ; $n = 0,105$; $p = 0,011.$

VII. $E = 1069$ pieds ; $n = 0,435$; $p = 0,189.$

VIII. $E = 278$ pieds ; $n = 0,396$; $p = 0,157.$

IX. $E = 314$ pieds ; $n = 0,227$; $p = 0,052.$

X. $E = 446$ pieds ; $n = 0,037$; $p = 0,001.$

XI. $E = 506$ pieds ; $n = 0,447$; $p = 0,200.$

XII. $E = 668$ pieds ; $n = 0,301$; $p = 0,091.$

XIII. $E = 812$ pieds ; $n = 0,048$; $p = 0,002.$

XIV. $E = 194$ pieds ; $n = 0,377$; $p = 0,139.$

XV. $E = 462$ pieds ; $n = 0,332$; $p = 0,109.$

XVI. $E = 420$ pieds ; $n = 0,163$; $p = 0,028.$

RÉFLEXIONS.

(656.) Toutes ces expériences font voir unanimement que la dépenfe effective eft confidérablement moindre que la dépenfe théorique correfpondante. Ce déficit doit être attribué, foit au frottement de l'eau dans la conduite, foit aux étranglemens ou obftruction qui s'y forment par de petits atterriffemens, foit à l'infuffifance du calibre intérieur de la conduite, relativement à fa longueur & au volume d'eau qu'elle doit fournir. Dans l'expérience VIII, l'une de celles où la dépenfe effective approche le plus de la dépenfe théorique, le déficit vient du frottement & de ce que la conduite eft un peu trop étroite : on eft fûr que la conduite n'avoit pas alors d'étranglement, parce qu'elle venoit d'être faite ou réparée à neuf. La fontaine (11) eft celle de toutes où la dépenfe effective s'éloigne le moins de la dépenfe théorique ; & comme cette fontaine tire l'eau de la même conduite que les fontaines (10), (12), (13), dans chacune defquelles le déficit eft confidérable, on doit conclure qu'il y avoit des étranglemens aux tuyaux d'embranchement de ces trois dernières fontaines avec la conduite commune : les différences des diftances de ces quatre fontaines au réfervoir *A*, n'ont pas pu produire l'effet dont il s'agit.

(657.) On voit, par la même table de l'article 655, combien les élévations des jets d'eau fournis par de longues conduites, peuvent différer des hauteurs auxquelles ils devroient naturellement s'élever. De-là résulte la nécessité d'éviter ou de détruire les obstructions qui peuvent avoir lieu à la sortie des jets, ou qui peuvent se former dans l'étendue de la conduite. Si la quantité d'eau dont on peut disposer & le diamètre de l'ajutage sont donnés, on se réglera sur les expériences précédentes pour donner à la conduite un diamètre convenable; il doit toujours être le plus grand qu'il est possible, sans se jeter néanmoins dans des dépenses superflues. Si la conduite est établie, on choisira, en tâtonnant, parmi plusieurs ajutages celui qui donne la plus grande élévation de jet.

(658.) Je passe à quelques observations générales sur l'établissement des conduites qui doivent alimenter les fontaines d'une ville. Elles sont extraites en partie d'un mémoire manuscrit de M. le Cloustier, mort en 1756, chevalier de l'ordre de Saint-Louis, & ingénieur en chef à Dieppe. Cet officier, savant dans l'hydraulique, avoit conduit l'établissement des dernieres fontaines du Havre; & quand il mourut, il étoit encore chargé de celles de Rochefort.

(659.) Lorsqu'il s'agit d'amener les eaux d'un point *A* à un autre *B*, la première chose qu'on doit faire est de constater la possibilité du projet, ou de reconnoître si, & de combien, le point *A* est plus élevé que le point *B*. Il faut donc commencer par niveler exactement le terrein : plus le point de départ fera haut par rapport à celui d'arrivée, plus l'eau aura de vîteſſe pour couler. Mais comme il eſt à propos de placer le château-d'eau d'une ville dans l'endroit le plus élevé, afin que les eaux puiſſent être envoyées à tous les quartiers, il pourra ſe faire que la pente depuis la ſource juſqu'au château-d'eau ſoit peu conſidérable; quelquefois même on ſera obligé d'abaiſſer le château - d'eau. Nous dirons dans un moment la pente qui eſt néceſſaire pour l'écoulement ſuffiſant des eaux.

(660.) Une autre recherche qui doit encore précéder l'exécution du projet, c'eſt la meſure de la quantité d'eau que la ſource peut fournir. Or, on déterminera cette quantité par un moyen ſemblable à celui qui a été expliqué (556), en raſſemblant les eaux de la ſource dans un réſervoir & en meſurant le nombre de pintes qui ſortiront en une minute, par des ouvertures percées dans des planches que l'on aura adaptées aux parois de ce réſervoir.

(661.) On a obſervé qu'un tuyau de conduite de 6 pouces de diamètre, mène facilement 20 pouces d'eau ſur une pente de 3 pouces pour 100 toiſes, la diſtance de la ſource à la ville étant de 2 ou 3000 toiſes. Il paſſeroit une quantité d'eau beaucoup plus grande, ſi l'eſpace à parcourir étoit moins long, & ſi les nœuds qui aſſemblent les parties de la conduite n'y formoient pas quelquefois des rétréciſſemẹns qui gênent le mouvement du fluide.

De-là les praticiens ont tiré cette règle : le quarré du diamètre de la conduite, mesuré en pouces, doit être double du nombre de pouces d'eau que la conduite doit mener sur une pente de 3 pouces pour 100 toises.

(662.) Il convient de distribuer le plus uniformément qu'il est possible la pente entière depuis la source jusqu'à la ville. Lorsque dans cet intervalle il se trouve des parties rectilignes d'une certaine longueur, alors, au lieu d'y employer des tuyaux, on y emploie souvent des aqueducs ou canaux ouverts. Si on vouloit continuer ces aqueducs dans les endroits où il y a des vallées à franchir, il faudroit les soutenir par des arcades, comme faisoient les Romains, & comme il en existe parmi nous plusieurs exemples ; mais alors les frais de construction sont très-considérables. On préfère donc ordinairement, en ce cas, l'usage des tuyaux, en observant que la hauteur du point de départ de l'eau dans le tuyau, au-dessus du point d'arrivée, soit assez grande pour donner à l'eau l'impulsion dont elle a besoin pour parcourir le tuyau malgré ses sinuosités.

(663.) L'eau qui coule dans un aqueduc ne demande pas une si grande pente que celle qui coule dans un tuyau. L'aqueduc d'Arcueil a 3 pouces de pente pour 100 toises ; il en est à peu-près de même du canal de l'étang de Trappes, & quand on y lâche les eaux, elles parcourent 4000 toises en 4 heures. L'aqueduc de Roquencourt n'a guère que 2 pouces de pente pour 100 toifes : à mefure que le volume des eaux eft plus confidérable , l'aqueduc a befoin d'une moindre pente. Par exemple, la pente moyenne de la rivière de Seine n'eft que de 12 pouces pour 1000 toifes.

(664.) Il faut éviter , autant qu'il eft poffible, dans le cours d'une conduite, les pentes & les contre-pentes : fouvent il vaut mieux contourner une montagne en fuivant une pente douce & un chemin plus long, que d'aller directement au but par de hautes pentes & contre-pentes.

(665.) Nous avons déjà fait fentir (643) la néceffité de placer des ventoufes ou des évents aux fommets des pentes & des contre-pentes d'un tuyau de conduite. Ajoutons que l'air enfermé dans ces endroits eft fujet aux variations du chaud & du froid: il s'enfle par le chaud & fe condenfe par le froid; dans le premier cas , il ferme plus le paffage à l'eau que dans le fecond: auffi voit-on des tuyaux de conduite qui , par cette caufe, donnent moins d'eau par les temps chauds que par les temps froids.

(666.) Lorfqu'un aqueduc a une longueur confi-dérable , on doit avoir foin d'y établir , de diftance en diftance, des réfervoirs, efpèces de cuves rondes ou quarrées dans lefquelles l'eau vient dépofer les vafes & autres ordures, pour reprendre en-fuite un nouveau cours. Les conduites en tuyaux ont encore plus befoin de ces cuves de décharge, non-feulement pour la dépuration des eaux, mais encore pour prévenir un inconvénient confidérable dont nous parlerons bientôt.

(667.) Si vous voulez donc qu'une conduite en tuyaux, d'ailleurs bien combinée dans tous les points, rempliffe l'objet que vous attendez, placez-y des *regards*, de 50 toifes en 50 toifes environ.

Un *regard* eft un petit bâtiment quarré ou rond dans lequel il y a une cuve de plomb, ou faite en ciment & caillou, qui reçoit l'eau par le bout du tuyau de chaffe, faillant d'une certaine quantité au-deffus de fon fond, & qui la tranfmet à un ou plufieurs tuyaux de fuite, faillans auffi au-deffus du fond; ce qui donne moyen à l'eau de s'épurer. Au même fond eft adapté un tuyau de *décharge*, garni d'un robinet qu'on ouvre de temps en temps, foit pour mettre la conduite en décharge, foit pour que les vafes & autres ordures amaffées au fond de la cuve aient la liberté de s'échapper.

Les regards fe mettent quelquefois dans les fonds ou vallées, aux endroits où la conduite eft le moins enterrée ; & en ce cas, leur décharge trouve aifément à s'écouler fans qu'on foit obligé de faire des puits. Mais dans les conduites qui ont plufieurs pentes & contre-pentes, les regards fe placent ordinairement aux parties les plus élevées. Alors on pratique une décharge au lieu le plus bas de la plongée. En ouvrant cette décharge & celle du regard précédent, on met la conduite à fec, & on a ainfi la facilité de faire à l'aife les réparations dont elle peut avoir befoin. Je n'ai

pas befoin

pas befoin d'ajouter que quand la cuve d'un regard eft placée dans un fond, elle doit être fermée par en-haut pour que l'eau chaffée par la pente puiffe monter le long de la contre-pente.

Lorfque les regards font placés aux fommets des contre-pentes, ils fervent d'évents; mais comme ils font toujours en petit nombre, on ne doit pas manquer de mettre des ventoufes à de moindres intervalles.

(668.) Outre ces utilités des regards, ils en ont encore une très-importante : ils fervent à reconnoître & à détruire les amas de brins d'herbes, de racines & de terres qui s'accumulent & s'étendent par maffes dans une conduite, & que l'on appelle vulgairement des *queues de renard.* Rien n'eft plus nuifible au mouvement de l'eau ; fouvent les queues de renard finiffent par fermer entièrement le paffage à l'eau, ou du moins ne la laiffent prefque couler que goutte à goutte.

(669.) Un peu de vigilance fuffiroit ordinairement pour arrêter dans fon origine le mal dont nous parlons. Lorfque vous vous apercevez que les eaux fe gonflent dans une cuve, & que leur mouvement éprouve de la gêne dans le tuyau de fuite, attachez un petit bâton à une longue & forte ficelle ; garniffez l'extrémité antérieure du bâton d'un petit grapin de fer ; en lâchant la ficelle, le grapin arrivera à la cuve inférieure ; alors mettez une feconde ficelle au grapin, & faites-le promener alternativement en fens contraire dans l'intervalle des deux cuves : par-là , vous emporterez l'obſtruction , ou du moins vous reconnoîtrez l'endroit où elle ſe trouve , & alors vous ouvrirez la conduite en cet endroit pour arracher le noyau de la future queue de renard.

(670.) Mais lorſque le mal a fait des progrès, il faut avoir une centaine de bâtons de bois de brins de chêne, ou d'un autre bois ferme & pliant; ces bâtons s'aſſembleront bout à bout par emboîtemens ſucceſſifs; on leur donnera la même longueur, qui ſera, par exemple, de 3 pieds, afin de former une eſpèce de chaîne de longueur connue. Vous les pouſſerez l'un après l'autre dans la conduite, & vous aurez ſoin de garnir la tête du premier d'une groſſeur en forme d'olive ou de ſphère : quand vous ſentirez de la réſiſtance & que vous ne pourrez la ſurmonter, vous ſerez ſûr qu'il exiſte une queue de renard dont vous connoîtrez la poſition par la longueur de la chaîne de bâtons employés ; vous ouvrirez la conduite en cet endroit, & vous détruirez la queue de renard.

(671.) Il y a encore une petite obſervation à faire ſur ce ſujet : les graines qui s'élèvent dans l'air & qui entrent dans les regards s'ils ne ſont pas bien clos, peuvent germer & occaſionner des chevelures ; c'eſt pourquoi il ne faut ouvrir les regards que dans l'hiver, ou avec précaution.

(672.) De tous les tuyaux qu'on peut employer pour faire une conduite, ceux de plomb ſont les meilleurs fans contredit, parce que leur flexibilité permet d'adoucir, autant qu'il eſt poſſible, les coudes de la conduite. Pour faire de bons tuyaux de plomb, il faut trois quarts de plomb d'Angleterre & un quart de celui d'Allemagne. Autrefois on faiſoit ces tuyaux avec du plomb *laminé*, c'eſt-à-dire, avec des tables de plomb, d'une épaiſſeur uniforme, arrondies & foudées en longueur; mais on a reconnu que ces tables font fujettes à des foufflures, & depuis pluſieurs années on a abandonné l'uſage de faire ainſi les tuyaux. Aujourd'hui on les jette en moule par repriſes de 2 pieds & demi. Les petits tuyaux peuvent avoir 18 pieds de longueur; mais dès qu'ils ont environ 3 pouces de diamètre, on ne les fait que de 10 à 12 pieds de longueur, afin de pouvoir les employer plus aiſément. Ils font fujets à crever par les repriſes où il fe trouve de la chiaſſe & du gravier. On les éprouve ainſi : on bouche l'une de leurs extrémités avec un tampon de bois garni de linge; puis les ayant remplis d'eau, on chaſſe dedans à coups de maillet une verge de fer garnie de rondelles de cuir d'un diamètre convenable : les efforts du maillet font bientôt connoître les endroits foibles qu'on raccommode avec de la foudure. La bonne foudure pour le plomb doit être compoſée ordinairement d'un tiers d'étain fin d'Angleterre, & de deux tiers de plomb; & celle dont on fe fert pour le cuivre eſt de moitié l'un, moitié l'autre; le tout bien écumé.

(673.) Dans l'intérieur des villes où il paffe beaucoup de voitures, l'ufage eft de faire les tuyaux en plomb. Par exemple, à Paris, la plupart des tuyaux font en plomb, & enterrés d'environ 3 pieds : je dis la *plupart*, car il y a auffi quelques tuyaux de fer; mais ces derniers tuyaux ont une épaiffeur confidérable & font enterrés tout au moins de 4 pieds, afin de pouvoir réfifter aux fecouffes occafionnées par le mouvement des voitures. On fent que des tuyaux de grès ne réfifteroient pas à ces fecouffes.

(674.) Comme une conduite entière en plomb, lorfqu'il faut amener les eaux d'un peu loin, coûteroit un prix exorbitant, on emploie pour l'ordinaire dans la campagne des tuyaux de bois, de fer, ou de grès. Seulement on arrondit & adoucit les coudes de la conduite, lorfqu'elle en a, avec des tuyaux de plomb qui fe raccordent de part & d'autre avec les autres.

(675.) Les tuyaux de bois fe font avec des troncs d'arbres de chêne, d'orme ou d'aulne, les plus longs & les plus gros qu'on peut trouver. On perce ces troncs dans le fens de leur longueur, avec des tarières. Il faut laiffer à l'enveloppe un pouce au moins d'épaiffeur, fans compter l'écorce ni l'aubier. On les emboîte enfemble, en affilant le bout de l'un & agrandiffant le diamètre de l'autre; & on les enduit en cet endroit de maftic pour empêcher l'eau de filtrer & de fe perdre.

(676.) Les tuyaux de fer font compofés de

parties ou de tuyaux qui ont environ 3 pieds de longueur. Ils s'assemblent les uns avec les autres, au moyen de brides qui doivent permettre aux bords de se joindre bien exactement. Pour cela, les brides, d'un tuyau à l'autre, sont distantes d'environ 2 lignes; on remplit ce vide avec du mortier à froid, & avec des rondelles de cuir; ensuite on unit fortement les brides par le moyen de vis & d'écrous composés de bon fer, qui serrent les rondelles & appliquent les bords d'un tuyau contre ceux de l'autre. Mais comme tous les métaux se dilatent par le chaud & se condensent par le froid, les tuyaux de fer, sujets à cette alternative, mais dépourvus de flexibilité, se brisent souvent aux endroits des brides & des coudes.

(677.) Les tuyaux de grès sont d'un usage plus commode & moins dispendieux. Mais avant que de les employer il faut les examiner soigneusement, & regarder s'ils sont bien soudés en dedans & par dehors aux reprises qui sont vers le milieu; s'il n'y a point de bouillons ou de soufflures; s'ils sont de bon grès; grisâtre, ni rouge ni mal cuit; s'il n'y a point de fautes occasionnées par de petits cailloux qui se trouvent dans la pâte avant la cuisson; & pour dernier examen, on aura soin de les sonner l'un après l'autre, car il peut se faire que de légères cassures échappent aux yeux les plus clairvoyans. Leurs vis doivent avoir trois pouces au moins d'emboîtement. On les assemble avec de la filasse & du mastic.

(678.) Après avoir réglé la pente & les finuo-fités de la conduite, & après avoir fait choix des tuyaux qu'on veut employer, on travaille à la conſtruction du foſſé qui doit recevoir la conduite. Ce foſſé doit avoir au moins 5 pieds de largeur au fond, pour que les ouvriers puiſſent travailler & être ſervis commodément. La largeur de la tranchée doit être proportionnée à ſa profondeur ; & il faut y ménager un talud convenable à la nature du terrein. Il y a des terres qu'on peut couper à plomb ſur 9 à 10 pieds de profondeur ; telles font les terres argileuſes. Toutes les autres, fans en excepter le tuf mêlé de glaiſe, ont abſolument beſoin d'être étréſillonnées, ſi l'on veut prévenir les écroulemens occaſionnés par les pluies, écroulemens qui tuent les travailleurs, comblent la tranchée & retardent l'ouvrage.

(679.) Lorſque la profondeur des fouilles dans les terres alſées à ouvrir, paſſe 18 à 20 pieds, & qu'une ſeule banquette ne ſuffit pas pour jeter la terre de la main à la main, l'on perce, de 40 en 40 pas, des puits bien étréſillonnés ; & l'on fait une galerie qui communique d'un puits à l'autre, & que l'on ne manque pas de bien étréſillonner auſſi. Elle aura 7 pieds de haut & 6 de large, afin qu'étant voûtée & revêtue en maçonnerie, elle foit réduite à 6 pieds de hauteur & à 3 ou 4 pieds de largeur. Cette galerie, dont on aura évacué les terres par le moyen des puits que l'on comble après que la maçonnerie eſt faite, ſervira non-feulement à la conftruction de la conduite, mais encore à fa réparation.

(680.) Il arrive quelquefois que la conduite eft obligée de traverfer une montagne. Alors on trace fur le terrein, en ligne droite s'il eft poffible, le chemin qu'elle doit tenir; & de 100 en 100 toifes, on fait des puits qui fervent à tirer les terres & à donner de l'air aux travailleurs. Il y a des terres où l'on ne peut guère fouiller plus de 20 ou 30 toifes en avant & en galerie, fans être obligé de fe procurer de l'air par les puits ; autrement les lumières s'éteignent & les travailleurs fe trouvent mal, fur-tout dans les grandes chaleurs. Les grands puits qui ferviront aux alignemens , auront 14 pieds en quarré ; & les petits qui ferviront à donner de l'air & à tirer les terres, n'en auront que 7. On fait ces puits quarrés, pour pouvoir les étréfillonner. Dans la marne, on peut pouffer la galerie jufqu'à plus de 100 toifes fans inconvénient & fans étréfillons, fi la marne eft bien franche.

(681.) Les grands puits doivent être placés aux coudes de la conduite, s'il y en a; & on parviendra ainfi à fuivre fous terre le tracé qu'on a fait fur le terrein. A l'ouverture fupérieure du puits, on pofera horizontalement une grande règle droite & bien alignée fur le tracé de la campagne. On la fixera folidement, & on laiffera defcendre le long du bord de cette règle deux ficelles déliées, chargées chacune d'un plomb, & diftantes l'une de l'autre, au moins de 12 pieds ; & lorfque les

plombs feront en repos, on placera fur l'alignement des deux cordeaux, deux lumières dont on
fuivra la direction en prolongeant la galerie, qui
fera par ce moyen dans la fection verticale du tracé
de la campagne. Si les travailleurs qui viennent
à la rencontre, s'y prennent de la même manière,
il eft indubitable que les deux ateliers fe ren-
contreront, pourvu qu'ils obfervent bien leurs
pentes qui doivent avoir été déterminées par un
profil exact de la montagne, & dont on doit avoir
des points au moyen des puits. Il ne faut pas
mefurer la profondeur de ces puits avec une ficelle;
mais à mefure qu'on les approfondira, on aura
foin de marquer fur l'une de leurs faces les toifes,
pieds & pouces mefurés exactement avec une
règle de bois.

(682.) Celui qui fera chargé de faire aplanir
le fond de la tranchée, n'atteindra pas la profondeur déterminée dans les profils, mais il en reftera
à un pied environ; après quoi il fera faire, de
50 en 50 toifes & fuivant la pente donnée, des
trous, au fond defquels il placera une brique ou
un caillou qui fervira de repaire. Alors avec trois
jallons égaux, à l'imitation des paveurs, il bornoiera
entre deux repaires d'autres points de 12 en 12
pieds, ou plus proche s'il veut, dans lefquels il
placera auffi une brique ou un caillou, afin que
les travailleurs fuivent ces marques & ne faffent
du fond de la tranchée qu'un feul & même plan.
Ce fond doit avoir une certaine confiftance pour

ne pas s'affaiffer fous le poids de la conduite &
ne la pas expofer à fe rompre, fur-tout lorfqu'elle
eft en grès.

(683.) On fait que les pluies & les neiges font
les feules caufes des fources. On a l'expérience
journalière que dans les années fèches, les fources
diminuent fenfiblement & tariffent quelquefois. Les
plus durables font celles qui, fortant du pied d'une
montagne, femblent venir de haut. Comme les
dépenfes pour la conduite des eaux font confidérables, on doit ménager les fources avec foin,
& en ramaffer le plus qu'il eft poffible. Pour cela,
on creufe dans le terrein où l'on en foupçonne,
des puits éloignés les uns des autres de 20 ou
30 pas ; on les joint par des tranchées fouterraines
qui reçoivent les tranfpirations & les conduifent
dans un feul & même endroit où l'on veut établir
le premier regard. Mais il faut bien prendre garde
de ne pas percer un lit de terre glaifeufe, de crainte
de perdre l'eau. Après avoir réglé les pentes des
tranchées, on met au fond un lit de glaife battue,
& l'on fait un petit canal en pierres sèches, de
7 à 8 pouces de largeur fur 8 à 9 de hauteur,
recouvert de pierres plattes & de gazons renverfés
par-deffus. On garnira auffi de terre glaife le pied
droit extérieur de la digue pratiquée au pied de
la montagne. Les eaux qui filtrent au travers des
pierres sèches fe raffemblent dans le canal, &
vont fe rendre au regard.

(684.) Lorfqu'une fource ne monte pas affez

haut pour pouvoir couler dans la conduite, il faut percer dans la montagne & aller au-devant pour la rencontrer, fi l'on peut, afin de la ramener naturellement fur un lit de glaife bien corroyé, ou dans une conduite de grès, fi elle eft unique. Quelquefois on la peut faire gonfler, en lui oppofant une digue qui doit être faite avec de la bonne glaife, bien corroyée & damée à la demoifelle tout-au-tour avec de bons & gros cailloux pour rendre la glaife plus compacte. Il faut fur-tout que ce corroi foit affis fur le tuf glaifeux, & non fur la terre franche, autrement l'eau pafferoit encore par-deffous le corroi. La digue peut être auffi un mur fait avec du caillou & du ciment.

Il y auroit encore plufieurs chofes à dire fur toute cette matière; mais on les apprendra facilement avec un peu de réflexion & d'expérience.

CHAPITRE XI.

De la pression que l'eau, mue dans un tuyau cylindrique, exerce contre ses parois.

(685.) IL seroit facile de traiter la question pour un tuyau de figure & de position quelconques ; mais pour parvenir à des résultats plus simples & plus facilement applicables à la pratique, je me borne à considérer la pression de l'eau dans un tuyau cylindrique & horizontal.

(686.) Soit donc le tuyau cylindrique horizontal *E N* (*Fig. 45*), adapté au réservoir *Fig. 45.* *A D C B;* & supposons que ce réservoir étant entretenu constamment plein à la hauteur *E B,* l'eau se meuve librement dans le tuyau, sans éprouver aucune résistance. Il est certain que si on excepte la pression qui naît du poids même de la colonne d'eau *EN,* le tuyau n'éprouve aucun effort ; car la vîtesse de l'eau ayant une direction libre & horizontale, il ne peut en résulter aucune force qui s'exerce contre les parois du tuyau. Si on en veut la preuve par l'expérience, la voici.

(687.) Au grand réservoir qui a été décrit (434), j'ai fait implanter un tuyau horizontal *E N* qui avoit 3 pieds de longueur & environ 9 à 10 lignes de diamètre. Vers son milieu *M* étoit pratiqué un petit trou latéral, destiné à former un jet d'eau. On étoit maître de diriger ce jet de bas en haut ou de haut en bas, ou de l'incliner à volonté, en faifant tourner le tuyau fur fon axe. On entretenoit l'eau dans le réfervoir à la hauteur d'environ 4 pieds au-deffus du tuyau. Lorfque le bout N étoit bouché, le jet avoit la hauteur ou l'amplitude telle qu'on l'a déterminée dans le *chapitre* VII ; mais quand on débouchoit le bout N, le jet ceffoit prefqu'entièrement en toutes fortes de fens. Seulement lorfque l'ouverture M étoit en bas, l'eau bavoit & dégouttoit un peu par fes bords. Il eft clair que la ceffation du jet démontre une ceffation de preffion contre les parois du tuyau.

(688.) Imaginons toujours un tuyau horizontal Fig. 46. $E N$ *(Fig. 46)* adapté à un grand réfervoir $A D C B$, & dans lequel l'eau fe meuve fans éprouver aucune réfiftance de la part du frottement; mais fuppofons qu'une partie de l'orifice $P N$ foit bouchée de manière que l'eau forte maintenant par le petit orifice pn. La force qui fait paffer l'eau en EC, du réfervoir dans le tuyau, étant conftamment la même, il eft clair que l'eau fe meut moins vîte dans le tuyau quand une partie de l'orifice extérieur $P N$ eft bouchée, que quand l'eau fort de la gueulebée PN. Or en vertu de cette diminution de vîteffe qui a lieu dans le premier cas, il doit néceffairement réfulter contre les parois du tuyau une preffion qu'il s'agit de déterminer.

(689.) Pour cela, décompofons la colonne

d'eau *EN* en une infinité de tranches *GFfg* verticales & égales entr'elles. Comme nous négligeons le frottement , il eſt évident que tous les points d'une même tranche ont la même vîteſſe , & que de plus cette vîteſſe eſt la même pour toutes les tranches, puiſque de proche en proche elles ſe ſuccèdent les unes aux autres le long du tuyau. Il n'eſt pas moins clair que ſi *q r* repréſente la ſection de la veine contractée au ſortir de l'orifice *p n*, la vîteſſe dont on vient de parler eſt à celle qui a lieu en *q r*, comme l'aire de l'orifice *q r* eſt à l'aire de la ſection *G F ;* car à chaque inſtant il paſſe par *q r* un petit priſme d'eau égal au priſme *G F f g ;* & ces priſmes ont par conſéquent des vîteſſes réciproquement proportionnelles à leurs baſes. Donc, en nommant *h* la hauteur conſtante *B H* du réſervoir, *D* le diamètre du tuyau, *d* celui de l'orifice *q r*, & conſidérant que la vîteſſe en *q r.* eſt dûe à la hauteur *h*, & peut s'exprimer par $\sqrt{h}$; la vîteſſe de l'eau le long du tuyau ſera repréſentée par $\dfrac{d^2 \sqrt{h}}{D^2}$.

Cela poſé, de la même manière que la vîteſſe $\sqrt{h}$ eſt produite par la preſſion *h*, la vîteſſe $\dfrac{d^2 \sqrt{h}}{D^2}$ peut être regardée comme produite par la preſſion $\dfrac{d^4 h}{D^4}$. Or puiſque chaque point de la tranche qui couvre à chaque inſtant le fond *P N*, tend à ſe mouvoir avec la vîteſſe $\sqrt{h}$, & ne ſe meut réellement qu'avec la vîteſſe $\dfrac{d^2 \sqrt{h}}{D^2}$, il doit évidemment preffer chaque point de Pp ou de Nn fur lequel il s'appuie, avec une force égale à la différence des preffions qui produifent les vîteffes $\sqrt{h}$ & $\dfrac{d^2 \sqrt{h}}{D^2}$. Cette preffion fe diftribue également en toutes fortes de fens dans la maffe d'eau EN, & contre les parois du tuyau. La preffion que fouffre chaque point des parois du tuyau, eft donc repréfentée par $h - \dfrac{d^4 h}{D^4}$.

(690.) Il fuit de-là que fi l'on fait au tuyau une ouverture très-petite par rapport à chacun des deux orifices PN, pn, l'eau jaillira par cette ouverture avec une vîteffe dûe à la hauteur $h - \dfrac{d^4 h}{D^4}$. Cette hauteur s'évanouit, lorfque $d = D$, c'eft-à-dire, quand l'eau fort à gueulebée par l'orifice PN, comme nous l'avons déjà remarqué (687).

On voit par-là combien fe trompent les praticiens qui croyent qu'en faifant une petite ouverture latérale à un tuyau dans lequel coule de l'eau, il doit fortir par cette ouverture un jet qui, abftraction faite du frottement & de la réfiftance de l'air, s'élève à la hauteur dûe à la vîteffe de l'eau dans le tuyau. Il peut fe faire qu'il ne forte point du tout d'eau par l'ouverture en queftion.

(691.) Suppofant toujours qu'on ait fait aux parois du tuyau une petite ouverture, on trouvera fans peine la quantité d'eau qu'elle doit fournir en un temps donné. Car les dépenfes par une même ouverture, & en un même temps, font proportionnelles (201, 470) aux racines quarrées des hauteurs des réfervoirs ; ou, ce qui revient au même, aux racines quarrées des preffions. Donc, fi l'on nomme Q la dépenfe que feroit, pendant un certain temps, l'ouverture propofée, fous la preffion h, q la dépenfe qu'elle fait pendant le même temps, fous la preffion $h - \dfrac{d^4 h}{D^4}$; on aura la proportion, $Q : q :: \sqrt{h} : \sqrt{\left[h - \dfrac{d^4 h}{D^4} \right]}$; d'où l'on tire, $q = Q \times \dfrac{\sqrt{[D^4 - d^4]}}{D^2}$.

Or on connoît Q par les méthodes du *chapitre II ;* on connoîtra donc auffi q.

(692.) Cette théorie a également lieu pour les tuyaux inclinés, pourvu néanmoins que dans ce dernier cas l'ouverture $p\,n$ par laquelle l'eau s'échappe du tuyau, foit fort petite par rapport à $P\,N$. Si cette condition n'avoit pas lieu, la vîteffe au fortir de $p\,n$ ne feroit pas dûe à toute la hauteur du réfervoir ; & il faudroit commencer par déterminer h par d'autres principes que ceux que nous avons employés.

(693.) La même théorie peut fervir à déterminer, du moins à peu-près, les épaiffeurs que doivent avoir les tuyaux de conduite garnis d'ajutages à leurs bouts, pour réfifter à la preffion des eaux qu'ils mènent. En effet, la preffion que fouffre chaque point de la circonférence d'une section de notre tuyau $E\,N$ étant exprimée par $h - \dfrac{d^4 h}{D^4}$; il est clair que pour soutenir cette pression, le tuyau doit avoir la même épaisseur que si l'eau étoit dormante sous la hauteur $h - \dfrac{d^4 h}{D^4}$. Or ce dernier problème se résoud par la méthode de l'*article 41*.

On voit qu'il faut moins d'épaisseur à une conduite quand l'eau s'y meut, que si cette eau étoit dormante sous la hauteur entière h.

(694.) Dans la pratique, on fait les épaisseurs des tuyaux plus fortes que la théorie précédente ne l'exige. Ces tuyaux souffrent en effet plusieurs efforts dont on ne tient pas compte dans le calcul, & qui ne peuvent pas être évalués exactement. Le choc de l'eau contre les anglés de la conduite, les vents qui s'y logent & qui y sont foulés avec force dans les pentes & les contre-pentes, les défauts du plomb ou du fer, &c. exigent, de la part de la conduite, une résistance considérable pour qu'il ne s'y fasse pas de fracture. Ajoutez que dans les endroits humides, la terre adjacente au tuyau le mine & le pourrit en quelque sorte. La hauteur du réservoir n'est donc pas toujours le principal élément qui doit régler l'épaisseur de la conduite. Voici les épaisseurs qu'on donne ordinairement aux tuyaux de plomb ou de fer, relativement à leurs diamètres, soit qu'ils aient ou non des ajutages à leur bout.

Tuyaux

TUYAUX DE PLOMB.		TUYAUX DE FER.	
DIAMÈTRES, EXPRIMÉS EN POUCES.	ÉPAISSEURS, EXPRIMÉES EN LIGNES.	DIAMÈTRES, EXPRIMÉS EN POUCES.	ÉPAISSEURS, EXPRIMÉES EN LIGNES.
1	$2\frac{1}{2}$	1	1
$1\frac{1}{2}$	3	2	3
2	4	4	4
3	5	6	5
$4\frac{1}{2}$	6	8	6
6	7	10	7
7	8	12	8

A l'égard du poids de ces tuyaux, il est toujours facile à trouver, en se rappelant que le pied cube de plomb pèse 828 livres environ, & que le pied cube de fer forgé pèse 580 livres environ.

Il n'y a point de règle fixe pour les épaisseurs des tuyaux de bois ou de grès.

(695.) Supposons maintenant que l'eau se meuve dans le tuyau horizontal *E N (Fig. 45),* Fig. 45. & sorte à gueulebée par le bout *N,* mais qu'elle éprouve en se mouvant la résistance du frottement le long des parois du tuyau. Nous avons vu *(Chap. VIII)* que cette résistance diminue considérablement la dépense. On peut concevoir que le frottement rétrécit le passage de l'eau à l'extrémité *N* du tuyau. Il semble donc qu'alors on pourra déterminer la pression latérale du tuyau, par la formule de l'article 689, en fubftituant le tuyau de la *Figure 46*, où il n'y a pas de frottement, à celui de la *Figure 45*, où il y a du frottement, & fuppofant que D repréfente le diamètre véritable du tuyau, d le diamètre réduit & diminué par le frottement. Confultons là-deffus l'expérience.

Fig. 34.   (696.) Au tuyau horizontal bu *(Fig. 34)* de 16 lignes de diamètre, j'ai fait en p une ouverture latérale d'environ $3\frac{1}{4}$ lignes de diamètre. Je dis *environ*, car comme il ne s'agit ici que de dépenfes comparatives, par une même ouverture, il n'eft pas néceffaire de connoître exactement cette ouverture. On a mefuré les dépenfes par l'orifice p, le bout u du tuyau étant d'abord bouché, enfuite ouvert fucceffivement à différentes diftances de la caiffe x; & on a trouvé les réfultats qui fuivent.

EXPÉRIENCES I, II, III, ... VII.

(697.) Hauteur conftante de l'eau dans le réfervoir au-deffus de l'axe du tuyau $= 1$ pied.

I. Le bout u du tuyau étant bouché, en 1 minute l'ouverture latérale p donne 196 pouces cubes d'eau.

II. A 30 pieds de la caiffe, le bout de ce tuyau étant débouché, en 1 minute l'ouverture p donne 171 pouces cubes d'eau.

III. A 60 pieds de la caiffe, le bout u du tuyau étant débouché, en 1 minute l'ouverture p donne 186 pouces cubes d'eau.

IV. A 90 pieds de la caiffe, le bout *u* du tuyau étant débouché, en 1 minute l'ouverture *p* donne 190 pouces cubes d'eau.

V. A 120 pieds de la caiffe, le bout *u* du tuyau étant débouché, en 1 minute l'ouverture *p* donne 191 pouces cubes d'eau.

VI. A 150 pieds de la caiffe, le bout *u* du tuyau étant débouché, en 1 minute l'ouverture *p* donne 193 pouces cubes d'eau.

VII. A 180 pieds de la caiffe, le bout *u* du tuyau étant débouché, en 1 minute l'ouverture *p* donne 174 pouces cubes d'eau.

EXPÉRIENCES VIII, IX, X, ... XIV.

(698.) Hauteur conftante de l'eau dans le réfervoir au-deffus de l'axe du tuyau $=$ 2 pieds.

I. Le bout *u* du tuyau étant bouché, en 1 minute l'ouverture latérale *p* donne 274 pouces cubes d'eau.

II. A 30 pieds de la caiffe, le bout *u* du tuyau étant débouché, en 1 minute l'ouverture *p* donne 240 pouces cubes d'eau.

III. A 60 pieds de la caiffe, le bout *u* du tuyau étant débouché, en 1 minute l'ouverture *p* donne 256 pouces cubes d'eau.

IV. A 90 pieds de la caiffe, le bout *u* du tuyau étant débouché, en 1 minute l'ouverture *p* donne 261 pouces cubes d'eau.

V. A 120 pieds de la caiffe, le bout *u* du

lorfque la hauteur du réfervoir $= 2$ pieds, (*Expérience VIII*). Pour avoir les dépenfes q que fait cette même ouverture en 1 minute, lorfque le bout u du tuyau eft débouché, on fubftituera à la place de $\dfrac{d^2}{D^2}$ fucceffivement les valeurs qu'on vient de trouver. On formera par-là les trois premières colonnes de la table fuivante. La quatrième colonne contient les dépenfes effectives de l'ouverture p, telles qu'on les a trouvées par l'expérience.

HAUTEURS du RÉSERVOIR, EXPRIMÉES en PIEDS.	LONGUEURS du TUYAU, EXPRIMÉES en PIEDS.	DÉPENSES EN 1 MINUTE, CALCULÉES par la FORMULE, & EXPRIMÉES en POUCES CUBES.	DÉPENSES CORRESPONDANTES, TROUVÉES par L'EXPÉRIENCE, & EXPRIMÉES AUSSI en POUCES CUBES.
1	30	176	171
1	60	186	186
1	90	190	190
1	120	191	191
1	150	192	193
1	180	193	194
2	30	244	240
2	60	259	256
2	90	264	261
2	120	267	264
2	150	268	265
2	180	269	266

(701.) On voit que les dépenfes calculées approchent beaucoup des dépenfes effectives ; & qu'il n'eft guère poffible d'efpérer un plus parfait accord dans ces fortes de recherches. De-là fuit une manière très-fimple de déterminer la dépenfe d'un long tuyau horizontal, fujet au frottement, par celle d'une ouverture latérale pratiquée à fes parois. Nommons x le rapport de la dépenfe du tuyau propofé en ayant égard au frotte-ment, à la dépenfe qu'il feroit en négligeant le frottement ; ou, ce qui revient au même, foit $x = \dfrac{d^2}{D^2}$. La formule $q = Q \times \dfrac{\sqrt{[\,D^4 - d^4\,]}}{D^2}$ deviendra, $q = Q \sqrt{[\,1 - x\,x\,]}$; d'où l'on tire $x = \dfrac{\sqrt{[\,Q^2 - q^2\,]}}{Q}$. Cela pofé, pour trouver la dépenfe demandée, on pourra s'y prendre ainfi. On fera en un endroit quelconque des parois du tuyau, une ouverture latérale de grandeur connue, & bien perpendiculaire à la direction du mouvement de l'eau ; on cherchera par les mé-thodes du chapitre II, la dépenfe Q de cet orifice en 1 minute, fous la hauteur conftante du réfervoir au-deffus de fon centre, & l'extrémité de décharge du tuyau étant bouchée ; on mefurera par une expérience immédiate la dépenfe q que l'orifice latéral fait en 1 minute, l'extrémité de décharge du tuyau étant ouverte. Par-là on connoîtra x. Il ne s'agira donc plus que de connoître, par le moyen du même chapitre II, la dépenfe que feroit le tuyau en négligeant le frottement, pour avoir fa dépenfe en ayant égard au frottement.

Par exemple, fuppofons que le tuyau ait 2 pouces de diamètre; que la hauteur de l'eau dans le réfervoir au-deffus de fon axe foit de 3 pieds; que l'ouverture latérale ait 6 lignes de diamètre; que cette ouverture donne 1000 pouces cubes d'eau en 1 minute, l'eau coulant dans le tuyau. Cette même ouverture, fuppofée fujette à la contraction de la première efpèce, donneroit (488) en 1 minute, 1178 pouces cubes, l'extrémité du tuyau étant bouchée; c'eft-à-dire, qu'on a $Q = 1178$ pouces cubes, tandis que $q = 1000$ pouces cubes. Mettant ces valeurs dans l'équation $x = \dfrac{\sqrt{[\,Q^2 - q^2\,]}}{Q}$, on trouvera $x = 0,5289$. Maintenant le tuyau propofé devroit donner (529), en une minute, 24504 pouces cubes, en négligeant le frottement; il donnera donc, en ayant égard au frottement, $0,5289 \times 24504$ pouces cubes $= 12952$ pouces cubes.

(702.) Tout cela eft fenfiblement vrai auffi pour les tuyaux inclinés, rectilignes ou curvilignes, lorfque le frottement peut être cenfé diminuer confidérablement l'orifice par lequel le fluide s'échappe. C'eft en vertu de la preffion occafionnée par le frottement, que dans la dernière conduite de M. Couplet l'eau s'élève dans le réfervoir du bout de l'aile par le tuyau montant adapté à cette conduite. Le lecteur déterminera fans peine la quantité d'eau que le tuyau proposé donne, & la preffion que fes parois fouffrent.

(703.) Nous avons affez fait remarquer que la preffion dont il s'agit dans tout ceci eft occafionnée par la perte de vîteffe que l'eau fait dans la conduite. Ainfi lorfqu'on détermine cette preffion par la dépenfe que fait un orifice latéral, il faut que cet orifice foit percé bien perpendiculairement à la direction de l'eau, fans quoi une partie de l'écoulement feroit produit par le mouvement même du fluide. La conduite *A M B, (Fig. 47)* Fig. 47. offre l'exemple d'un tel écoulement, par l'ouverture latérale *M.*

CHAPITRE XII.

Du mouvement des eaux dans des canaux rectangulaires.

(704.) DANS les canaux ouverts par en-haut, la surface de l'eau a la liberté de s'élever ou de s'abaisser. Or en vertu de cette liberté le fluide peut tirer de son propre poids une vîtesse qui se combine avec celle qui lui reste de l'impulsion initiale. Le frottement ne doit donc pas suivre dans ces canaux exactement les mêmes loix que dans les tuyaux de conduite où l'eau est comprimée de tous côtés, & se meut suivant une seule & même direction déterminée. Commençons par examiner, d'après l'expérience, le mouvement de l'eau dans un canal rectangulaire.

Fig. 48.   (705.) Sur la face verticale *B C* (*Fig. 48*) du réservoir *A D C B* qui a été décrit (434), & au raz du fond *D C*, est pratiquée une ouverture *E C* garnie d'une vanne rectangulaire de cuivre, qui se hausse & se baisse à volonté. L'orifice par lequel l'eau sort est un rectangle qui a constamment 5 pouces de base horizontale, mais dont la hauteur varie suivant qu'on lève plus ou moins la vanne. Les faces latérales de cet orifice sont de cuivre, & forment deux plans verticaux, parallèles entr'eux, & perpendiculaires à la paroi dont *B C* est le profil. On meut la pale en-dehors,

au moyen d'un crochet qui lui eſt attaché, &
d'un levier qui tourne ſucceſſivement ſur deux
appuis propres à la hauſſer ou à la baiſſer. On
empêche cette même pale de monter plus haut
qu'il ne faut, par des clous fichés dans la plaque
de cuivre ſur laquelle elle coule, leſquels lui
ſervent d'arrêts & lui permettent ſeulement d'arriver à la hauteur préciſe qu'on demande. Il eſt vrai
que lorſqu'on veut changer la hauteur de l'orifice,
on perd quelque temps à ôter ou à remettre ces
clous ; mais cette manœuvre a paru préférable à
toute autre, par la facilité qu'elle donne de lever
en un inſtant la pale pour chaque opération.

(706.) A l'orifice *E C* eſt adapté un canal
rectangulaire *E F* de 105 pieds de longueur, &
ouvert par en-haut. La largeur du fond de ce canal
eſt de 5 pouces juſte, & la hauteur d'environ
8 à 9 pouces. Il s'applique parfaitement à l'orifice. Lorſqu'il eſt dans la poſition horizontale,
ſon fond eſt dans le même plan horizontal que
le fond du réſervoir. Dans toutes les ſituations,
ſes parois intérieures ſont les prolongemens des
faces latérales de l'orifice. Le fond eſt compoſé
de forts madriers aſſemblés bout-à-bout, bien
polis & bien dreſſés ; les parois ſont de planches de
ſapin. On a eu ſoin de mettre au-deſſus du canal,
de 2 en 2 pieds, des traverſes qui contiennent
les parois & les empêchent de ſe déverſer.

Ce canal eſt deſtiné, comme on voit aſſez, à
meſurer la vîteſſe de l'eau qui le parcourt. Il a

été d'abord posé horizontalement, ensuite on l'a incliné successivement à l'horizon. Dans tous les cas, l'eau étoit entretenue dans le réservoir à la même hauteur pour la même expérience, mais à différentes hauteurs pour différentes expériences. Elle étoit fournie dans le réservoir, comme il a été dit dans l'article 434.

(707.) Lorsque l'eau étoit à sa plus grande hauteur dans le réservoir, & qu'il falloit l'entretenir quelque temps en cet état, on avoit mis au bout du canal de communication de la cuve ronde avec le réservoir, une planche disposée de manière qu'elle brisoit le choc de l'eau, & que la surface supérieure de l'eau contenue dans le réservoir demeuroit calme. Mais lorsqu'il falloit entretenir l'eau dans le réservoir à une autre hauteur constante, par exemple, à celle de 7 pieds 8 pouces; on attachoit aux parois du réservoir une espèce de caisse mobile, ouverte par en-haut, qui recevoit le choc de l'eau, & qui la renvoyoit par une pente douce à la hauteur convenable dans le réservoir, sans causer d'ébranlement sensible à la surface, & encore moins dans la masse de l'eau inférieure. Sur les côtés du réservoir, étoient pratiqués des dégorgeoirs qui servoient à maintenir l'eau à la hauteur précise qu'on vouloit. De plus, on étoit attentif que l'eau atteignît sans cesse, & ne passât jamais un clou qui marquoit la limite de la hauteur; & la même personne qui étoit chargée de ce soin, fournissoit de l'eau à volonté, au moyen d'un levier qu'elle manœuvroit, & qui hauffoit ou baiffoit la pale de la cuve ronde.

(708.) Ces préparatifs établis, quand on a voulu mefurer la vîteffe de l'eau dans le canal, la première idée a été d'y mettre un morceau de liége ou de quelqu'autre matière légère; mais on a bientôt reconnu l'infuffifance de cette méthode, du moins quand le canal eft horizontal. Car alors l'eau fe gonfle à mefure qu'elle chemine, chaffe le petit corps flottant de côté & d'autre, & ne lui permet pas de fuivre directement fon fil. On a effayé de jeter dans l'eau des matières colorées, telles que du fang, du charbon pilé, &c. Mais cela eft encore défectueux, parce que l'eau délaye trop facilement ces matières, & rend leur arrivée incertaine. Le moyen auquel je me fuis arrêté, a été de déterminer le temps qui s'écoule depuis l'inftant où l'on lève la vanne placée à l'orifice CE, jufqu'à celui où l'eau arrive à différens points du canal. Ce moyen ne donne à la vérité que la vîteffe de la première eau qui parcourt le canal, & on fent que quand l'écoulement eft parfaitement établi, il eft plus rapide qu'au commencement. Mais les deux vîteffes ont entr'elles un rapport qui eft conftant, du moins à peu-près, comme on le verra dans plufieurs cas où l'on peut les déterminer l'une & l'autre; d'où il réfulte que l'une feulement étant donnée en certains cas, on pourra en conclure auffi l'autre fenfiblement.

(709.) Nous avons déjà dit que la longueur

totale du canal eſt de 105 pieds. On la diviſe en cinq parties égales, & en trois parties égales; de manière que chacune des cinq parties égales eſt de 21 pieds, & que chacune des trois parties égales eſt de 35 pieds. Pour s'aſſurer de l'arrivée de la première eau à chaque point de diviſion, on y a mis des moulinets (ſemblables à ceux qui ſervent de jouets aux enfans), dont les palettes verticales ſont frappées par l'eau. Le ſignal que ces palettes donnent par leur dérangement de la ſituation verticale, eſt très-prompt & très-ſûr. Il eſt aperçu par la perſonne qui compte les oſcillations du pendule.

Le ſigne ⥵ écrit après un certain nombre de ſecondes ou de demi-ſecondes indique que ce nombre eſt un peu foible ou un peu fort. Ces mots *pale élevée de $\frac{1}{2}$ pouce* ou de 1 *pouce*, &c. ſignifient que l'orifice par lequel l'eau paſſe du réſervoir dans le canal, eſt un rectangle de 5 pouces de baſe ſur $\frac{1}{2}$ pouce ou 1 pouce de hauteur, &c. Le reſte eſt clair de ſoi-même.

EXPÉRIENCE I.

(710.) La hauteur conſtante de l'eau dans le réſervoir au-deſſus du fond, eſt de 11 pieds 8 pouces; le canal eſt horizontal, & la pale eſt élevée de $\frac{1}{2}$ pouce.	SECONDES.	NOMBRE DE PIEDS PARCOURUS.
	2	21
	5 —	42
	10 —	63
	16 —	84
	23 ⥂	105

On voit que les temps fucceffifs employés à parcourir chaque efpace de 21 pieds, font exprimés refpectivement par les nombres fuivans, 2, 3 —, 5, 6, 7 +, qui forment à très-peu-près une progreffion arithmétique croiffante qui a 1 pour raifon. Ainfi on pourra continuer cette fuite, & déterminer, du moins à très-peu-près, le temps que l'eau mettroit à parcourir un nombre quelconque de pieds, fi le canal étoit prolongé indéfiniment.

EXPÉRIENCE II.

	SECONDES.	NOMBRE DE PIEDS PARCOURUS.
(711.) La hauteur conftante de l'eau dans le réfervoir au-deffus du fond, eft de 7 pieds 8 pouces; le canal eft horizontal, & la pale eft élevée de $\frac{1}{2}$ pouce.		
	3 —	21
	7	42
	13 —	63
	20 —	84
	28 +	105

Les deux fuites de temps & d'efpaces parcourus font faciles à continuer, & par conféquent on peut déterminer à très-peu-près le temps que l'eau mettroit à parcourir un nombre quelconque de pieds, fi le canal étoit prolongé indéfiniment. Le lecteur fera de lui-même ces fortes de remarques dans les expériences fuivantes.

EXPÉRIENCE III.

(712.) La hauteur conftante de l'eau dans le réfervoir au-deffus du fond, eft de 3 pieds 8 pouces ; le canal eft horizontal, & la pale eft élevée de $\frac{1}{2}$ pouce.	SECONDES.	NOMBRE DE PIEDS PARCOURUS.
	3 +	21
	9	42
	17 +	63
	27 +	84
	38 +	105

EXPÉRIENCE IV.

(713.) La hauteur conftante de l'eau dans le réfervoir au-deffus du fond, eft de 11 pieds 8 pouces ; le canal eft horizontal , & la pale eft élevée de 1 pouce.	SECONDES.	NOMBRE DE PIEDS PARCOURUS.
	2	21
	4	42
	7	63
	11	84
	16 $\frac{1}{4}$	105

EXPÉRIENCE V.

(714.) La hauteur conftante de l'eau dans le réfervoir au-deffus du fond, eft de 7 pieds 8 pouces ; le canal eft horizontal, & la pale eft élevée de 1 pouce.	SECONDES.	NOMBRE DE PIEDS PARCOURUS.
	2 +	21
	5	42
	9	63
	14	84
	20	105

EXPÉRIENCE

EXPÉRIENCE VI.

	SECONDES.	NOMBRE DE PIEDS PARCOURUS.
(715.) La hauteur conſtante de l'eau dans le réſervoir au-deſſus du fond, eſt de 3 pieds 8 pouces ; le canal eſt horizontal, & la pale eſt élevée de 1 pouce.	3 —	21
	6 +	42
	11 +	63
	18 +	84
	26	105

RÉFLEXIONS.

(716.) Pour connoître le déchet que la vîteſſe du courant peut ſouffrir, commençons par chercher cette vîteſſe, abſtraction faite de toute réſiſtance.

Le fluide éprouve, au paſſage de l'orifice, une contraction de la première eſpèce qui diminue la dépenſe naturelle dans le rapport de 8 à 5 ; ou ce qui revient au même, la ſection de la veine contractée eſt un rectangle dont l'aire eſt à celle de l'orifice véritable, comme 5 eſt à 8. Ces deux rectangles ſont ſemblables, au moins ſenſiblement. Comme en-delà du point de contraction l'eau joint & ſuit le fond & les parois du canal, & que la veine doit ſe dilater à peu-près de même qu'elle s'eſt d'abord contractée, il eſt clair qu'alors chaque ſection de l'eau eſt un rectangle qu'on peut regarder encore comme ſemblable aux deux précédens. Donc, puiſqu'en un même temps il paſſe la même quantité d'eau par la ſection de la veine contractée

& par une section quelconque de l'eau dans ce canal, les deux vîtesses correspondantes à ces deux endroits, sont entr'elles dans le rapport de 8 à 5. Ainsi en nommant H la hauteur BE du réservoir, hauteur qui est dûe à la vîtesse de l'eau au point de contraction, h la hauteur dûe à la vîtesse du courant dans le reste du canal; & considérant que les vîtesses sont comme les racines quarrées des hauteurs qui leur sont dûes, on aura la proportion, $\sqrt{H} : \sqrt{h} :: 8 : 5$. Par conséquent $h = H \times \frac{25}{64}$.

(717.) On sait qu'un corps grave tombant de 15 pieds de hauteur en 1 seconde, acquiert par cette chute une vîtesse capable de lui faire parcourir uniformément 30 pieds en 1 seconde. De plus on sait que les temps des mouvemens uniformes sont comme les espaces parcourus divisés par les vîtesses. Donc, si l'on nomme en général E l'espace parcouru uniformément par un mobile, pendant le temps t, avec une vîtesse dûe à la hauteur h; & qu'on exprime E & h en pieds, on aura,

$$t : 1'' :: \frac{E}{\sqrt{h}} : \frac{30}{\sqrt{15}}. \text{ Donc, } t = 1'' \times \frac{E}{2\sqrt{15\,h}}.$$

En supposant que E soit l'espace parcouru par l'eau dans le canal, & mettant pour $\sqrt{h}$ sa valeur $\frac{5\sqrt{H}}{8}$, on aura, $t = 1'' \times \frac{4E}{5\sqrt{15\,H}}$.

(718.) La formule générale $t = 1'' \times \frac{E}{2\sqrt{15\,h}}$ donne, $h = \frac{E^2}{60\,t^2}$; d'où l'on voit que si un espace

E eſt parcouru uniformément pendant le temps connu t exprimé en ſecondes, la hauteur dûe à la vîteſſe du mobile eſt repréſentée par $\frac{E^2}{60\,t^2}$.

(719.) Tout cela poſé, cherchons par la formule $t = 1'' \times \frac{4\,E}{5\sqrt{15\,H}}$ le temps que l'eau devroit employer à parcourir le canal, ſi rien ne s'oppoſoit à ſon mouvement. On trouvera,

pour les expériences I & IV, $t = 6''$, 350,
pour les expériences II & V, $t = 7''$, 834,
pour les expériences III & VI, $t = 11''$, 330.

(720.) En comparant ces temps avec ceux que l'expérience donne réellement, on voit,

1.° Que la réſiſtance des obſtacles répandus le long du canal produit une retardation conſidérable dans la vîteſſe que l'eau devroit naturellement avoir. Cette réſiſtance vient, pour la plus grande partie, du frottement; mais l'air y entre auſſi pour quelque choſe.

2.° Que la réſiſtance des obſtacles eſt d'autant moins ſenſible, que la pale eſt plus élevée, ou qu'il ſort une plus grande quantité d'eau. La raiſon en eſt qu'eu égard à la ſurface préſentée à l'action du frottement ou au choc de l'air, une grande maſſe a plus de force qu'une petite pour vaincre ces obſtacles, les vîteſſes qui animent les deux maſſes étant ſuppoſées égales.

(721.) Il s'en faut beaucoup que dans chaque expérience la vîteſſe du courant ſoit uniforme, ou que chacune des divisions égales du canal soit parcourue dans le même temps. La vîtesse diminue à mesure que l'eau s'éloigne du réservoir. Ce mouvement a quelques particularités qui méritent d'être observées. Lorsqu'on lève la pale, l'eau est lancée suivant la direction CF du canal *(Fig. 49)*, & n'a d'abord que cette direction. Mais comme en cheminant elle éprouve de la résistance, elle se gonfle, sa surface prend la forme EMG; alors elle retombe par son propre poids depuis le point le plus élevé M, & une partie de l'eau revient du côté du réservoir suivant la direction MN. Il y a donc ainsi dans la partie CM du canal deux courans qui vont en sens contraires, l'un formé par l'eau inférieure qui va dans le sens CF, l'autre par l'eau supérieure qui revient dans le sens MN. Celui-ci est très-sensible, lorsqu'il commence; il se termine au point N distant d'environ 12 pieds de l'orifice EC. Peu-à-peu il diminue, quoique toujours subsistant; & la surface de l'eau finit par prendre la forme ERG, où le point R est le plus élevé au-dessus du fond. L'eau qui arrive à chaque instant du réservoir, frappe continuellement en NO la masse $NOFG$, se mêle avec elle, & cette masse qui se renouvelle sans cesse conserve la même figure. Les courans dont nous venons de parler, sont un exemple sensible de ceux qui doivent se former dans une rivière, dans la mer, toutes les fois que l'eau est retardée par des obftacles. On voit que dans ces cas-là, l'eau doit fe gonfler d'abord, & qu'enfuite fon poids la forçant à fe répandre, il réfulte de-là des courans qui peuvent avoir toutes fortes de directions.

(722.) Quoique la viteffe de l'eau éprouve, comme nous le venons de voir, une retardation confidérable, & d'autant plus confidérable que le canal eft plus long, la dépenfe ne diminue pas pour cela. L'écoulement qui fe fait continuelle-ment par l'orifice, n'eft point ralenti par l'eau du canal, parce que cette eau ayant la liberté de s'échapper ou de s'élever, ne peut oppofer à celle qui la fuit qu'une réfiftance comme infiniment petite. Cela eft évident de foi-même ; néanmoins j'ai cru devoir en faire l'expérience. Elle m'a fait voir qu'on reçoit pendant un temps donné, à l'extrémité F du canal, la même quantité d'eau qu'à la prife $E\,C$ quand le canal eft tout-à-fait enlevé. Il y a donc une différence très-remarquable entre le mouvement de l'eau dans un tuyau fermé de tous côtés, & le mouvement dans un canal ouvert par en-haut. Dans le premier cas, la dé-penfe diminue, & diminue d'autant plus que le tuyau devient plus long ; au lieu que dans le fecond elle eft toujours la même, quelle que foit la lon-gueur du canal.

(723.) Sous une même viteffe initiale du fluide, les canaux qui ont de la pente font par-courus en moins de temps que les canaux horizontaux, parce que la pente donne lieu à une accélération produite par la pefanteur relative. Les expériences qui fuivent nous feront connoître la loi que les vîteffes fuivent alors. Par la *pente du canal*, j'entendrai toujours la diftance verticale de l'une de fes extrémités à la ligne horizontale qui paffe par l'autre extrémité.

EXPÉRIENCE VII.

	SECONDES.	NOMBRE DE PIEDS PARCOURUS.
(724.) La hauteur conftante de l'eau dans le réfervoir au-deffus du fond, eft de 11 pieds 8 pouces ; la pente du canal eft de 3 pouces, & la pale eft élevée de $\frac{1}{2}$ pouce.	4	35
	11 +	70
	22	105

EXPÉRIENCE VIII.

	SECONDES.	NOMBRE DE PIEDS PARCOURUS.
(725.) La hauteur conftante de l'eau dans le réfervoir au-deffus du fond, eft de 7 pieds 8 pouces ; la pente du canal eft de 3 pouces, & la pale eft élevée de $\frac{1}{2}$ pouce.	4 +	35
	14 +	70
	26	105

EXPÉRtENCE IX.

(726.) La hauteur conftante de l'eau dans le réfervoir au-deſſus du fond, eſt de 3 pieds 8 pouces; la pente du canal, de 3 pouces; la pale eſt élevée de $\frac{1}{2}$ pouce.	SECONDES.	NOMBRE DE PIEDS PARCOURUS.
	6 +	35
	18 +	70
	34 +	105

EXPÉRIENCE X.

(727.) La hauteur conftante de l'eau dans le réfervoir eſt de 11 pieds 8 pouces; la pente du canal, de 6 pouces; la pale élevée de $\frac{1}{2}$ pouce.	SECONDES.	NOMBRE DE PIEDS PARCOURUS.
	$3\frac{1}{2}$	35
	$11\frac{1}{2}$	70
	21	105

EXPÉRIENCE XI.

(728.) La hauteur conftante de l'eau dans le réfervoir eſt de 7 pieds 8 pouces; la pente du canal, de 6 pouces; la pale élevée de $\frac{1}{2}$ pouce.	SECONDES.	NOMBRE DE PIEDS PARCOURUS.
	4 +	35
	14	70
	25 +	105

EXPÉRIENCE XII.

(729.) La hauteur constante de l'eau dans le réservoir, est de 3 pieds 8 pouces; la pente du canal, de 6 pouces; la pale élevée de $\frac{1}{2}$ pouce.	SECONDES.	NOMBRE DE PIEDS PARCOURUS.
	6	35
	18 —	70
	31 +	105

EXPÉRIENCE XIII.

(730.) La hauteur constante de l'eau dans le réservoir est de 11 pieds 8 pouces; la pente du canal, de 6 pouces; la pale élevée de 1 pouce.	SECONDES.	NOMBRE DE PIEDS PARCOURUS.
	3	35
	8	70
	15	105

EXPÉRIENCE XIV.

(731.) La hauteur constante de l'eau dans le réservoir est de 7 pieds 8 pouces; la pente du canal, de 6 pouces; la pale élevée de 1 pouce.	SECONDES.	NOMBRE DE PIEDS PARCOURUS.
	4 —	35
	9 +	70
	19 —	105

EXPÉRIENCE XV.

(732.) La hauteur conftante de l'eau dans le réfervoir eft de 3 pieds 8 pouces; la pente du canal, de 6 pouces; la pale élevée de 1 pouce.	SECONDES.	NOMBRE DE PIEDS PARCOURUS.
	5 —	35
	13 —	70
	23 —	105

EXPÉRIENCE XVI.

(733.) La hauteur conftante de l'eau dans le réfervoir eft de 11 pieds 8 pouces; la pente du canal, de 1 pied; la pale élevée de 1 pouce.	SECONDES.	NOMBRE DE PIEDS PARCOURUS.
	3 —	35
	$7\frac{1}{2}$	70
	14	105

EXPÉRIENCE XVII.

(734.) La hauteur conftante de l'eau dans le réfervoir eft de 7 pieds 8 pouces; la pente du canal, de 1 pied; la pale élevée de 1 pouce.	SECONDES.	NOMBRE DE PIEDS PARCOURUS.
	4 —	35
	9	70
	16	105

EXPÉRIENCE XVIII.

(735.) La hauteur conftante de l'eau dans le réfervoir eft de 3 pieds 8 pouces; la pente du canal, de 1 pied; la pale élevée de 1 pouce.	SECONDES.	NOMBRE DE PIÉDS PARCOURUS.
	5 —	35
	12	70
	21	105

EXPÉRIENCE XIX.

(736.) La hauteur conftante de l'eau dans le réfervoir eft de 11 pieds 8 pouces; la pente du canal, de 2 pieds; la pale élevée de 1 pouce.	SECONDES.	NOMBRE DE PIEDS PARCOURUS.
	2 +	35
	7	70
	13	105

EXPÉRIENCE XX.

(737.) La hauteur conftante de l'eau dans le réfervoir eft de 7 pieds 8 pouces; la pente du canal, de 2 pieds; la pale élevée de 1 pouce.	SECONDES.	NOMBRE DE PIEDS PARCOURUS.
	4 —	35
	9 —	70
	15 —	105

EXPÉRIENCE XXI.

(738.) La hauteur conftante de l'eau dans le réfervoir eſt de 3 pieds 8 pouces; la pente du canal, de 2 pieds; la pale élevée de 1 pouce.	SECONDES.	NOMBRE DE PIEDS PARCOURUS.
	$4\frac{1}{2}$	35
	$10\frac{1}{2}$	70
	$17\frac{1}{2}$	105

EXPÉRIENCE XXII.

(739.) La hauteur conftante de l'eau dans le réfervoir eſt de 11 pieds 8 pouces; la pente du canal, de 4 pieds; la pale élevée de 1 pouce.	SECONDES.	NOMBRE DE PIEDS PARCOURUS.
	$2+$	35
	$6\frac{1}{2}$	70
	12	105

EXPÉRIENCE XXIII.

(740.) La hauteur conftante de l'eau dans le réfervoir eſt de 7 pieds 8 pouces; la pente du canal, de 4 pieds; la pale élevée de 1 pouce.	SECONDES.	NOMBRE DE PIEDS PARCOURUS.
	$3+$	35
	8	70
	13	105

EXPÉRIENCE XXIV.

(741.) La hauteur conſtante de l'eau dans le réſervoir eſt de 3 pieds 8 pouces ; la pente du canal, de 4 pieds ; la pale élevée de 1 pouce.	SECONDES.	NOMBRE DE PIEDS PARCOURUS.
	4 +	35
	9 +	70
	15 +	105

EXPÉRIENCE XXV.

(742.) La hauteur conſtante de l'eau dans le réſervoir eſt de 11 pieds 8 pouces ; la pente du canal, de 6 pieds ; la pale élevée de 1 pouce.	SECONDES.	NOMBRE DE PIEDS PARCOURUS.
	2 +	35
	6	70
	10	105

EXPÉRIENCE XXVI.

(743.) La hauteur conſtante de l'eau dans le réſervoir eſt de 7 pieds 8 pouces ; la pente du canal, de 6 pieds ; la pale élevée de 1 pouce.	SECONDES.	NOMBRE DE PIEDS PARCOURUS.
	3 +	35
	7 +	70
	12	105

EXPÉRIENCE XXVII.

(744.) La hauteur constante de l'eau dans le réservoir est de 3 pieds 8 pouces; la pente du canal, de 6 pieds; la pale élevée de 1 pouce.	SECONDES.	NOMBRE DE PIEDS PARCOURUS.
	4	35
	9 —	70
	14 —	105

EXPÉRIENCE XXVIII.

(745.) La hauteur constante de l'eau dans le réservoir est de 11 pieds 8 pouces; la pente du canal, de 9 pieds; la pale élevée de 1 pouce.	SECONDES.	NOMBRE DE PIEDS PARCOURUS.
	2 +	35
	6 —	70
	9	105

EXPÉRIENCE XXIX.

(746.) La hauteur constante de l'eau dans le réservoir est de 7 pieds 8 pouces; la pente du canal, de 9 pieds; la pale élevée de 1 pouce.	SECONDES.	NOMBRE DE PIEDS. PARCOURUS.
	3 +	35
	$6\frac{1}{2}$	70
	10	105

EXPÉRIENCE XXX.

(747.) La hauteur conſtante de l'eau dans le réſervoir eſt de 3 pieds 8 pouces; la pente du canal, de 9 pieds; la pale élevée de 1 pouce.	SECONDES.	NOMBRE DE PIEDS PARCOURUS.
	4 —	35
	8 —	70
	12 —	105

EXPÉRIENCE XXXI.

(748.) La hauteur conſtante de l'eau dans le réſervoir eſt de 3 pieds 8 pouces; la pente du canal, de 9 pieds; la pale élevée de 1 pouce.	DEMI-SECONDES.	NOMBRE DE PIEDS PARCOURUS.
	7 +	35
	15	70
	23	105

EXPÉRIENCE XXXII.

(749.) La hauteur conſtante de l'eau dans le réſervoir eſt de 11 pieds 8 pouces; la pente du canal, de 9 pieds; la pale élevée de $\frac{1}{2}$ pouce.	DEMI-SECONDES.	NOMBRE DE PIEDS PARCOURUS.
	9	35
	19	70
	30	105

EXPÉRIENCE XXXIII.

(750.) La hauteur constante de l'eau dans le réservoir est de 11 pieds 8 pouces ; la pente du canal, de 11 pieds ; la pale élevée de $\frac{1}{2}$ pouce.	DEMI-SECONDES.	NOMBRE DE PIEDS PARCOURUS.
	2	21
	7	42
	12	63
	17	84
	21 +	105

EXPÉRIENCE XXXIV.

(751.) La hauteur constante de l'eau dans le réservoir est de 7 pieds 8 pouces ; la pente du canal, de 11 pieds ; la pale élevée de $\frac{1}{2}$ pouce.	DEMI-SECONDES.	NOMBRE DE PIEDS PARCOURUS.
	3 +	21
	8 +	42
	13 +	63
	18 +	84
	23 +	105

EXPÉRIENCE XXXV.

(752.) La hauteur constante de l'eau dans le réservoir est de 3 pieds 8 pouces ; la pente du canal, de 11 pieds ; la pale élevée de $\frac{1}{2}$ pouce.	DEMI-SECONDES.	NOMBRE DE PIEDS PARCOURUS.
	4 +	21
	10	42
	16	63
	22	84
	28	105

EXPÉRIENCE XXXVI.

(753.) La hauteur conftante de l'eau dans le réfervoir eft de 11 pieds 8 pouces; la pente du canal, de 11 pieds; la pale élevée de 1 pouce.	DEMI-SECONDES.	NOMBRE DE PIEDS PARCOURUS.
	2	21
	5	42
	9	63
	13	84
	17	105

EXPÉRIENCE XXXVII.

(754.) La hauteur conftante de l'eau dans le réfervoir eft de 7 pieds 8 pouces; la pente du canal, de 11 pieds; la pale élevée de 1 pouce.	DEMI-SECONDES.	NOMBRE DE PIEDS PARCOURUS.
	3 +	21
	7	42
	11	63
	15	84
	19	105

EXPÉRIENCE XXXVIII.

(755.) La hauteur conftante de l'eau dans le réfervoir eft de 3 pieds 8 pouces; la pente du canal, de 11 pieds; la pale élevée de 1 pouce.	DEMI-SECONDES.	NOMBRE DE PIEDS PARCOURUS.
	3	21
	8	42
	13	63
	18 —	84
	22	105

EXPÉRIENCE

EXPÉRIENCE XXXIX.

	DEMI-SECONDES.	NOMBRE DE PIEDS PARCOURUS.
(756.) La hauteur conftante de l'eau dans le réfervoir eft de 11 pieds 8 pouces ; la pente du canal, de 11 pieds ; la pale élevée de $1\frac{1}{2}$ pouce.	2	21
	5	42
	8 +	63
	12	84
	15 +	105

EXPÉRIENCE XL.

	DEMI-SECONDES.	NOMBRE DE PIEDS PARCOURUS.
(757.) La hauteur conftante de l'eau dans le réfervoir eft de 7 pieds 8 pouces ; la pente du canal, de 11 pieds ; la pale élevée de $1\frac{1}{2}$ pouce.	3 —	21
	6	42
	10 —	63
	13 +	84
	17	105

EXPÉRIENCE XLI.

	DEMI-SECONDES.	NOMBRE DE PIEDS PARCOURUS.
(758.) La hauteur conftante de l'eau dans le réfervoir eft de 3 pieds 8 pouces ; la pente du canal, de 11 pieds ; la pale élevée de $1\frac{1}{2}$ pouce.	3 +	21
	7	42
	11 +	63
	15	84
	20	105

(759.) Il n'est question dans toutes ces expériences, que de la première eau qui parcourt le canal. Cette eau éprouve une résistance considérable de la part du frottement, parce qu'elle heurte sans cesse des pointes, ou comble des cavités. Mais on conçoit qu'elle doit former tout le long du canal une espèce d'enduit qui en aplanit le fond & les parois, & que par-là elle favorise l'écoulement de l'eau suivante. La vîtesse du courant doit donc être sensiblement plus grande quand il est bien établi & permanent, que dans les commencemens : on en va juger par les expériences suivantes. Pour mesurer la vîtesse permanente, on a posé légèrement sur l'eau quatre morceaux de liége qui en suivent exactement le cours, & qui prennent sensiblement toute sa vîtesse. La première division du canal est toujours parcourue en un peu moins de temps que les autres.

EXPÉRIENCE XLII.

(760.) Hauteur constante de l'eau dans le réservoir $=$ 11 pieds 8 pouces ; pente du canal $=$ 10 pieds 6 pouces ; élévation de la pale $=$ $\frac{1}{2}$ pouce.

La première eau parcourt le canal entier en 22 demi-secondes ; & les quatre morceaux de liége le parcourent en 19 demi-secondes.

Ainsi la vîtesse primitive est à la vîtesse permanente, comme 19 est à 22, environ.

EXPÉRIENCE XLIII.

(761.) Hauteur conſtante de l'eau dans le réſervoir $=$ 7 pieds 8 pouces; pente du canal $=$ 10 pieds 6 pouces; élévation de la pale $=$ $\frac{1}{2}$ pouce.

La première eau parcourt le canal entier en 24 demi-ſecondes ; & les quatre morceaux de liége le parcourent en 21 demi-ſecondes.

Ainſi la vîteſſe primitive eſt à la vîteſſe permanente, comme 21 eſt à 24, environ.

EXPÉRIENCE XLIV.

(762.) Hauteur conſtante de l'eau dans le réſervoir $=$ 3 pieds 8 pouces; pente du canal $=$ 10 pieds 6 pouces; élévation de la pale $=$ $\frac{1}{2}$ pouce.

La première eau parcourt le canal entier en 28 $\frac{1}{2}$ demi ſecondes; & les quatre morceaux de liége le parcourent en 25 demi-ſecondes.

Ainſi la vîteſſe primitive eſt à la vîteſſe permanente, comme 25 eſt à 28 $\frac{1}{2}$, environ.

EXPÉRIENCE XLV.

(763.) Hauteur conſtante de l'eau dans le réſervoir $=$ 11 pieds 8 pouces; pente du canal $=$ 10 pieds 6 pouces ; élévation de la pale $=$ 1 pouce.

La première eau parcourt le canal entier en 17 $\frac{1}{2}$ demi-ſecondes; & les quatre morceaux de liége le parcourent en 14 $\frac{1}{2}$ demi-ſecondes.

Ainſi la vîteſſe primitive eſt à la vîteſſe permanente, comme $14\frac{1}{2}$ eſt à $17\frac{1}{2}$, environ.

EXPÉRIENCE XLVI.

(764.) Hauteur conſtante de l'eau dans le réſervoir $=$ 7 pieds 8 pouces; pente du canal $=$ 10 pieds 6 pouces; élévation de la pale $=$ 1 pouce.

La première eau parcourt le canal entier en $19\frac{1}{2}$ demi-ſecondes; & les quatre morceaux de liége le parcourent en 16 demi-ſecondes.

Ainſi la vîteſſe primitive eſt à la viteſſe permanente, comme 16 eſt à $19\frac{1}{2}$, environ.

EXPÉRIENCE XLVII.

(765.) Hauteur conſtante de l'eau dans le réſervoir $=$ 3 pieds 8 pouces; pente du canal $=$ 10 pieds 6 pouces; élévation de la pale $=$ 1 pouce.

La première eau parcourt le canal entier en $22\frac{3}{4}$ demi-ſecondes; & les quatre morceaux de liége le parcourent en 19 demi-ſecondes.

Ainſi la vîteſſe primitive eſt à la vîteſſe permanente comme 19 eſt à $22\frac{3}{4}$, environ.

EXPÉRIENCE XLVIII.

(766.) Hauteur conſtante de l'eau dans le réſervoir $=$ 11 pieds 8 pouces; pente du canal $=$ 10 pieds 6 pouces; élévation de la pale $=$ 18 lignes.

La première eau parcourt le canal entier en

16 demi-fecondes; & les quatre morceaux de liége le parcourent en 13 demi-fecondes.

Ainfi la vîteffe primitive eft à la vîteffe permanente, comme 13 eft à 16, environ.

EXPÉRIENCE XLIX.

(767.) Hauteur conftante de l'eau dans le réfervoir $=$ 7 pieds 8 pouces; pente du canal $=$ 10 pieds 6 pouces; élévation de la pale $=$ 18 lignes.

La première eau parcourt le canal entier en $17\frac{1}{2}$ demi-fecondes; & les quatre morceaux de liége le parcourent en $14\frac{1}{2}$ demi-fecondes.

Ainfi la vîteffe primitive eft à la vîteffe permanente, comme $14\frac{1}{2}$ eft à $17\frac{1}{2}$, environ.

EXPÉRIENCE L.

(768.) Hauteur conftante de l'eau dans le réfervoir $=$ 3 pieds 8 pouces; pente du canal $=$ 10 pieds 6 pouces; élévation de la pale $=$ 18 lignes.

La première eau parcourt le canal entier en $20\frac{1}{2}$ demi-fecondes; & les quatre morceaux de liége le parcourent en 17 demi-fecondes.

Ainfi la vîteffe primitive eft à la vîteffe permanente, comme 17 eft à $20\frac{1}{2}$, environ.

REMARQUE.

(769.) Toutes les expériences que je viens de rapporter, furent faites dans les mois de feptembre & d'octobre 1764. Je les incorporai dans un Mémoire que j'envoyai peu de temps après à l'Académie royale des fciences de Touloufe, & qui remporta, en 1765, le prix que cette Académie avoit attaché à la recherche des loix du frottement des fluides en mouvement. L'année fuivante 1766, je fis de nouvelles expériences fur la même matière, en me fervant d'un canal de même largeur & de même hauteur que le précédent, mais de 600 pieds de longueur. Ce canal tiroit l'eau du réfervoir *H K L M (Fig. 33)*, dont il a été parlé (608); & l'eau étoit entretenue à une hauteur conftante dans ce même réfervoir *HKLM*, au moyen de l'amas provifionnel contenu dans le baffin *F E D G*. Les autres préparatifs font à peu-près les mêmes que dans les articles 705, 706, 707, 708, 709. J'ajouterai feulement qu'ici les fignaux ont été donnés par des hommes apoftés aux divifions égales du canal. Ces fignaux ne font pas fi fûrs que ceux dont je me fuis fervi précédemment; mais comme toutes les expériences ont été répétées plufieurs fois, & qu'enfuite je les ai difcutées avec le plus grand foin, rejetant celles qui me paroiffoient douteufes, évaluant les petites erreurs dont les meilleures pouvoient être fufceptibles; les réfultats que je vais rapporter méritent la confiance du lecteur.

Fig. 33.

Dans les petites tables qui fuivent, les mots *première eau*, indiquent qu'il s'agit de la vîteffe de l'eau, mefurée depuis l'inftant qu'on lève la pale, jufqu'à celui où l'eau arrive à chaque point de divifion du canal: les mots *cours établi*, indiquent qu'il s'agit de la vîteſſe de l'eau, lorſqu'elle a pris un cours régulier & permanent. Cette vîteſſe a été meſurée par le moyen de petits corps très-légers, flottans ſur le canal.

EXPÉRIENCE LI.

(770.) La hauteur conſtante de l'eau dans le réſervoir, au-deſſus du fond du canal, eſt de 4 pieds ; la pente du canal, $\frac{1}{10}$ de la ligne de niveau ; la pale élevée de 1 pouce.	PREMIÈRE EAU.		COURS ÉTABLI.	
	SECONDES.	NOMBRE DE PIEDS PARCOURUS.	SECONDES.	NOMBRE DE PIEDS PARCOURUS.
	10	100	8	100
	20 +	200	17	200
	31 —	300	26	300
	42 —	400	35	400
	52 $\frac{1}{2}$	500	43 +	500
	62 +	600	52	600

EXPÉRIENCE LII.

(771.) La hauteur conſtante de l'eau dans le réſervoir, au-deſſus du fond du canal, eſt de 4 pieds ; la pente du canal, $\frac{1}{10}$ de la ligne de niveau ; la pale élevée de 2 pouces.	PREMIÈRE EAU.		COURS ÉTABLI.	
	SECONDES.	NOMBRE DE PIEDS PARCOURUS.	SECONDES.	NOMBRE DE PIEDS PARCOURUS.
	8	100	7	100
	17	200	14 $\frac{1}{2}$	200
	26	300	22	300
	35 —	400	29 +	400
	43 +	500	37 —	500
	52 —	600	44 +	600

EXPÉRIENCE LIII.

(772.) La hauteur constante de l'eau dans le réservoir, au-dessus du fond du canal, est de 2 pieds ; la pente du canal, $\frac{1}{10}$ de la ligne de niveau ; la pale élevée de 1 pouce.	PREMIÈRE EAU.		COURS ÉTABLI.	
	SECONDES.	NOMBRE DE PIEDS PARCOURUS.	SECONDES.	NOMBRE DE PIEDS PARCOURUS.
	11	100	10	100
	23	200	20	200
	35	300	30	300
	46 +	400	40	400
	58	500	49	500
	69	600	58	600

EXPÉRIENCE LIV.

(773.) La hauteur constante de l'eau dans le réservoir, au-dessus du fond du canal, est de 2 pieds ; la pente du canal, $\frac{1}{10}$ de la ligne de niveau ; la pale élevée de 2 pouces.	PREMIÈRE EAU.		COURS ÉTABLI.	
	SECONDES.	NOMBRE DE PIEDS PARCOURUS.	SECONDES.	NOMBRE DE PIEDS PARCOURUS.
	9	100	8 —	100
	19	200	16	200
	29	300	24	300
	39	400	32	400
	49	500	40	500
	58	600	48	600

EXPÉRIENCE LV.

(774.) La hauteur constante de l'eau dans le réservoir, au-dessus du fond du canal, est de 1 pied ; la pente du canal, $\frac{1}{10}$ de la ligne de niveau ; la pale élevée de 1 pouce.	PREMIÈRE EAU.		COURS ETABLI.	
	SECONDES.	NOMBRE DE PIEDS PARCOURUS.	SECONDES.	NOMBRE DE PIEDS PARCOURUS.
	12 +	100	12	100
	25 $\frac{1}{2}$	200	23 +	200
	39	300	33	300

EXPÉRIENCE LVI.

(775.) La hauteur constante de l'eau dans le réservoir, au-dessus du fond du canal, est de 1 pied ; la pente du canal, $\frac{1}{10}$ de la ligne de niveau ; la pale élevée de 2 pouces.	PREMIÈRE EAU.		COURS ÉTABLI.	
	SECONDES.	NOMBRE DE PIEDS PARCOURUS.	SECONDES.	NOMBRE DE PIEDS PARCOURUS.
	11 —	100	9	100
	22	200	18 —	200
	32 $\frac{1}{2}$	300	27	300

EXPÉRIENCE LVII.

(776.) La hauteur conftante de l'eau dans le réfervoir, au-deffus du fond du canal, eft de 4 pouces ; la pente du canal, $\frac{1}{10}$ de la ligne de niveau ; la pale élevée de 1 pouce.	PREMIÈRE EAU.		COURS ÉTABLI.	
	SECONDES.	NOMBRE DE PIEDS PARCOURUS.	SECONDES.	NOMBRE DE PIEDS PARCOURUS.
	15	100	13	100
	31	200	$26\frac{1}{2}$	200
	47	300	$39\frac{1}{2}$	300

EXPÉRIENCE LVIII.

(777.) La hauteur conftante de l'eau dans le réfervoir, au-deffus du fond du canal, eft de 4 pouces ; la pente du canal, $\frac{1}{10}$ de la ligne de niveau, la pale élevée de 2 pouces.	PREMIÈRE EAU.		COURS ÉTABLI.	
	SECONDES.	NOMBRE DE PIEDS PARCOURUS.	SECONDES.	NOMBRE DE PIEDS PARCOURUS.
	$13\frac{1}{2}$	100	$11\frac{1}{2}$	100
	$26\frac{3}{4}$	200	23	200
	$39\frac{1}{2}$	300	$33\frac{1}{2}$	300

RÉFLEXIONS.

(778.) Toutes ces expériences offrent un tableau affez étendu de pentes & de vîteffes correfpondantes. On voit en général que toutes chofes d'ailleurs égales, la vîteffe augmente à mefure que la pente augmente. Il faut toujours diflinguer deux fortes de vîteffes, celle de la première eau qui parcourt le canal, & celle qui s'établit à demeure après que l'eau a coulé quelque temps. L'une eft moindre que l'autre ; mais fi l'on compare enfemble les expériences où nous les avons déterminées toutes deux, on trouvera qu'elles font entr'elles dans un rapport qui eft à peu-près conftant pour un même canal. On fent que cela doit avoir lieu en général, du moins fenfiblement ; car les afpérités du canal étant les mêmes, l'eau qui fort par un même pertuis éprouve les mêmes obftacles, & doit établir fon cours régulier & permanent, fuivant la même loi à peu-près, quoique la hauteur du réfervoir & la pente viennent à varier. Mais il peut arriver que les vîteffes primitives, dans deux canaux différens, ne foient pas entr'elles comme les vîteffes permanentes dans les mêmes canaux, parce que le frottement peut être fort différent dans les deux cas.

(779.) Lorfqu'un canal a peu de pente, ni la vîteffe primitive, ni la vîteffe permanente n'eft uniforme ; en ce cas, à mefure qu'on s'éloigne du réfervoir, les parties égales du canal font parcourues en plus de temps. Il paroît que dans notre canal l'une ou l'autre vîtesse ne devient sensiblement uniforme, que quand la pente est environ la dixième partie de la longueur du canal. J'excepte néanmoins la première division, qui même alors est parcourue en un peu moins de temps que les autres.

Parmi les différentes applications qu'on peut faire de nos expériences à la pratique, je me contente d'examiner les questions suivantes.

(780.) QUESTION I. *On demande en quel rapport les vîtesses de l'eau dans un canal varient, lorsque le pertuis demeurant le même, la pente vient à varier?*

Fig. 50. Soient (*Fig. 50*) A D C B le réservoir; E C F G le canal incliné; E N la hauteur dûe à la vîtesse que l'eau devroit avoir dans le canal, en vertu de l'impulsion initiale, & au-delà du point de contraction. Soient menées les horizontales E O, N K qui rencontrent en O & K la verticale G K. La partie O G est ce que nous avons appelé la pente du canal; mais comme la vîtesse initiale de l'eau dans le canal n'est pas zéro, que cette vîtesse est dûe à la hauteur N E; le mouvement de l'eau est le même que si le canal étoit prolongé jusqu'en V où la vîtesse initiale seroit zéro, & que sur la partie V E l'eau n'éprouvât point de frottement, ni aucune autre résistance. La question proposée se réduit donc à trouver la loi suivant laquelle la vîtesse varie, lorsque la hauteur KG vient à varier.

Il seroit trop long de discuter en détail toutes nos expériences, relativement à cette question ; bornons-nous à quelques-unes prises au hasard : le lecteur appliquera facilement les mêmes remarques aux autres.

(781.) Je considère d'abord les expériences XLV, XLVI, XLVII ; & je prends les vîtesses permanentes qu'on peut regarder comme uniformes sensiblement sur toute la longueur EG du canal. Le pertuis est dans les trois cas un rectangle qui a 5 pouces de base sur 1 pouce de hauteur.

Dans la première expérience, on a $EG = $ 105 pieds ; $OG = $ 10 $\frac{1}{2}$ pieds ; & on trouve (716) $EN = 4,54$ pieds $= 4$ pieds $6\frac{1}{2}$ pouces environ. Donc $KG = 15,04$ pieds $= 15$ pieds 6 lignes environ. Or la formule de l'article 718 donne $3,496$ pieds, ou 3 pieds 5 pouces 11 lignes environ, pour la hauteur dûe à la vîtesse permanente avec laquelle l'espace EG est réellement parcouru. Cette hauteur est moindre que KG, comme on voit, dans la raison de 3496 à 15040, ou de 1 à $4,30$, à peu de chose près.

Dans la seconde expérience, on a $EG = $ 105 pieds ; $OG = $ 10 $\frac{1}{2}$ pieds ; $EN = 2,978$ pieds $= 2$ pieds 11 pouces 9 lignes environ ; $KG = 13,478$ pieds $= 13$ pieds 5 pouces 9 lignes environ ; & on trouve $2,871$ pieds, ou 2 pieds 10 pouces 5 lignes environ, pour la hauteur dûe à la vîteffe permanente avec laquelle l'efpace EG eft réellement parcouru. Cette hauteur eft moindre que KG, dans le rapport de 2871 à 13478, ou de 1 à 4,69 à peu-près.

Dans la troifième expérience, on a $EG =$ 105 pieds; $OG = 10\frac{1}{2}$ pieds; $EN = 1,416$ pieds $=$ 1 pied 5 pouces environ; $KG = 11,916$ pieds $=$ 11 pieds 11 pouces environ; & on trouve 2,036 pieds, ou 2 pieds 5 lignes environ, pour la hauteur dûe à la vîteffe avec laquelle l'efpace EG eft réellement parcouru. Cette hauteur eft à KG, comme 2036 eft à 11916, ou comme 1 eft à 5,84.

(782.) Confidérons encore les expériences LII, LIV, LVI; & prenons toujours les vîteffes permanentes. Le pertuis eft dans les trois cas un rectangle qui a 5 pouces de bafe fur 2 pouces de hauteur.

Dans la première, on a $EG = 600$ pieds; $OG = 59,702$ pieds $= 59$ pieds 8 pouces 5 lignes environ; $EN = 1,53$ pieds $=$ 1 pied 6 pouces 4 lignes à peu-près; $KG = 61,232$ pieds $= 61$ pieds 2 pouces 9 lignes environ; & on trouve 3,071 pieds, ou 3 pieds 10 lignes environ, pour la hauteur dûe à la vîteffe avec laquelle l'efpace EG eft réellement parcouru. Cette hauteur eft à KG, comme 3071 eft à 61232, ou comme 1 eft à 19,93, à peu-près.

Dans la feconde, on a $EG = 600$ pieds; $OG = 59,702$ pieds $= 59$ pieds 8 pouces 5 lignes environ; $EN = 0,749$ pieds $= 9$ pouces à peu-près; $KG = 60,451$ pieds $= 60$ pieds 5 pouces 4 lignes à peu-près; & on trouve $2,604$ pieds, ou 2 pieds 7 pouces 3 lignes environ, pour la hauteur dûe à la vîtesse avec laquelle l'espace EG est réellement parcouru. Cette hauteur est à KG, comme 2604 est à 60451, ou comme 1 est à 23,21 à peu-près.

Dans la troisième, l'espace qui a été parcouru par l'eau n'est que de 300 pieds; mais si pour comparer cette expérience aux deux précédentes on double l'espace parcouru, & qu'on double aussi le temps employé à le parcourir, on aura, $EG = 600$ pieds; $OG = 59,702$ pieds $= 59$ pieds 8 pouces 5 lignes environ; $EN = 0,358$ pieds $= 4$ pouces 2 lignes environ; $KG = 60,06 = 60$ pieds 9 lignes environ; & on trouvera $2,058$ pieds, ou 2 pieds 8 lignes environ, pour la hauteur dûe à la vîtesse avec laquelle l'espace EG est réellement parcouru. Cette hauteur est à KG, comme 2058 est à 60,60, ou comme 1 est a 29,45 à peu près.

(783.) Il résulte de tous ces calculs que les hauteurs dûes aux vîtesses dans le canal ne sont point entr'elles comme les hauteurs correspondantes KG. On voit que plus la hauteur initiale EN est grande, moins la hauteur dûe à la vîtesse de l'eau diffère de KG; ce qui est une nouvelle preuve que, proportion gardée, le frottement est moins sensible sur une grande vîtesse que sur une petite, & ce qui confirme l'hypothèse que nous avons propofée (483) fur la nature de cette réfiftance. Il ne feroit donc pas exact dans la pratique, de calculer la vîteffe d'un courant d'après fa pente. Cette vîteffe doit être déterminée, par un expérience immédiate, dans chaque cas particulier.

(784.) QUESTION II. *On demande fi la vîteffe varie, lorfque la hauteur* K G *demeurant la même, la grandeur du pertuis augmente ou diminue?*

Confidérons, par exemple, les expériences LIII & LIV, dans lefquelles la hauteur *KG* eft la même, & les aires des pertuis font entr'elles dans le rapport de 1 à 2. Comme dans les mouvemens uniformes les vîteffes employées à parcourir des efpaces égaux font en raifon inverfe des temps, on voit que les vîteffes permanentes, dans nos deux expériences, font entr'elles dans le rapport de 48 à 58. La vîteffe augmente donc fenfiblement, lorfque le pertuis augmente. On trouve le même réfultat par toutes nos expériences.

Quelques auteurs ont avancé qu'en augmentant le pertuis, ou la quantité d'eau qui paffe dans le canal, la vîteffe doit augmenter proportionnellement; en forte que, felon eux, les vîteffes doivent fuivre la raifon des dépenfes. Cette affertion, purement gratuite, eft très-éloignée de la vérité; car dans l'exemple que nous venons de rapporter, les dépenfes font entr'elles dans la

raifon

raifon de 1 à 2, tandis que les vîteffes font entr'elles feulement dans la raifon de 48 à 58, ou de 24 à 29.

(785.) QUESTION III. *On propofe de déterminer la vîteffe qu'aura l'eau dans un aqueduc de pente uniforme, en fuppofant que l'on connoiffe cette pente, la largeur & la profondeur de l'eau, & que cette eau fe meuve uniquement par la pente, fans avoir reçu d'impulfion initiale.*

J'obferve d'abord que fi l'aqueduc étoit horizontal, l'eau ne pourroit s'écouler que par une impulfion initiale qui fe renouvelât; mais lorfqu'il a de la pente, comme on le fuppofe ici, l'eau s'écoule par cette feule pente. Dans nos expériences, le réfervoir placé à l'origine du canal, contient de l'eau à une certaine hauteur conftante, & par conféquent celle qui paffe dans le canal y eft lancée avec une vîteffe finie. Mais, en fuppofant, comme dans l'examen de la Queftion I, que $E\,N$ foit la hauteur dûe à la vîteffe initiale de l'eau; fi l'on prolonge le plan incliné $G\,E$ jufqu'à ce qu'il rencontre l'horizontale $N\,V$, le mouvement de l'eau dans le canal devroit être le même (fuivant la théorie), que fi l'eau parcouroit le plan incliné $V\,G$, la vîteffe à l'origine V étant zéro. Ainfi, prenant un autre plan également incliné $G\,E$ où la vîteffe à l'origine E foit zéro (ce qui eft le cas de l'aqueduc propofé), les hauteurs dûes aux deux vîteffes théoriques en G, feront les verticales KG, OG, comprifes entre le point G & les horizontales VK, EO. Nommons x & y les hauteurs dûes aux vîteffes qui ont réellement lieu en G: on aura, $x < KG$, $y < OG$; de plus on aura (783), $\dfrac{x}{KG} > \dfrac{y}{OG}$. Mais pour faire approcher ces deux rapports de l'égalité, autant qu'il eft poffible, par le moyen de nos expériences, il faudra choifir, parmi les pentes du canal, celle qui approche le plus de la pente de l'aqueduc, & qui de plus répond à la moindre hauteur de réfervoir. Par ce moyen, la vîteffe dans le canal & la vîteffe dans l'aqueduc approcheront de l'égalité, en fuppofant que les fections du fluide foient les mêmes dans les deux cas. Cependant la première vîteffe fera un peu plus grande que la feconde ; mais fi le volume d'eau dans l'aqueduc eft plus grand que celui du canal, la vîteffe (720) augmentera dans l'aqueduc par cette caufe; ce qui produira une compenfation. D'où il réfulte que l'on parviendra à connoître, du moins à peu-près, la vîteffe effective de l'eau dans l'aqueduc. Cette détermination eft fuffifante pour s'affurer, avant que d'entreprendre l'aqueduc, fi l'eau y aura le cours qu'il convient de lui donner, foit pour éviter les inondations dans les temps de crûe, foit pour empêcher, autant qu'il eft poffible, que l'eau ne gèle.

Par la vîteffe dans le canal, j'entends toujours la vîteffe permanente avec laquelle la dernière division du canal est parcourue dans nos expériences. Si l'expérience que l'on emploíra ne donnoit que la vîtesse première, il faudroit multiplier cette vîtesse par la fraction $\frac{22}{19}$, pour avoir la vîtesse permanente.

(786.) Je ferai ici, au sujet des aqueducs, une observation sur la manière dont quelques praticiens veulent qu'on les établisse. Selon eux, il faut qu'un aqueduc soit composé de parties horizontales qui aillent en s'abaissant par gradins ou ressauts d'une division à l'autre, parce que les ouvriers ont plus de facilité à travailler suivant une ligne de niveau, que suivant une ligne inclinée; mais cet usage est vicieux. Pour procurer à l'eau la facilité de s'écouler, & pour qu'elle soit moins exposée à se geler dans les temps froids, il convient de diriger le canal en pente dans toute son étendue, en y ménageant de distance en distance des repos ou des réservoirs de décharge qui reçoivent les ordures que l'eau peut charier avec elle, & qui servent à mettre l'aqueduc à sec, s'il arrive qu'on ait besoin d'y faire quelques réparations. Il convient aussi de faire l'aqueduc plutôt profond que large, pour que l'eau soit aidée par son propre poids à vaincre le frottement.

(787.) Je dirai aussi un mot sur la pression que l'eau mue dans un canal exerce contre ses parois. Il est d'abord évident que les parois du canal empêchant l'eau de s'étendre horizontalement en tout sens, sont pressées par le poids de cette eau , & qu'à cet égard chaque point eſt preſſé perpendiculairement avec une force proportionnelle à la hauteur du fluide qui lui répond. De plus, ſi la vîteſſe initiale imprimée à l'eau , ſoit par la preſſion de l'eau d'un réſervoir , ſoit par une chute , vient à diminuer en vertu du frottement ou de tout autre obſtacle, il réſultera de cette perte de vîteſſe une nouvelle preſſion contre les parois du canal. Il eſt toujours facile d'évaluer cette preſſion ; car elle eſt égale à l'excès de la preſſion qui produiroit la vîteſſe que l'eau devroit avoir naturellement, ſur la preſſion dûe à la vîteſſe effective de l'eau. De-là ſuit la manière de proportionner convenablement les ouvertures latérales faites à un canal ou à un aqueduc, lorſqu'on veut dériver une partie de ſon eau.

(788.) QUESTION IV. *En quel endroit convient-il de placer une roue hydraulique , qui doit être mue par le choc de l'eau d'un réſervoir ?*

L'eau doit être tirée du réſervoir par le moyen d'un canal ou d'un courſier dont l'entrée eſt garnie d'une vanne qui ſe hauſſe ou ſe baiſſe à volonté. Comme la vîteſſe de la roue & la quantité d'eau qui doit être employée à la faire tourner dépendent de l'effet de la machine , & que de plus, la vîteſſe de la roue doit avoir un rapport connu avec celle de l'eau , pour le *maximum* d'effet : on voit que la hauteur de l'eau dans le réſervoir au-deſſus du pertuis eſt déterminée, & que cette

hauteur doit être conftante, afin que l'effet demeure toujours le même. Si vous pouvez placer
la roue tout près du réfervoir, vous profiterez
de toute fa chute, & vous éviterez la perte fenfible de vîteffe qu'un long courfier occafionne
néceffairement. Mais, fi les circonftances locales,
ou d'autres raifons vous forcent de porter la
machine à une certaine diftance du réfervoir, ayez
foin d'incliner le canal d'environ la dixième partie
de fa longueur, afin que la pente rende à l'eau
la vîteffe détruite par le frottement, & que la
roue reçoive la même impulfion que fi elle étoit
placée dans le voifinage du réfervoir.

CHAPITRE XIII.

Du mouvement de l'eau dans un canal de figure quelconque.

(789.) Nous venons de confidérer le mouvement de l'eau dans les canaux ou aqueducs réguliers : maintenant il faut examiner la queftion plus généralement, & chercher comment l'eau fe comporte dans les torrens, les rivières & autres canaux quelconques, rectilignes ou tortueux.

(790.) On a difputé long temps fur l'origine des fleuves, & en général fur celle des fources & des fontaines : fans rapporter les fyftèmes qui ont été hafardés à ce fujet, je me contenterai de dire, en paffant, que tout le monde reconnoît aujourd'hui que les eaux des rivières & des fources font fournies par les eaux pluviales qui s'amaffent dans les cavités des montagnes & des côteaux ; d'où elles defcendent par leurs poids, & fe rendent dans des lacs ou à la mer, en fuivant des canaux creufés par l'art ou par la nature. Plufieurs géomètres phyficiens, entr'autres M. Mariotte & M. Halley, ont fait voir, par l'obfervation combinée avec le calcul, que la quantité d'eau qui tombe en pluie fur la furface de la terre, eft plus que fuffifante pour alimenter les rivières & les fources, indépendamment de ce qui s'en confomme pour la nutrition des animaux, la végétation des plantes, &c.

(791.) Soit *(Fig. 51) E F* un canal ou une longue Fig. 51. pièce d'eau, fermé par fes deux bouts *E C, G F.* En cet état, l'eau fe met & demeure de niveau dans toute la longueur du canal; mais fi l'on ouvre, par exemple, la cloifon *G F,* en forte que l'eau ait la liberté de s'étendre & de couler dans l'efpace *F K,* il y aura du mouvement dans le canal, & l'eau prendra une pofition inclinée *E L.* Ainfi, quand même le lit d'une rivière feroit horizontal, l'eau ne laiffera pas de couler vers la mer, pourvu que le niveau de la mer foit plus bas que les eaux de la rivière. Il eft vifible que ce genre d'écoulement revient à celui d'un vafe qui verfe fon eau dans un réfervoir placé au-deffous.

(792.) Suppofons que *A D C B (Fig. 52)* Fig. 52. foit un vafte réfervoir d'où l'eau fort par le pertuis *E C,* & paffe dans le canal incliné *E R.* Le niveau *A B* demeurant à même hauteur, & la hauteur *E C* du pertuis étant fenfiblement moindre que celle du réfervoir, l'eau fortira par *E C* avec des vîteffes dûes aux hauteurs correfpondantes, dont l'une *O B* fera la hauteur moyenne. Et comme la pefanteur exerce toujours fon action, la vîteffe en *P* fera dûe à la hauteur *P H;* la vîteffe en *R* fera dûe à la hauteur *R I;* ainfi de fuite. Or, durant le même temps, il paffe la même quantité d'eau par la fection perpendiculaire *P m* que par la fection perpendiculaire *R u;* donc,

R iv

puifque la vîteffe moyenne en Pm eft moindre que la vîteffe moyenne en Ru, il s'enfuit que Ru fera moindre que Pm, ou que la profondeur du courant diminue, à mefure que l'eau s'éloigne de la fource.

(793.) Cette hypothèfe eft applicable à quelques cas particuliers du cours des rivières, comme aux cataractes & aux courans où chaque molécule d'eau, après être fortie d'un réfervoir réel ou fictif, peut enfuite fe mouvoir librement, fans que la réaction des autres molécules trouble, au moins fenfiblement, fa vîteffe. Mais dans l'état le plus habituel des rivières, la queftion change de nature. Sur un long trajet, il y a dans le lit de la rivière des endroits vaftes & profonds, où l'eau eft, pour ainfi dire, comme ftagnante; il y en a d'autres plus refferrés, où elle coule avec une vîteffe plus ou moins grande. On peut donc feindre que la rivière, dans toute fon étendue, eft compofée de réfervoirs & de courans, fans ceffer néanmoins de former toujours un même corps d'eau dont les molécules obéiffent aux forces actives & paffives qui les maîtrifent.

(794.) En faifant d'abord abftraction du frottement, la vîteffe d'une molécule quelconque eft fimplement dûe à la pente du courant, & la preffion de l'eau fupérieure n'y a aucune part. En

Fig. 53. effet, foient *(Fig. 53)* ABC le fond du lit d'une rivière; EFG la furface de l'eau; m une molécule quelconque qui fort du réfervoir fictif

E A B F. Imaginons qu'on imprime à tout le fyftème des molécules d'eau un mouvement égal & contraire à celui qu'il a : alors la molécule *m* eft également preffée en fens contraires par les eaux ftagnantes *E A B F, G C B F*. Maintenant, rétabliffons le mouvement du fyftème : les deux preffions dont il s'agit fubfiftent toujours & fe font équilibre ; ainfi la molécule *m* ne peut fe mouvoir qu'en vertu de la vîteffe produite par la pente du courant.

(795.) Le frottement de l'eau contre le fond & les bords du lit altère les vîteffes que les molécules devroient avoir naturellement. Suivant ce que nous venons de dire, toutes ces vîteffes, pour une même pente, devroient être égales ; mais dans la réalité la chofe n'eft point ainfi. Les molécules de la furface ont ordinairement plus de vîteffe que celles du fond, parce que ces dernières éprouvent plus immédiatement la réfiftance du frottement ; mais quand l'eau paffe dans un endroit profond & refferré, comme fous l'arche d'un pont, la vîteffe vers le fond eft plus grande que vers la furface.

M. le Chevalier Dubuat, lieutenant - colonel au corps royal du Génie, & correfpondant de l'Académie royale des fciences, a fait fur cette matière & fur les autres parties importantes de l'Hydraulique, une fuite d'expériences très-belles & très - exactes. Voyez fon ouvrage : *Principes d'Hydraulique, &c.* Paris, 1786.

(796) Les sinuosités horizontales du lit d'une rivière font une nouvelle cause qui trouble la vitesse naturelle du courant. Il est clair en effet que lorsqu'un courant va frapper un coude, il doit nécessairement se détourner, au moins en partie, & conséquemment perdre une partie de sa vîtesse : or rien n'est plus commun que les coudes dans les lits des rivières. L'eau a rarement la liberté de suivre pour long-temps la direction rectiligne; elle est obligée de suivre les vallons des montagnes, ou de s'ouvrir un passage par les endroits des terres où elle trouve le moins de résistance; ce qui offre une multitude de variétés.

(797.) De cette résistance plus ou moins grande des terres que l'eau attaque, résulte, pour les propriétaires riverains, la nécessité de réprimer ou de contenir le courant par des bouts de digue, qu'on appelle ordinairement des *épis*. Il ne s'agit pas ici d'expliquer en détail les propriétés & la construction des épis : la matière a été suffisamment traitée dans l'ouvrage intitulé : *Recherches sur la construction la plus avantageuse des digues,* que M. Viallet & moi avons composé en commun, & qui remporta, en 1762, le prix de l'Académie de Toulouse; mais je dois donner ici au moins une idée générale de l'effet des épis.

Fig. 54.   (798.) Soit donc *(Fig. 54)* un fleuve quelconque *A X D C,* rectiligne ou tortueux, qui rencontre l'épi *B E,* posé obliquement sur la rive *A X.* Si les différens filets d'eau qui frappent *B E* étoient des corps ifolés & parfaitement élaftiques, ou fi l'épi lui-même étoit un corps parfaitement élaftique, les molécules d'eau fe réfléchiroient en faifant l'angle de réflexion égal à l'angle d'incidence; mais cette fuppofition n'eft pas ici admiffible en rigueur. Cependant, comme il ne s'agit que de faire connoître en gros le mouvement réfléchi de l'eau, nous fuppoferons qu'en effet l'angle de réflexion eft égal à l'angle d'incidence. Soit donc GH un filet qui, après avoir frappé le point H, fe réfléchit fuivant HL, faifant l'angle EHL égal à l'angle GHB. Que HL rencontre en F le filet voifin SF: le point F fera pouffé fuivant les deux directions FM, FL; de forte que fi l'on repréfente par FM & par FL les vîteffes fuivant les mêmes directions, & qu'on achève le parallélogramme $FMNL$, la vîteffe du point F fera exprimée par la diagonale FN. Cette diagonale rencontrant en P l'épi BE, le filet fe réfléchira fuivant PO, faifant avec PE l'angle OPE égal à l'angle FPB. Que PO rencontre en I le filet ZI; en repréfentant par IQ & par IO refpectivement les vîteffes fuivant les mêmes directions ZIQ, IO, & achevant le parallélogramme $IQRO$, la vîteffe du point I fera repréfentée par la diagonale IR. Comme IR rencontre l'épi en V. le point I fe réfléchira fuivant VT, faifant l'angle EVT égal à l'angle IVB; & on pourra combiner, comme on vient de le faire, la nouvelle vîteffe avec la vîteffe d'un nouveau filet:

ainſi de ſuite. Par-là on parviendra à connoître la direction que l'épi *B E* fait prendre au cours de l'eau. Il eſt clair que l'épi propoſé tend à pouſſer le courant vers la rive oppoſée *C D*, ſuivant une direction plus ou moins oblique, & que ſon effet dépend de ſa poſition combinée avec la vîteſſe primitive de l'eau. De-là doivent réſulter des changemens proportionnés dans le lit du fleuve. *Voyez l'ouvrage cité.*

(799.) Si on connoiſſoit la loi ſuivant laquelle le frottement retarde les molécules d'un courant depuis le fond juſqu'à la ſurface, & que la vîteſſe en un endroit donné, par exemple, à la ſurface, fût donnée; on trouveroit facilement la vîteſſe d'une molécule quelconque. Car ſoit *(Fig. 55)* *E A C G* une portion du fleuve, laquelle ſe meut ſuivant une pente donnée, & dont par conſéquent chaque molécule auroit une vîteſſe dûe à une hauteur donnée h, abſtraction faite du frottement; ſoit *B F* une ſection perpendiculaire au courant; ſuppoſons que pour les hauteurs *B F (a)*, & *B m (x)*, les frottemens en *F* & en *m* ſoient proportionnels aux fonctions de même nature, *A* & *X*, de a & de x; ſuppoſons de plus que la valeur abſolue du frottement en *F* ſoit équivalente à une preſſion ſous la hauteur z; enfin nommons y la hauteur dûe à la vîteſſe effective de la molécule *m*. Cela poſé, il eſt clair que la valeur abſolue du frottement en *m* eſt $\dfrac{z X}{A}$; &

que par conséquent la force qui pousse toutes les molécules correspondantes à l'élément $m\,n$ de la section $B\,F$, est $m\,n \times \left(h - \dfrac{z\,X}{A} \right)$. D'un autre côté, la petite quantité de mouvement que cette force produit est $m\,n \times \sqrt{y}$. $\sqrt{y}$, puisque la petite masse d'eau qui passe à chaque instant par $m\,n$ est en raison composée de l'orifice $m\,n$ & de la vitesse ; ce qui donne $m\,n \times \sqrt{y}$ pour cette masse, & $m\,n \times \sqrt{y} \times \sqrt{y}$ pour sa quantité de mouvement. On aura donc l'équation, $h - \dfrac{z\,X}{A} = y$: d'où l'on voit que connoissant z, & la loi de la fonction X, on connoîtra y. Or, pour déterminer z, on n'aura qu'à mesurer la vîtesse de l'eau à la surface par le moyen d'un corps flottant : soit k la hauteur dûe à cette vîtesse ; nous aurons $y = k$, en faisant $x = a$, $X = A$; ce qui donne l'équation, $h - z = k$, ou $z = h - k$. Ainsi on aura en général, $y = h - \dfrac{X\,(h-k)}{A}$.

Je ne m'arrête pas ici à examiner la nature des fonctions X qui peuvent satisfaire aux phénomènes, cette recherche étant plutôt un objet de curiosité que d'utilité pratique.

(800.) Quelles que soient les causes qui tendent à retarder le mouvement de l'eau, lorsque la rivière a pris un cours régulier & permanent, la vîtesse de l'eau est uniforme, au moins sensiblement, sur des étendues considérables, pourvu néanmoins qu'il ne s'y trouve pas de ressauts &

que le lit conserve, du moins à peu-près, la même forme & les mêmes dimensions. Dans cette hypothèse, l’accélération que la pesanteur tend à produire à chaque instant, est détruite par la résistance simultanée des obstacles; & le mouvement déjà acquis se conserve par l’inertie de l’eau. C’est ainsi que dans la mécanique ordinaire, la puissance & la résistance se mettent en équilibre en très-peu de temps, & que la machine prend un mouvement uniforme qu’elle conserve en vertu de l’inertie des masses qui se meuvent. Mais quand on passe d’un endroit de la rivière à un autre, où la pente & les dimensions du lit sont différentes, les vîtesses (quoiqu’elles puissent être uniformes dans les deux endroits), sont différentes l’une de l’autre.

(801.) Les moyens pratiques de mesurer les vîtesses des rivières sont en petit nombre; voici à peu-près à quoi ils se réduisent.

D’abord, une idée bien naturelle & bien simple est de jeter sur l’eau un morceau de bois ou de liége, ou quelqu’autre petit corps flottant; d’attendre que ce corps ait pris toute la vîtesse du fluide (ce qui arrive en très-peu de temps); & de mesurer ensuite, par le secours de repaires posés sur le rivage, l’espace qu’il parcourt en un temps donné. Cet espace fait connoître, comme on voit, la vîtesse du fluide à la surface, mais ne donne rien pour l’intérieur.

(802.) M. Mariotte ayant observé sur une

petite rivière qui couloit uniformément, & qui avoit environ 3 pieds de profondeur, qu'en certains endroits la vîtesse vers le fond étoit retardée par la rencontre des pierres, des herbes & des autres inégalités, tandis qu'ailleurs où le courant étoit plus resserré, l'eau paroissoit aller plus vîte vers le fond qu'à la surface, employa le moyen suivant pour déterminer les vitesses. Il prit deux boules de cire attachées à un fil de 1 pied de longueur : l'une étoit chargée de petites pierres dans le milieu, pour rendre sa pesanteur spécifique un peu plus grande que celle de l'eau ; en sorte que quand les deux boules étoient dans l'eau, la plus pesante tendoit le fil, & faisoit enfoncer la plus légère plus qu'elle n'auroit fait toute seule, d'où la partie supérieure de celle-ci étoit presque à fleur d'eau, afin que le vent n'eût point de prise sur elle. Alors il observa que la boule d'en bas demeuroit en arrière, principalement aux endroits où il y avoit au fond de l'eau des herbes près desquelles la boule inférieure passoit ; mais lorsqu'on mettoit ces mêmes boules en un endroit où l'eau rencontrant quelqu'obstacle, s'élevoit un peu & ensuite prenoit un cours plus rapide, comme on le remarque sous les ponts ; la boule inférieure devançoit la supérieure ; ce qui fait voir qu'alors l'eau du milieu alloit plus vîte que celle de la surface.

(803.) La vîtesse à la surface de l'eau peut aussi être déterminée par le moyen d'un moulinet ou d'une petite roue très-légère, parfaitement mobile fur fon axe, qui doit être fort mince, fort polie, & qu'on pourra faire tourner fur des rouleaux pour anéantir prefque totalement l'effet du frottement. Il faut que cette roue ait 18 à 20 pouces de diamètre extérieur, & 15 ou 18 ailes très-minces de fer-blanc. En faifant enfoncer d'une très-petite quantité les ailes dans l'eau, la roue fera connoître, par le nombre de fes révolutions en un temps donné, l'efpace parcouru par l'eau, puifque connoiffant le diamètre de la roue & la quantité de l'enfoncement dans l'eau, on connoîtra la longueur de la circonférence décrite par le point où le choc eft cenfé fe faire. J'ai employé cette méthode avec fuccès en plufieurs occafions où le local ne me permettoit pas d'employer celle des corps flottans.

(804.) Guglielmini, dans fon Traité *des eaux courantes*, voulant mefurer la quantité d'eau d'un courant, propofe d'enfermer ce courant entre deux murs verticaux & parallèles, de bien aplanir le fond, & de fermer, au moyen d'une vanne verticalement mobile, une partie du paffage à l'eau, & de la forcer ainfi à s'écouler par le pertuis rectangulaire compris entre le fond, les deux parois & le bas de la vanne. Ce pertuis eft ce qu'il appelle le *régulateur*. La furface de l'eau au-devant de la vanne doit être fenfiblement ftagnante. Alors on peut déterminer la quantité d'eau qui paffe en un temps donné par l'ouverture de la

vanne,

vanne, en faifant ufage de la méthode expofée dans l'article 216. Quant à la vîteffe moyenne au fortir de la vanne, on la trouve en divifant la quantité d'eau par la fuperficie du pertuis, corrigée de l'effet de la contraction.

Il eft évident que cette manière de déterminer la quantité des courans, n'eft praticable que pour de très-petites rivières.

(805.) Plufieurs auteurs prefcrivent l'ufage du *quart-de-cercle hydraulique*, pour la mefure des vîteffes. Cet inftrument $A\,C\,B$ *(Fig. 56)* eft garni à fon centre de deux fils, l'un affez court $C\,P$ qui porte en l'air un poids P; l'autre plus long $C\,H$ ou $C\,M$ qui foutient un poids dont la pefanteur fpécifique eft plus grande que celle de l'eau & qui s'y enfonce plus ou moins, felon qu'on lâche plus ou moins le fil. Par la déviation de ce fecond fil d'avec la verticale, on mefure d'abord la force, & on en conclut enfuite la vîteffe du courant, comme il fuit.

Ayant nommé F le poids conftant deftiné à être enfoncé dans l'eau, & ayant repréfenté ce poids par les verticales égales $H\,K, M\,O$; qu'on faffe les parallélogrammes $H\,I\,K\,L, M\,N\,O\,Q$, dont les côtés $H\,I, M\,N$ aient même direction que le courant, & les côtés $H\,L, M\,Q$ même direction que le fil. Il eft clair que des deux forces dans lefquelles la force $H\,K$ ou $M\,O$ fe décompofe, il ne faut confidérer que la force $H\,I$ ou $M\,N$, l'autre $H\,L$ ou $M\,Q$ étant anéantie

Tome II. S

par la réfiſtance du point C. De plus, on voit qu'on aura, Force $HI = F \times \dfrac{\text{fin. } XCR}{\text{fin. } XRC}$, Force $MN = F \times \dfrac{\text{fin. } XCS}{\text{fin. } XSC}$. D'où il fuit, qu'en général la force égale & contraire du courant eſt le produit du poids F par le rapport du ſinus de l'angle que fait le fil avec la verticale, au ſinus de l'angle que fait le fil avec le courant. Le premier angle eſt donné immédiatement par le quart-de-cercle. A l'égard du ſecond XRC ou XSC, il eſt toujours facile à déterminer ; car ſi l'on tire l'horizontale Xxs, on connoîtra l'angle RXx ou SXs, puiſque la direction du courant eſt donnée. Or l'angle $XRC = XxC - RXx$, & l'angle $XSC = XsC - SXs$. Lorſque la direction du courant eſt horizontale, l'angle RXx ou SXs eſt nul ; & en menant les tangentes AF, AG, des angles ACF, ACG, on a $\dfrac{\text{fin. } XCR}{\text{fin. } XRC} = \dfrac{AF}{CA}$, $\dfrac{\text{fin. } XCS}{\text{fin. } XSC} = \dfrac{AG}{CA}$; d'où il fuit qu'alors la force du courant eſt comme la tangente de l'angle formé par le fil & par la verticale.

Maintenant, ſi l'on ſuppoſe d'après la théorie ordinaire de la percuſſion des fluides que nous avons expoſée, que l'impulſion d'un fluide contre un même corps eſt proportionnelle au quarré de la vîteſſe de ce fluide, & qu'on nomme u la vîteſſe en H, V la vîteſſe en M ; on aura en général, $uu : VV :: \dfrac{F \times \text{fin. } XCR}{\text{fin. } XRC} : \dfrac{F \times \text{fin. } XCS}{\text{fin. } XSC} ::$

$$\frac{\text{fin. } XCR}{\text{fin. } XRC} : \frac{\text{fin. } XCS}{\text{fin. } XSC}. \quad \text{Donc, } u : V ::$$

$$\sqrt{\left[\frac{\text{fin. } XCR}{\text{fin. } XRC}\right]} : \sqrt{\left[\frac{\text{fin. } XCS}{\text{fin. } XSC}\right]}.$$

On voit que connoiſſant u, on connoîtra V. On pourra prendre & meſurer, par le moyen d'un corps flottant, la vîteſſe u à la ſurface. Cela poſé, ayant donné d'abord au fil CH une longueur telle que le corps H ne s'enfonce préciſément que de ſon diamètre; enſuite permettant à ce corps de s'enfoncer à une profondeur quelconque, on déterminera les angles XCR, XRC, XCS, XSC; & on trouvera V par la proportion précédente.

Sans examiner la théorie de cet inſtrument, nous obſerverons qu'il demande à être employé avec précaution, ſi l'on veut qu'il donne des réſultats qui aient quelque juſteſſe. Le fil qui ſoutient le corps ſubmergé ne conſerve pas toujours la même poſition; il eſt ſujet à des mouvemens d'oſcillation qui l'éloignent ou l'approchent de la verticale, & qui mettent ſouvent beaucoup d'incertitude dans la meſure de l'angle qu'il fait avec la même ligne. Cela arrive ſur-tout, lorſque la peſanteur ſpécifique du corps ſubmergé ſurpaſſe peu celle du fluide. Mais d'un autre côté il ne faut pas trop augmenter la peſanteur ſpécifique de ce corps par rapport à celle de l'eau; autrement les petites variations qui arrivent dans les vîteſſes, ne deviendroient pas ſenſibles ſur l'inſtrument.

S ij

(806.) M. Pitot a donné (*Mémoires de l'Académie, 1732*) la description & l'usage d'un instrument très-simple pour le même objet. Cet instrument (*Fig. 57*) est un mince prisme de bois $SRVXZT$, portant à l'une de ses faces $VXZT$ deux tubes de verre BOA, DF; le premier est recourbé à angle droit en O, & la branche horizontale OA traverse le prisme directement par l'arête SR; le second tube DF est simplement rectiligne. Cela posé, on plonge verticalement le prisme dans un courant dont KC représente la surface, de manière que l'arête SR divise le fluide : alors l'eau entrant directement par la bouche A du tube recourbé monte & s'élève jusqu'en M au-dessus du niveau KC de la rivière ; & la hauteur CM est celle qui est dûe à la vîtesse du courant en A. Les hauteurs CM se mesurent par le moyen d'une règle de cuivre graduée & fixée à la machine. Le tube rectiligne DF n'a d'autre fonction que de marquer le niveau KC de la rivière, l'eau ne pouvant en effet s'y élever plus haut.

L'inconvénient principal de cette machine, est la difficulté de la fixer assez solidement pour que l'eau ne soit pas sujette à des mouvemens d'oscillation, qui peuvent occasionner des erreurs sensibles dans l'estime de ses élévations. Cet inconvénient se fait d'autant plus sentir, que le courant a plus de vîtesse & qu'on enfonce le prisme plus profondément.

M. Dubuat a beaucoup perfectionné cet inftrument, & il s'en eft fervi avec fuccès. Il fupprime le tuyau rectiligne *D F* qui eft en effet inutile; il fubftitue au tube de verre recourbé un fimple tube de fer-blanc, affez gros pour y introduire un flotteur qui indique l'élévation de l'eau avec plus de précifion, qu'on ne peut l'obferver à travers le verre; il termine la partie inférieure recourbée par une furface plane, percée d'un petit orifice au centre, ce qui diminue beaucoup les ofcillations de la colonne élevée. Voyez fon ouvrage, que j'ai déjà cité. Je reviens à mes obfervations générales fur le cours des rivières.

(807.) La furface d'une rivière n'eft pas toujours de niveau d'un bord à l'autre, & le courant eft quelquefois plus ou moins élevé vers le milieu que vers les bords. En effet:

1.° Lorfqu'une rivière a un cours parfaitement libre & qu'elle vient à augmenter confidérablement, foit par la fonte des neiges, foit par l'affluence d'une autre rivière, ou de quelque torrent; les eaux, vers le milieu, comme étant moins retardées par le frottement que les eaux des bords, doivent aller plus vîte que celles-ci, & par conféquent perdre une moindre partie de la vîteffe que la pente tend à imprimer à tout le fyftème. Or, les eaux du milieu & les eaux des bords fe preffent, ou fe contre-balancent mutuellement par leurs poids & par les forces qui réfultent des vîteffes perdues. Donc, là où eft la moindre perte de vîteffe, doit répondre la plus grande hauteur de niveau, afin que la vîtesse perdue, ou la différence entre la vîtesse imprimée & la vîtesse conservée, ait la grandeur requise pour l'équilibre des preffions. Ainfi la rivière doit alors former à la furface une courbe convexe d'un bord à l'autre, ou dans la fection latitudinale.

2.° Il peut arriver au contraire qu'une rivière foit plus élevée vers les bords que vers le milieu, lorfqu'elle rencontre quelqu'obftacle dans fon cours. Par exemple, fi une rivière fe jette dans une mer fujette au flux & reflux, il eft clair que dans le temps du flux, l'eau des bords de la rivière ayant moins de vîteffe que celle du milieu, eft refoulée plus facilement que cette dernière par l'eau de la mer; & que par conféquent il remonte une plus grande quantité d'eau de la mer le long des bords de la rivière que vers fon milieu. Or en vertu de cette augmentation d'eau vers les bords, la rivière peut être plus élevée en ces endroits que vers le milieu. Souvent il fe forme dans la rivière deux courans très-diftincts qui vont en fens contraires; l'un placé vers le milieu qui fe dirige vers la mer, l'autre fitué vers les bords qui remonte le long de la rivière.

(808.) Il y a dans toutes les rivières de fré-quens remous d'eau, c'eft-à-dire, des mouvemens qui fe font en fens contraires. Ces remous font occafionnés par les obftacles que l'eau rencontre. Nous avons déjà remarqué (721) que l'eau vers le fond pouvoit avoir un mouvement contraire à celui qu'elle a vers la furface. Les remous ne font pas toujours bien fenfibles; mais ils produifent du moins ce que les gens de rivière appellent *des mortes*, c'eft-à-dire, des eaux qui ne coulent pas comme le refte de la rivière, qui font fujettes à des tournoiemens, & d'où les bateaux ont bien de la peine à fortir, quand ils y font engagés.

(809.) La pente d'une rivière eft fort fujette à changer dans toute l'étendue de fon cours. Chaque endroit a fa pente particulière & locale; la pente *moyenne*, comme le mot l'emporte, tient le milieu entre toutes les pentes locales, fur la longueur entière du lit. Par exemple, la Seine, un peu au-deffus du pont de Neuilly, n'a que 8 à 9 pouces de pente pour 1000 toifes; du deffus au-deffous de Paris, fa pente eft beaucoup plus grande. Suivant les nivellemens de M. Picard, la pente moyenne de la Seine, eft de 12 pouces pour 1000 toifes. La Loire, le Rhône & le Rhin ont des pentes plus confidérables.

(810.) Une rivière s'écoule avec d'autant plus de liberté (toutes chofes d'ailleurs égales), que le volume de fes eaux eft plus confidérable. Selon M. Mariotte *(Traité du mouvement des eaux)*, la Seine étant dans fa groffeur moyenne, fa vîteffe moyenne entre le Pont-royal & le Pont neuf, eft de 100 pieds en 1 minute: la furface d'une fection perpendiculaire au courant, en cet endroit, eft de 2000 pieds quarrés; & par conféquent il paſſe environ 200 mille pieds cubes d'eau, en 1 minute, par cette ſection. La pente de la Loire eſt, au moins, trois fois auſſi grande que celle de la Seine, & néanmoins la vîteſſe de la Loire n'eſt guère plus de la moitié de celle de la Seine. Cela vient de ce que la Seine eſt beaucoup plus volumineuſe que la Loire, & que d'ailleurs la Loire ayant peu de profondeur, ſes eaux s'étendent en largeur, & par-là ſont plus expoſées à la réſiſtance du frottement. Mais lorſque la Loire & la Seine viennent à groſſir, la vîteſſe augmente plus à proportion dans la Loire que dans la Seine.

(811.) On pourra ſe faire une idée générale & approchée du rapport des vîteſſes de deux rivières, eu égard à leurs volumes, en comparant l'expérience de M. Mariotte, que j'ai rapportée, avec une expérience que M. le Duc de la Rochefoucauld, M. le Marquis de Condorcet, M. Lavoiſier & moi, fîmes le 5 mai 1786, ſur la rivière de *Beuvronne* près du pont de Claye, route de Paris à Meaux.

La Beuvronne, dans ſa moyenne groſſeur, coulant, un peu au-deſſous du pont de Claye, dans un canal rectiligne & à peu-près rectangulaire qui a 10 pieds de largeur réduite, ſur deux pieds de profondeur réduite, l'eau parcouroit 216 pieds en 6 minutes, ou 36 pieds en 1 minute; & par conſéquent il paſſoit 720 pieds cubes d'eau, en 1 minute, par chaque ſection perpendiculaire au courant. De plus, la pente du canal eſt d'environ

1 ligne pour 6 toises , ou de 13 à 14 pouces pour 1000 toises. Cette pente ne peut pas différer fenfiblement de celle de la Seine au-deſſus du Pont-royal : je regarde donc les deux pentes en queſtion comme égales ; voyons quels ſont les rapports des vîteſſes & des quantités d'eau. Or, la vîteſſe de la Beuvronne eſt à celle de la Seine, comme 36 eſt à 100, ou comme 9 eſt à 25 ; & la quantité d'eau qui paſſe par une ſection de la Beuvronne eſt à celle qui paſſe, dans le même temps, par une ſection de la Seine, comme 720 eſt à 200000, ou comme 1 eſt à 278, à peu-près. D'où l'on voit qu'à égales inclinaiſons des lits , les plus grandes quantités d'eau ont les plus grandes vîteſſes, mais que les vîteſſes n'augmentent pas en même raiſon que les quantités d'eau.

(812.) Lorſque deux fleuves s'uniſſent & n'en forment plus qu'un ſeul , la largeur du lit de ce fleuve *compoſé* eſt toujours moindre que la ſomme des largeurs des deux fleuves *ſimples* avant l'union ; Car , puiſqu'il paſſe la même quantité d'eau dans le fleuve compoſé que dans les deux fleuves ſimples, pris enſemble , la vîteſſe du fleuve com-poſé eſt néceſſairement plus grande que chacune des vîteſſes des fleuves ſimples ; d'où il ſuit que la vîteſſe étant ſuppoſée la même pour tous les points d'un même fleuve , les dimenſions de la ſection latitudinale du fleuve compoſé feront moindres que la ſomme des dimenſions des ſections latitudinales des fleuves ſimples. Mais il faut confidérer de plus que l'eau ayant plus de maffe ou plus de poids dans le fleuve compofé que dans les fleuves fimples, & que la plus grande vîteffe d'un courant étant toujours vers le milieu ou fil de l'eau, il s'enfuit néceffairement que le fleuve compofé tend plus à s'approfondir qu'à s'élargir, la réfiftance du terrein étant fuppofée par-tout la même.

Je n'ai pas befoin d'ajouter que l'eau du fleuve compofé eft cenfée couler dans un fond entre des berges qui la contiennent; car fi elle avoit la liberté de s'étendre dans les campagnes, les raifonnemens qu'on vient de faire n'auroient pas d'application à ce cas.

(813.) Deux rivières qui s'uniffent, peuvent avoir & ont ordinairement des quantités d'eau, des pentes, des vîteffes très-différentes. Pareillement, lorfqu'une rivière fe partage en plufieurs branches, il eft clair que ces branches pouvant être regardées comme des rivières particulières, elles auront, felon les circonftances, des quantités d'eau, des pentes, des vîteffes différentes. Il n'eft donc pas furprenant que quand une rivière fe fourche à la pointe d'une île, fes bras en s'éloignant, ne confervent pas toujours le même niveau. Chaque niveau particulier peut baiffer ou hauffer par rapport aux autres, felon que l'eau, par fa quantité & par la pente, trouve plus ou moins de facilité à s'écouler.

(814.) En 1760, il parut un petit Traité fur

le cours des fleuves, dans lequel l'auteur prétend qu'un *grand fleuve peut abforber toutes les eaux d'un autre fleuve auffi confidérable que lui, fans que cette accrue faffe hauffer en rien les eaux du premier fleuve, dont la largeur du lit refte la même qu'auparavant. La chofe a lieu*, pourfuit-il, *parce que l'accrue ayant doublé la quantité d'eau du fleuve, elle lui a doublé auffi la vîteffe de fon écoulement. Ainfi elle n'a pu s'y élever, & l'élargiffement de fon lit étoit inutile.* On voit par-là que felon cet auteur, en augmentant la quantité d'eau on augmente la vîteffe en même raifon, du moins fenfiblement, & que la rivière ne doit pas hauffer. De-là il conclut qu'il eft indifférent, quant à la hauteur des eaux, d'en augmenter ou d'en diminuer le volume; & il combat vivement l'ufage ordinaire où l'on eft de *faigner* une rivière fujette à fe déborder, ou de dériver une partie de fes eaux par des canaux, dans la vûe de la faire baiffer, & de prévenir les inondations qu'elle peut occafionner dans les campagnes voifines.

(815.) Ce fyftème qui a féduit quelques perfonnes, a befoin d'être éclairci, & d'être réduit à des bornes affez étroites. L'hypothèfe fur laquelle il eft appuyé, que *les vîteffes croiffent comme les quantités d'eau,* n'eft point du tout exacte (772 & 773). Il eft bien vrai qu'en augmentant la quantité d'eau on augmente la vîteffe, mais non pas en même raifon à beaucoup près. Dans les fleuves qui ont peu de pente, & dont le niveau eft le même, du moins à peu-près, que celui de la mer, comme cela arrive ordinairement au voisinage de l'embouchure dans la mer, on ne fera pas baisser, au moins sensiblement, le niveau de l'eau en partageant le fleuve en plusieurs branches. Soit, par exemple, le fleuve AB *(Fig. 58.)* dont le niveau est le même que celui de la mer $GHEF$. Il est clair qu'en faisant de nouvelles ouvertures CF, DE, les eaux ne baisseront pas pour cela dans la partie ACD, ou que du moins elles n'y baisseront que dans le rapport de la somme des surfaces CF, DE, à la somme des surfaces AB, $GHEF$; ce qui est une quantité insensible. Concluons delà que les saignées faites à un fleuve près de son embouchure dans la mer, ou en général à toute rivière qui a peu de pente, doivent avoir ordinairement de légers avantages. Mais si une rivière a une pente & une vitesse sensibles, il n'est pas douteux que l'augmentation de la quantité d'eau ne fasse hausser sensiblement le niveau de la rivière, & que réciproquement on ne fasse baisser le niveau de l'eau en diminuant son volume par des saignées.

(816.) Revenons à deux rivières qui s'unissent, & voyons, du moins à peu près, quelle sera la direction du fleuve composé.

Soient *(Fig. 59)* $ABCD$, $FGCE$ deux rivières qui s'unissent en CMN, & ne forment plus ensuite que la seule rivière $BHKG$. Imaginons pour un moment, en CN, une cloison ou un plan matériel qui sépare les deux masses d'eau

à l'endroit où elles se font mutuellement équilibre : il est évident que la pression résultante du
poids des eaux contre cette cloison est la même de
part & d'autre ; & que par conséquent les deux
masses d'eau, en se rencontrant, n'agissent l'une
contre l'autre qu'en vertu de leurs vîtesses de trans-
lation. De cette percussion doit naître une vîtesse
moyenne & composée, dont la direction divise
l'angle DCE du confluent en deux parties égales ou
inégales, selon que les deux rivières se rencontrent
avec des forces égales ou inégales. Soient IM &
LM les directions des vîtesses moyennes des deux
fleuves simples ; nommons V la première vîtesse ; u la
seconde ; p le sinus de l'angle d'incidence IMC ;
q le sinus de l'angle d'incidence LMC. Les deux
fleuves simples choquant le même plan, les percussions qui résultent perpendiculairement contre
ce plan, sont proportionnelles (343) aux pro-
duits $V^2 \times p^2$, $u^2 \times q^2$. Égalant ces deux produits,
on aura, $V^2 \times p^2 = u^2 \times q^2$; & $p : q :: u : V$.
D'où l'on voit que *les sinus des angles que forme
la direction du fleuve composé avec les directions des
fleuves simples, sont entr'eux en raison inverse des vîtesses
des deux fleuves simples.*

(817.) Il suit de-là que si par des variations
dans les crûes d'eau, il arrive des changemens dans
le rapport des vîtesses des deux fleuves simples,
la direction moyenne du fleuve composé éprouvera
aussi des changemens, de sorte que ses eaux tendront
à se jeter plutôt vers une berge que vers l'autre.

La ligne de féparation CMN peut donc avoir un mouvement alternatif de droite à gauche ou de gauche à droite.

(818.) Le mouvement des fleuves, à leur entrée dans la mer, offre quelques phénomènes généraux dont il faut auſſi donner l'explication.

Lorſqu'un fleuve ſe jette dans une mer qui n'eſt pas ſujette, du moins ſenſiblement, au mouvement du flux & reflux, on peut conſidérer la ſurface du fleuve & celle de la mer, comme deux plans qui ſe coupent ſuivant une ligne dont la poſition demeure la même, tant que le fleuve conſerve le même état. Mais ſi le fleuve vient à croître ou à décroître, l'interſection dont il s'agit change de place. Cependant, dans ſes plus grandes variations, elle ne paſſe jamais certaines limites; & on peut prendre, entre ces variations un terme moyen qu'on regardera comme la ſection conſtante des deux ſurfaces. La ſurface du fleuve eſt inclinée de l'*amont* à l'*aval,* comme on le comprend aſſez; & ſes eaux ne peuvent manquer de couler dans la mer. Tout cela eſt également applicable aux rivières qui ſe jettent dans des lacs ou dans d'autres rivières. Quant aux rivières qui ſe jettent dans une mer ſujette au flux & reflux, la choſe eſt un peu différente. Le flux refoule les eaux dans la rivière & les fait remonter à une certaine hauteur; enſuite dans le temps du reflux, les eaux refoulées ou ſuſpendues, reprennent leur direction primitive & vont ſe méler à celles de la mer. La ligne d'interfection de la furface du fleuve avec celle de la mer eft donc alors toujours en mouvement, & on ne peut pas lui attribuer une place fixe.

(819.) Suppofons que la furface de la mer où un fleuve fe jette, ne monte ni ne defcende; fuppofons enfuite que le fleuve vienne à groffir par les pluies, la fonte des neiges, ou l'affluence de quelque torrent : il eft évident que le baffin de la mer étant comme infini par rapport à celui du fleuve, le niveau de la mer ne peut pas monter, au moins fenfiblement, par l'arrivée des eaux du fleuve; mais la maffe de ces dernières eaux étant augmentée, le centre de gravité de tout leur fyftème, eft néceffairement plus élevé au-deffus du niveau de la mer, qu'il ne l'étoit dans l'état primordial du fleuve. D'où réfulte une plus grande *chute*, ou une plus grande pente du fleuve propofé vers la mer. Soient donc *(Fig. 60) A B C* le Fig. 60. niveau de la mer; *D B* la furface du fleuve dans fon état primitif, & *E C* fa furface après la crûe d'eau. La furface *E C* étant moins inclinée à l'horizon que la furface *D B*, l'angle *E C A* eft plus grand que l'angle *D B A*; & fi l'on mène *B F, D E,* perpendiculaires fur *E C, B F* fera moindre que *D E*. Ainfi la crûe du fleuve doit fe faire plus fentir dans les parties éloignées de l'embouchure que dans le voifinage de l'embouchure. La chofe a également lieu pour les fleuves qui ont beaucoup de pente & pour ceux qui en ont peu; mais elle eſt vraie principalement, pour les derniers.

On explique de même le phénomène ſuivant. Une petite rivière ſe jette dans une autre beaucoup plus conſidérable, & dont les eaux refluent dans le lit de la première ſur une longue étendue depuis l'embouchure, de manière qu'à cette jonction il y a une eſpèce de lac ou de petite mer. Tout-à-coup la petite rivière reçoit, dans ſa partie ſupérieure, une crûe conſidérable; & néanmoins la ſurface de l'eau, dans le voiſinage de l'embouchure, n'eſt guère plus élevée qu'avant la crûe. On me diſpenſera de faire ſentir l'identité de cet effet avec celui dont je viens de rendre raiſon.

(820.) Conſidérons le cas inverſe du précédent: ſuppoſons qu'un fleuve, dont la quantité d'eau demeure la même, aille ſe jeter dans une mer ſujette au flux & reflux, ou dans un autre fleuve (que j'appelle le *fleuve principal*), qui augmente & regorge dans le premier. Alors, dans le temps du flux, la vîteſſe du fleuve propoſé eſt retardée, & l'eau doit s'y élever plus haut dans le voiſinage de l'embouchure que dans les parties plus éloignées. En effet, ſoient *(Fig. 61)*, pour le point le plus bas, *A B* la ſurface de la mer ou du fleuve principal; *A R* l'embouchure du fleuve affluent *A R G I*. Maintenant, que la ſurface *A B* s'élève par degrés en *a b*: il eſt clair que pendant ce mouvement, la réſiſtance que la mer ou le fleuve principal oppoſe au fleuve affluent, augmente auſſi par degrés,

Fig. 61.

par degrés, & qu'en conféquence la furface primitive *E A* du fleuve affluent doit s'élever à fa
jonction avec la furface *b a M*, & prendre la
pofition *E K*. Mais, comme l'action de la mer ou
du fleuve principal n'a qu'une certaine étendue,
fuppofons qu'elle finiffe en *M*, & menons perpendiculairement au lit *R G* les droites *R A a*, *H K*,
S V, *M E*, qui marquent les profondeurs aux
points *R*, *H*, *S*, *M*: on voit que ces profondeurs
font plus grandes dans le nouvel état du fleuve
affluent que dans le premier; mais que les différences *A a*, *K k*, *V u*, &c qui font les plus grandes
vers la mer, vont en diminuant, de *R* vers *G*. On
voit également, qu'à mefure que la furface *A B*
s'élève, le point *K* s'élève auffi, & qu'en même
temps il remonte le long du fleuve affluent. Ce
point ne peut pas être regardé comme l'interfection de deux lignes. Il s'y forme un gonflement
qui eft plus ou moins fenfible, felon la proportion entre la force du fleuve affluent & la force
de la mer ou du fleuve principal. Quelquefois la
furface de la mer eft plus élevée, en cet endroit,
de plufieurs pieds que la furface du fleuve affluent,
& le point de jonction a un mouvement très-
confidérable en fens contraire du fleuve affluent.
Tel eft le remous qui fe fait fur la Seine dans
le temps du flux, & qu'on obferve encore plufieurs lieues au-deffus de Rouen. L'eau de la mer
remonte avec rapidité & gliffe fur celle de la Seine,
à peu-près comme elle feroit fur un terrein uni,

dans une étendue de plusieurs lieues au-dessus de l’embouchure. Il en est de même, proportion gardée, à l’embouchure de deux rivières qui se jettent l’une dans l’autre, quand l’une de ces rivières croît sans que l’autre croisse en même temps ou en même proportion.

(821.) On observe constamment que la pente d’une rivière diminue à mesure qu’on s’approche de la mer. En effet, une rivière qui creuse & établit son lit, entraîne toujours avec elle des pierres, des terres, des tronçons de racines, des herbes, &c. Toutes ces matières, selon qu’elles ont plus ou moins de pesanteur spécifique, tombent successivement & se répandent le long du lit. A mesure que la rivière approche de la mer, il se forme de proche en proche une couche qui tend à combler le lit & à lui faire prendre la position horizontale. D’un autre côté, quand la mer est sujette au flux & reflux, les sables, dans le temps du flux, sont poussés par une très-grande masse d’eau dans le lit de la rivière affluente, & ne sont pas ensuite ramenés avec la même force dans le temps du reflux. Aussi on observe que par la succession des temps, toutes les embouchures des rivières dans la mer, viennent à s’encombrer, & que les rivières perdant leurs profondeurs, s’élargissent & se forment des issues à travers les sables. Enfin les vents impétueux qui règnent dans ces parages, transportent, d’un moment à l’autre, des monceaux de sable qui obstruent les passages de l'eau, & qui lui font changer continuellement de cours.

(822.) Les atterriſſemens ou les *barres* qui ſe forment à l'embouchure des rivières dans la mer, & qui diminuent la profondeur de l'eau en ces endroits, font très-nuiſibles à la navigation. On a donc cherché à les combattre ou à les détruire par tous les ſecours de l'art. Je citerai ici en exemple, la barre qui exiſte à l'embouchure de la rivière d'Adour dans la mer près de Bayonne. On a tenté de la détruire ou de la diminuer, en changeant pluſieurs fois le cours de l'Adour en cet endroit. Après avoir conſtruit en divers temps des épis qui n'avoient eu que des effets paſſagers, on ſe détermina, en 1729, d'après le projet de M. de Touros, directeur des fortifications, à enfermer l'Adour, depuis un village, nommé le *Boucau,* juſqu'à la mer, entre deux longues digues de maçonnerie, qui devoient ſe prolonger à une certaine diſtance dans la mer. La paſſe des vaiſſeaux fut dirigée oueſt-nord-oueſt, ſuivant la délibération d'un conſeil compoſé d'officiers de la Marine & du corps-royal du Génie. Les ouvrages pour la conſtruction des digues furent dès-lors commencés, & même pouſſés avec vigueur; mais diverſes circonſtances les ont fait ſouvent interrompre ou ralentir; ce qui a été très-préjudiciable aux effets avantageux qu'ils devoient produire. D'un autre côté, comme on n'a pas toujours pu mener de front les travaux pour la conſtruction des deux digues, il eſt arrivé que les ouvrages faits d'un côté de la rivière ont jeté l'eau vers le côté opposé & y ont occasionné des gorges ou des atterriſſemens. Enfin les vents, qui ne ceſſent de tranſporter des montagnes de ſable, ont toujours été & ſeront toujours le plus grand ennemi à combattre. Malgré tous ces obſtacles, on eſt parvenu dans ces derniers temps, à donner 7 à 8 pieds de hauteur à l'eau au-deſſus de la barre, en baſſe-mer. Comme la mer monte de 11 à 12 pieds, la hauteur de l'eau eſt d'environ 19 pieds en haute-mer. Si cette profondeur étoit bien franche, elle ſeroit ſuffiſante pour l'entrée d'aſſez grands vaiſſeaux ; mais à cauſe de l'agitation des vagues, il faut en rabattre 3 ou 4 pieds ; & de plus comme on ne doit pas attendre le moment précis de la haute-mer pour entrer en rivière, il faut encore retrancher environ 2 pieds de la hauteur. Ainſi, pour l'ordinaire, on ne doit guère compter, en haute-mer, qu'environ 12 à 13 pieds de profondeur d'eau pour l'entrée des vaiſſeaux, profondeur qui n'eſt pas tout-à-fait ſuffiſante & qu'on travaille à augmenter, en prolongeant les digues dans la mer.

Du reſte, quelque loin qu'on les prolonge, il ſe formera toujours une barre plus ou moins ſenſible aux environs de l'embouchure, par les cauſes générales qui produiſent toujours des atterriſſemens aux embouchures des rivières dans la mer, ou à la jonction de deux rivières. Mais comme la barre ſera ici portée un peu avant dans la mer, elle pourra laisser au-dessus d'elle la hauteur d'eau dont on a besoin.

Il seroit à desirer que les directions des digues fussent un peu convergentes vers la mer. Par-là, dans le temps du flux, la vîtesse de la mer entre les digues diminueroit par l'augmentation de la largeur; & au contraire dans le temps du reflux, la vîtesse de la rivière resserrée de plus en plus augmenteroit : double effet qui tendroit à diminuer les atterrissemens.

Je finis par deux questions, souvent utiles dans la pratique.

(823.) QUESTION I. *Déterminer le changement qui arrive à la profondeur d'une rivière, lorsqu'on fait quelque changement à l'étendue de son lit, comme par exemple, quand on construit un pont sur cette rivière?*

Je suppose que le lit de la rivière soit un canal rectangulaire; mais comme cette supposition a rarement lieu dans la nature, commençons par y ramener, au moins sensiblement, le problème.

Soit en général $MFGHIKN$ (*Fig. 62*) la section verticale & latitudinale de la rivière. On y prendra des sondes à des intervalles égaux, c'est-à-dire, qu'ayant divisé la largeur MN en parties égales MA, AB, BC, CD, DE, EN, on mesurera les profondeurs correspondantes AF, BG, CH, DI, EK. Les divisions de la largeur doivent être assez multipliées pour qu'on puisse regarder sensiblement les arcs MF, FG, GH, &c. comme des lignes droites; & par conséquent la

Fig. 62

section de la rivière, comme un polygone rectiligne. De-là, suivant les premiers principes de la
géométrie , l'aire de ce polygone sera $= (A F$
$+ B G + C H + D I + E K) \times M A$, c'est-
à dire le produit de la somme des profondeurs par
l'un des intervalles égaux de la largeur. Divisant
ce produit par la largeur entière $M N$, supposant que la verticale $M O$ représente le quotient,
& achevant le rectangle $M O P N$; l'aire de ce
rectangle sera la même que celle du polygone.
Alors on pourra dans la pratique, sans craindre
beaucoup d'erreur, considérer le rectangle $M O P N$
comme la section de la rivière.

Fig. 63.   Cela posé, soient (*Fig. 63*), les rectangles
$M O P N, m o p n$, les coupes latitudinales du fleuve
dans ses deux états , c'est-à-dire avant & après
la construction du pont. Supposons $M O = b$;
$O P = c$; $m o = b'$; $o p = c'$; la hauteur dûe à la
vîtesse moyenne par le pertuis $M O P N = h$; la
hauteur dûe à la vîtesse moyenne par le pertuis
$m o p n = h'$. Les quantités d'eau qui passent, pendant un certain temps, par les deux pertuis, étant
comme les produits de leurs surfaces par les vîtesses,
& ces quantités devant être égales ; on aura,
$b c \sqrt{h} = b' c' \sqrt{h'}$. D'un autre côté, les hauteurs
h & h' doivent avoir un certain rapport avec les
profondeurs b & b'. Supposons, par exemple,
qu'on ait, $h : h' :: b : b'$, ou $h' = \dfrac{h\, b'}{b}$. Substituant cette valeur de h' dans l'équation $b c \sqrt{h} =$

$b'\ c'\ \sqrt{h'}$, on trouvera, $c\ b\ \sqrt{b} = c'\ b'\ \sqrt{b'}$; & par conséquent, $b : b' :: \sqrt[3]{c^2} : \sqrt[3]{c'^2}$; par où l'on voit que *la profondeur de la rivière avant l'exiſtence du pont, eſt à la profondeur qu'elle a en amont de ce pont ſuppoſé établi, comme la racine cube du quarré de la ſomme des largeurs des arches, eſt à la racine cube du quarré de la largeur primitive de la rivière.*

Si on avoit en général, $h : h' :: b^n : b'^n$ (n étant un expoſant à déterminer par l'expérience), on trouveroit, $b : b' :: c^{\frac{2}{n+2}} : c'^{\frac{2}{n+2}}$.

(824.) QUESTION II. *Déterminer la quantité dont on fera baiſſer le niveau d'une rivière, ou en quel rapport ſeront les profondeurs, lorſqu'on détournera une partie de l'eau pour le ſervice de quelque uſine ?*

Je réduis, comme dans la queſtion précédente, la rivière à un canal de forme rectangulaire ; & je ſuppoſe pareillement que le canal de dérivation ait cette même forme. Soient *(Fig. 64) A B C D* Fig. 64. le plan ou la ſection horizontale de la rivière ; *E F G H* la ſection horizontale du canal de dérivation ; & *(Fig. 65)*, le rectangle *M O P N* Fig. 65. la coupe verticale & la latitude de la rivière : *M N* étant le niveau de l'eau avant l'exiſtence du canal de dérivation ; le rectangle *S Q R T,* la coupe verticale & latitudinale du canal de dérivation, en ſorte que le niveau primitif *M N* de l'eau s'eſt abaiſſé maintenant en *V S T X.* Il eſt évident que ſuivant les conditions du problème, la ſomme des quantités d'eau qui paſſent, pendant un même temps, par les deux pertuis $VOPX$, $SQRT$, doit être égale à la quantité qui paſſoit, pendant le même temps, par le ſeul pertuis $MOPN$. Soient $OM = b$; $OP = c$; la hauteur dûe à la vîteſſe moyenne par $MOPN = H$; VO ou $SQ = b'$; la hauteur dûe à la vîteſſe moyenne par $VOPX = h$; $QR = c'$; la hauteur dûe à la vîteſſe moyenne par $SQRT = h'$. On aura d'abord, l'équation $bc\sqrt{H} = b'c\sqrt{h} + b'c'\sqrt{h'}$. Maintenant, les deux pertuis $VOPX$, $SQRT$, devant être conſidérés, par rapport à la rivière dans ſa partie antérieure au canal de dérivation, comme deux orifices de grandeurs égales ou inégales qui ſeroient pratiqués au fond d'un réſervoir entretenu conſtamment plein à la même hauteur; & les vîteſſes, au ſortir de ces deux orifices, étant égales: on voit qu'on aura de même ici $\sqrt{h'} = \sqrt{h}$. Par conſéquent l'équation $bc\sqrt{H} = b'c\sqrt{h} + b'c'\sqrt{h'}$, deviendra, $bc\sqrt{H} = (b'c + b'c')\sqrt{h}$.

Suppoſons, comme ci-deſſus, qu'on ait, $H : h :: b : b'$; on trouvera, $b : b' :: \sqrt[3]{(c+c')^2} : \sqrt[3]{c^2}$.

Si on ſuppoſoit, $H : h :: b^n : b'^n$, on auroit,

$$b : b' :: (c+c')^{\frac{2}{n+2}} : c^{\frac{2}{n+2}}.$$

CHAPITRE XIV.

Recherches expérimentales sur la percuffion ou la réfiflance des fluides.

(825.) ON a beaucoup écrit fur cette matière depuis Newton jufqu'à nos jours. Je me permettrai quelques remarques fur les ouvrages des auteurs qui ne font plus. A cela près, je me bornerai à rapporter les expériences auxquelles j'ai eu part, & les conféquences que j'en ai tirées, afin de pouvoir répondre moi-même des chofes que j'avancerai. S'il m'arrive de citer quelqu'auteur vivant, je le ferai avec les égards dûs aux hommes & à la vérité.

(826.) La percuffion & la réfiflance des fluides font deux problèmes de même nature. J'en ai donné la théorie dans le *volume précédent ;* & j'ai déjà fait obferver que cette théorie étoit fujette à plufieurs difficultés. En effet, on y fuppofe que toutes les molécules frappent les corps qu'elles rencontrent, de la même manière que fi elles étoient des corps ifolés & libres. Or pour que le choc fe fît ainfi, il faudroit que chaque molécule, après avoir donné fon coup, fût anéantie pour permettre à la molécule fuivante de donner auffi le fien. Il eft vifible que la furface choquée ne reçoit pas immédiatement & dans toute fon intenfité l'impulfion de chaque particule. Les particules centrales font frappées par celles qui leur fuccèdent, & la colonne eft forcée de s'élargir jufqu'à une certaine diftance de la furface choquée, pour laiffer au fluide la liberté de s'échapper, & de faire place à celui qui arrive continuellement. Il fuit de-là que la percuffion d'un fluide contre un plan, ne doit pas être calculée comme fi ce plan recevoit en effet le choc de tous les filets fluides & parallèles qui lui répondent. Mais ne pourroit-il pas fe faire que les chocs fuffent femblablement dénaturés, & que les chocs effectifs fuiviffent entr'eux la même loi, du moins à peu-près, que les chocs naturels & théoriques ? Nous allons confulter là-deffus l'expérience, & nous examinerons quatre chofes ; 1.º quelle eft la mefure de la percuffion perpendiculaire ; 2.º fi les percuffions perpendiculaires, fous même vîteffe, font proportionnelles aux furfaces choquées ; 3.º fi les percuffions perpendiculaires contre des furfaces égales font proportionnelles aux quarrés des vîteffes ; 4.º enfin fi les différentes fortes de percuffions font (toutes chofes d'ailleurs égales) proportionnelles aux quarrés des finus des angles d'incidence. Voici d'abord quelques expériences où j'ai mefuré directement le choc de l'eau par le moyen de la balance.

Fig. 66. 67, & 68.   (827.) On voit *(Fig. 66, 67 & 68)* les parties de cette balance & la manière dont elle eft employée. Le fléau AB a $3\frac{1}{2}$ pieds de longueur, & il eft taillé par en-haut en couteau, pour qu'il ne s'y amaffe pas d'eau. Il porte à l'une de ſes extrémités une plaque de cuivre *e f g h,* de 2 $\frac{1}{2}$ pouces de diamètre , bien plane & bien polie, dont la ſurface ſupérieure prolongée paſſeroit par l'axe de mouvement de la balance, & dont le centre *A* répond à l'axe *T A* du petit tuyau additionnel & vertical *P Q q p* par lequel l'eau ſort du tonneau *V X Y Z* pour venir frapper cette plaque. Pour s'aſſurer de la poſition exacte du centre *A,* on a mis aux points *e, f, g, h* quatre pointes d'aiguille, leſquelles comparées à des points de repaire placés dans la baſe *p q* du tuyau *P Q q p,* ſervent à couper exactement ce même tuyau en deux parties égales, en différens ſens. La tige de la balance coule dans un canon; & au moyen d'une vis on peut la hauſſer & la baiſſer à volonté, & la faire tourner horizontalement. Le demi-cercle gradué *M O N* eſt garni d'un fil-à-plomb qui ſert à mettre la balance dans une poſition horizontale ou inclinée à volonté. Dans chaque expérience, on met dans le baſſin *S* un poids pour contre-balancer l'effort de l'eau.

E X P É R I E N C E S I, II, III, IV.

(828.) La hauteur conſtante *T A* de l'eau dans le réſervoir au-deſſus du centre *A* de la plaque *(Fig. 66 & 67)* eſt de 4 pieds. On a laiſſé 1 pouce d'intervalle entre le centre *A* de cette même plaque & le bout du tuyau , pour permettre à l'eau de ſortir librement. Elle ſort dans tous les cas à plein tuyau. Cela poſé,

Fig. 66 & 67.

I. Le diamètre *p q* du tuyau étant de 10 lignes, le poids *S* qui fait équilibre au choc perpendiculaire de l'eau *(Fig. 66)* est de 1 livre 5 onces 7 gros 8 grains, c'est-à-dire, en tout, de 12608 grains.

II. Le diamètre *p q* étant toujours de 10 lignes, le poids *S* qui fait équilibre au choc oblique de l'eau *(Fig. 67)*, sous un angle *TAB* de 60 degrés, est de 1 livre 5 onces 2 gros 8 grains, c'est-à-dire, en tout, de 12248 grains.

III. Le diamètre *p q* étant de 6 lignes, le poids *S* qui fait équilibre au choc perpendiculaire de l'eau *(Fig. 66)* est de 7 onces 6 gros 20 grains, c'est-à-dire, en tout, de 4484 grains.

IV. Le diamètre *p q* étant toujours de 6 lignes, le poids *S* qui fait équilibre au choc oblique de l'eau *(Fig. 67)*, sous un angle *TAB* de 60 degrés, est de 2 onces 3 gros 67 grains, c'est-à-dire, en tout, de 4315 grains.

EXPÉRIENCES V, VI, VII, VIII.

(829.) La hauteur constante *TA* de l'eau dans le réservoir au-dessus du centre *A* de la plaque est de 2 pieds. Il y a toujours 1 pouce d'intervalle entre le centre *A* de cette plaque & le bout du tuyau ; & l'eau sort à plein tuyau.

I. Le diamètre *p q* du tuyau étant de 10 lignes, le poids *S* qui fait équilibre au choc perpendiculaire de l'eau *(Fig. 66)* est de 10 onces 7 gros 42 grains, c'est-à-dire, en tout, de 6306 grains.

II. Le diamètre *p q* étant toujours de 10 lignes, le poids *S* qui fait équilibre au choc oblique de l'eau *(Fig. 67)*, fous un angle *T A B* de 60 degrés, eft de 10 onces 5 gros 5 grains, c'eft-à-dire, en tout, de 6125 grains.

III. Le diamètre *p q* étant de 6 lignes, le poids *S* qui fait équilibre au choc perpendiculaire de l'eau *(Fig. 66)*, eft de 3 onces 7 gros 11 grains, c'eft-à dire, en tout, de 2243 grains.

IV. Le diamètre *p q* étant toujours de 6 lignes, le poids *S* qui fait équilibre au choc oblique de l'eau *(Fig. 67)*, fous un angle *T A B* de 60 degrés, eft de 3 onces 5 gros 70 grains, c'eft-à-dire, en tout, de 2138 grains.

R É F L E X I O N S.

(830.) Il y a des auteurs qui prétendent que lorfqu'un fluide frappe perpendiculairement un plan, la force du choc eft égale au poids d'une colonne du même fluide, laquelle auroit pour bafe l'orifice ou la furface choquée, & pour hauteur la hauteur dûe à la vîteffe de l'eau : d'autres font cette force double. Examinons, par le moyen des expériences I, III, V, VII, lequel de ces deux fentimens eft le mieux fondé. Je fuppofe que le pied cube d'eau pèfe 70 livres. Puifque dans nos expériences, l'eau fort par des tuyaux additionnels dont elle fuit les parois, la hauteur dûe à la vîteffe n'eft (501) qu'environ les deux tiers de la hauteur de l'eau dans le réfervoir au-deffus du centre de la plaque. D'après ces données, on trouve les poids des colonnes cylindriques d'eau que nous avons befoin de confidérer, comme il eft exprimé ici.

DIAMÈTRE de la COLONNE.	HAUTEUR de la COLONNE.	POIDS.
lignes.	pieds.	grains.
10	$\frac{8}{3}$	6518
6	$\frac{8}{3}$	2346
10	$\frac{4}{3}$	3259
6	$\frac{4}{3}$	1173

Cela pofé, fi l'on compare ces poids avec ceux qui mefurent la percuffion dans les quatre expériences citées, on verra que le premier fentiment fur la mefure de la percuffion des fluides n'eft pas admiffible dans l'hypothèfe de ces expériences, mais que le fecond ne s'éloigne pas beaucoup de la vérité. Cependant il paroît qu'on y fuppofe encore la force dont il s'agit, un peu plus grande qu'elle n'eft réellement.

J'ai obfervé que lorfque la plaque *efgh* touche l'orifice *pq*, la percuffion eft fenfiblement moindre (toutes chofes d'ailleurs égales), que quand il y a un certain intervalle entre l'orifice & la plaque, pour permettre à l'eau d'acquérir toute la plénitude de vîteffe dont elle eft fufceptible. Dans le premier cas , il s'en faut peu que la percuſſion perpendiculaire ne ſoit égale au poids d'une colonne qui auroit pour baſe l'orifice , & pour hauteur celle de l'eau au-deſſus du même orifice. Les auteurs du premier ſentiment ont peut-être fondé leur opinion ſur des expériences de ce genre.

(831.) Par la comparaiſon de l'experience I , avec l'expérience III , & de l'expérience V, avec l'expérience VII, il paroît qu'à vîteſſes égales , les percuſſions perpendiculaires ſont ſenſiblement proportionnelles aux ſurfaces choquées. En effet, à vîteſſes égales , les molécules ſont ſemblablement détournées de leurs directions ; & les coups qu'elles donneroient naturellement, ſi elles étoient libres , doivent être altérés à peu-près de la même manière dans les deux cas. Cependant il eſt bon d'obſerver que le choc paroît augmenter ou diminuer en plus grande raiſon que la ſurface , ſoit parce que le détour des molécules eſt plus ſenſible, & diminue plus à proportion le choc , ſur une petite ſurface que ſur une grande , ſoit parce que la vîteſſe du fluide diminue un peu par le frottement , lorſque l'orifice diminue , ſoit enfin par ces deux cauſes combinées enſemble. Je ne crois pas qu'on puiſſe ſe tromper beaucoup dans la pratique , en ſuppoſant, comme la théorie le demande (336), que la vîteſſe du fluide étant donnée , le choc perpendiculaire de l'eau contre un plan eſt proportionnel à la ſurface choquée.

(832.) En comparant enſemble les expériences

I & V, & les expériences III & VII, on voit que les percuffions perpendiculaires contre une même furface font entr'elles, à très-peu de chofe près, comme les hauteurs au-deffus des centres de percuffion ; ou, ce qui revient au même, comme les quarrés des vîteffes des fluides. L'expérience s'accorde donc ici fenfiblement (337) avec la théorie.

(833.) Lorfque l'eau frappe obliquement la plaque comme dans les expériences II, IV, VI, VIII, il réfulte de ce choc, une force perpendiculaire à la plaque, laquelle force eft repréfentée, fuivant la théorie (341), par $F \times \dfrac{B \times p^2}{A \times R^2}$, en nommant R le finus total, p le finus de l'angle TAB, A la partie de la plaque, qui répond à l'orifice pq, quand la balance eft horizontale, F l'impulfion que cette furface reçoit alors, B la partie de la plaque que l'eau vient couvrir obliquement. Cette force a pour bras de levier le bras CA de la balance, tandis que le poids S qui lui fait équilibre, a fimplement pour bras de levier la perpendiculaire CL menée du centre C fur fa direction. On aura donc, $F \times \dfrac{B \times p^2}{A \times R^2} \times CA = S \times CL$. Or, $CL = CB \times \dfrac{p}{R} = CA \times \dfrac{p}{R}$; & par la théorie des projections, $B = A \times \dfrac{R}{p}$. Subftituant ces valeurs dans l'équation précédente, on trouve, $S = F$. Ainfi, felon la théorie, il faudroit

toujours

toujours le même poids S pour faire équilibre au choc de l'eau, soit que la balance fût horizontale ou inclinée sous un angle quelconque à l'horizon. Or les quatre expériences citées sont contraires à ce résultat. Plus l'angle TAB diminue, plus le poids S diminue. Concluons donc qu'à l'égard de la manière dont les sinus des angles d'incidence entrent dans les expressions des chocs perpendiculaire & oblique comparés ensemble, la théorie ne s'accorde pas avec l'expérience.

Du reste il est bon d'observer que l'une des causes pourquoi la percussion perpendiculaire est ici plus grande, selon l'expérience, par rapport à la percussion oblique, qu'elle ne devroit l'être selon la théorie; c'est que dans le choc perpendiculaire les molécules, après avoir donné leur coup, ont moins la liberté de s'échapper que dans le choc oblique, & qu'en conséquence il se forme sur la plaque, dans le premier cas, un petit amas d'eau qui par son poids augmente un peu la percussion.

(834.) Il suit des discussions précédentes, que les percussions perpendiculaires des fluides contre des surfaces planes suivent entr'elles, à peu de chose près, les proportions établies par la théorie; mais qu'il n'en est pas de même pour les percussions obliques contre des surfaces planes, ni par conséquent aussi pour les percussions contre des surfaces courbes qu'on peut regarder comme des assemblages de surfaces planes qui se présentent au choc du fluide sous différentes obliquités.

J'avoue que les expériences précédentes sont un peu en petit; mais cet inconvénient est compensé par une très-grande précision dans les opérations. De plus elles ont l'avantage d'être très-directes: je n'y ai employé aucun mouvement de rotation, & j'y ai mesuré immédiatement la percussion, sans avoir aucun frottement, ni aucune autre résistance à considérer & à déduire. On trouvera ci - dessous des expériences d'une autre espèce, plus en grand.

(835.) Newton *(Princip. Math. liv. II)* traite la question de la résistance des fluides, sous différens points de vue, selon la différence des fluides ou milieux dans lesquels les corps se meuvent. Il suppose d'abord un milieu rare, composé de parties égales & situées librement à des distances égales, de manière que chaque particule est censé pouvoir donner son coup, sans être empêchée par les autres; & il trouve par la théorie ordinaire que si un globe & un cylindre de diamètres égaux se meuvent avec une vîtesse égale dans un tel milieu, la résistance du globe n'est que la moitié de celle du cylindre. Cette proposition établie, il cherche la résistance absolue que le globe éprouve, soit que les parties du fluide soient parfaitement élastiques, ou qu'elles soient dénuées d'élasticité; il trouve dans le premier cas que la résistance du globe est à la force par laquelle le mouvement total du globe peut être produit ou détruit, dans le temps qu'il emploie à parcourir les deux tiers de son diamètre par une vîteſſe uniformément continuée, comme la denſité du milieu eſt à la denſité du globe ; & dans le ſecond cas que la réſiſtance eſt deux fois moindre. Il examine enſuite la réſiſtance dans les milieux continus, tels que l'eau, le mercure, l'huile chaude, &c : il donne une autre théorie pour ces ſortes de milieux dans leſquels le globe ne frappe pas immédiatement toutes les parties réſiſtantes du fluide, mais communique ſeulement aux parties les plus voiſines une preſſion qui ſe tranſmet de proche en proche aux autres parties. Selon cette théorie qui eſt fondée ſur pluſieurs propoſitions, & qui n'eſt pas ſuſceptible d'extrait, la réſiſtance du globe eſt la même que celle du cylindre circonſcrit, réſultat contraire à l'expérience, & d'où l'on doit conclure, que cette même théorie eſt fondée ſur des principes inexacts.

(836.) Dans le ſecond volume des anciens Mémoires de l'Académie de Péterſbourg, M. Daniel Bernoulli détermine la réſiſtance des fluides par une méthode qui lui eſt propre, mais qu'il a abandonnée depuis, comme donnant des réſultats contraires à l'expérience. Il propoſe dans le tome VIII des mêmes Mémoires, une autre méthode très-ingénieuſe & très-élégante pour déterminer le choc perpendiculaire d'une veine fluide qui ſort d'un vaſe, contre un plan. Il obſerve qu'en ſuppoſant au plan une certaine étendue, les filets dont la veine eſt compoſée, finiſſent par ſe fléchir ſuivant des directions parallèles au même plan. Il regarde la courbe décrite

U ij

par chaque filet, comme un canal dans lequel fe
meut un corps qui éprouve par conféquent en
chaque point l'action de la force centrifuge , &
que l'auteur fuppofe de plus foumis à l'action d'une
force tangentielle , variable fuivant une loi quelconque. Il calcule toutes ces forces , & il trouve
qu'il en réfulte parallèlement à l'axe de la veine ,
ou perpendiculairement au plan , une impulfion
égale au poids d'un cylindre du fluide , qui auroit
pour bafe la fection de la veine avant que les
filets ne commencent à fe fléchir , & pour hauteur
le double de la hauteur dûe à la vîteffe du fluide ;
ce qui eft affez conforme à l'expérience (830).
Cette méthode s'applique difficilement aux chocs
obliques , & à plus forte raifon aux chocs contre
des furfaces courbes ; elle ne peut pas avoir lieu
pour mefurer la réfiftance des corps mus dans des
fluides où ils font fubmergés.

(837.) M. d'Alembert, dans fon *Effai fur la
réfiftance des fluides*, détermine les loix de la réfiftance des fluides par celles de leur équilibre ; &
cette méthode qui eft entièrement nouvelle , a
de plus l'avantage d'être très-directe. Il fuppofe
d'abord un corps retenu en repos par quelque
caufe extérieure, au milieu d'un fluide qui vient
le choquer. Les filets à la rencontre du corps fe
fléchiffent fuivant différentes directions ; & la
portion de fluide qui couvre la partie antérieure
du corps, eft comme ftagnante dans une certaine
étendue. L'auteur obferve que la preffion foufferte

par le corps, ou la réſiſtance qu'il oppoſe au mouvement des particules, eſt produite par les pertes
de vîteſſes que font ces molécules; car un corps
n'agit ſur un autre corps qu'autant qu'il lui communique, ou tend à lui communiquer une partie
de ſon mouvement. Il fait voir que la queſtion
ſe réduit à trouver d'abord la vîteſſe du fluide
qui gliſſe immédiatement ſur la ſurface du corps,
& il la détermine par deux méthodes différentes.
Cette vîteſſe étant trouvée, on a la formule
rigoureuſe de la preſſion. Il ne s'agiroit plus que
d'achever ce calcul, & de parvenir à des réſultats
qui fuſſent applicables à la pratique. Mais c'eſt
un but qu'on ne doit pas eſpérer d'atteindre, en
traitant ainſi la queſtion généralement & ſans
négliger aucun des élémens qui lui ſont eſſentiels.
L'auteur détermine par ſa méthode un peu modifiée & rendue moins rigoureuſe, l'action d'une
veine fluide qui frappe un plan. Il trouve que
cette action eſt un peu moindre que le poids d'un
cylindre qui auroit pour baſe la largeur de la
veine, & pour hauteur le double de la hauteur
dûe à la vîteſſe du fluide, réſultat conforme à
l'expérience (830), à peu de choſe près. L'ouvrage de M. d'Alembert contient pluſieurs autres
recherches, & brille par-tout du génie de
l'invention.

(838.) Frappé de la ſimplicité des principes &
des réſultats que préſente la méthode ordinaire
du choc des fluides, & admettant d'un autre côté

que l'impulsion d'un fluide contre un corps, n'est autre chose que la pression soufferte par ce corps, de la part des filets qui glissent le long de sa surface, M. Euler combine ensemble les deux méthodes dans un savant Mémoire imprimé parmi ceux de l'Académie de Péterfbourg, *année 1763*; & il en forme une méthode *mixte*, qu'il croit propre à déterminer la réfiftance des fluides d'une manière affez fimple & affez exacte, en plufieurs occafions. Voici brièvement en quoi elle confifte.

Fig. 69.   (839.) Soit $A M B N$ (*Fig. 69*) un corps en repos, expofé au choc d'un fluide. Pour plus de fimplicité, fuppofons que ce corps foit divifé en deux parties égales & femblables $A M B$, $A N B$ par fon axe $A B$ placé dans la direction du fluide; & ne confidérons que la partie $A M B$, car les raifonnemens font les mêmes pour l'autre partie. Le fluide eft compofé de filets qui à la rencontre de la partie antérieure $E A$ du corps fe fléchiffent & forment les courbes $f g q e$, $f' g' q' e'$. Soit $M m$ un élément de la courbe $A E$. Nommons k la hauteur dûe à la vîteffe que le fluide auroit naturellement en M, fi le corps ne lui oppofoit aucun obftacle, v la hauteur dûe à la vîteffe effective & actuelle du fluide en M. Suivant l'idée que nous avons donnée (787) de la preffion des fluides en mouvement, contre les obftacles qu'on leur oppofe, la preffion que fouffre l'élément $M m$ eft exprimée par $M m \times (k - v)$. Mais d'un autre côté, fi on mène $M R$ parallèle à l'axe AB, & qu'on nomme 1 le finus total, φ l'angle $m\,MR$ que fait l'élément $m\,M$ avec MR, la théorie ordinaire de la percuffion des fluides donnera $Mm \times k \times (\text{fin. } \varphi)^2$, pour le choc qui réfulte perpendiculairement contre $M\,m$. Égalant cette valeur du choc ou de la preffion, à la précédente, on aura $Mm \times (k - v) = Mm \times k \times (\text{fin. } \varphi)^2$, ou bien $v = k - k \times (\text{fin. } \varphi)^2 = k \times [\, 1 - (\text{fin. } \varphi)^2 \,] = k \times (\text{cof. } \varphi)^2$. Donc $\sqrt{v} = \sqrt{k} \times \text{cof. } \varphi$. Ainfi la viteffe du fluide en M, eft à fa vîteffe primitive & non altérée, comme le cofinus de l'angle que fait la tangente en M avec l'axe AB, eft au finus total. Donc, lorfque la tangente devient parallèle à l'axe, comme cela arrive en E par exemple, la vîteffe en ce même endroit E eft égale à la vîteffe primitive du fluide. On voit donc que pour avoir k, il fuffira de mefurer la vîteffe du fluide à l'endroit où la tangente du corps devient parallèle à l'axe. Par-là, on connoîtra toujours d'une manière affez commode dans la pratique, la hauteur v, & par conféquent auffi la preffion $Mm \times (k - v)$ que fouffre l'élément $M\,m$.

(840.) Cette méthode, comme M. Euler le remarque lui-même, ne peut être employée que pour la partie antérieure AME du corps, & non pour la poftérieure EB. En effet, il eft évident que fi l'on fuppofoit que le fluide a la même vîteffe le long de EB que de AE, le corps feroit autant repouffé dans le fens BA qu'il eft pouffé dans le fens AB, & que par conféquent il ne recevroit aucun mouvement de la part du fluide; ce qui ne peut jamais avoir lieu.

(841.) Il y a plus; on doit remarquer que la difficulté dont je viens de faire mention fubfiftera toujours, de quelque manière qu'on détermine les vîteffes des filets du fluide. Elle porte fur le principe même que l'action d'un fluide contre un corps expofé à fon cours, provient feulement de la preffion de ce fluide. Si la chofe eft en effet ainfi, il s'enfuit que toutes les fois que la figure du corps fera telle que les filets fluides auront la même vîteffe le long de la partie poftérieure, que le long de la partie antérieure (ce qui peut arriver en plufieurs cas); il s'enfuit, dis-je, que le fluide ne tendra à imprimer aucun mouvement au corps: réfultat inadmiffible. Il paroît donc qu'outre la preffion, il fe fait dans le fluide une perte de mouvement qui paffe au corps expofé à fon courant.

CHAPITRE XV.

Expériences & Réflexions sur la résistance qu'éprouve un corps qui divise un fluide indéfini.

(842.) EN 1775, M. Turgot, alors contrôleur général des finances, nous chargea, M. d'Alembert, M. le Marquis de Condorcet & moi, de déterminer, par la voie de l'expérience, la résistance qu'éprouve un bateau mu dans un canal étroit & peu profond. Nous ne pouvions répondre avec précision aux vues de ce ministre, qu'en examinant d'abord la résistance des fluides contenus dans des réservoirs indéfinis, afin de nous procurer des termes de comparaison pour le cas qui nous étoit spécialement proposé : nous entreprimes donc une longue suite d'expériences sur l'un & l'autre sujet. J'ai publié le résultat de tout ce travail dans un ouvrage particulier, qui parut en 1777, & dont je vais rappeler la substance ici & dans le chapitre suivant.

(843.) Plusieurs petits bateaux de différentes formes, dont nous donnerons bientôt les dimensions, furent mis en mouvement sur un bassin *ABCD (Fig. 70)*, situé dans l'enceinte de l'École royale militaire. Ce bassin a 100 pieds de

Fig. 70.

longueur AB; 53 pieds de largeur EF; & $6\frac{1}{2}$ pieds de profondeur d'eau à l'endroit où le bateau se meut. Il peut être regardé comme indéfini en étendue dans tous les sens; car la route OKR du corps flottant est distante de 17 pieds de la paroi la plus voisine AB; la profondeur de l'eau sous chaque corps est de plus de 4 pieds; & le sillon que le bateau trace en divisant le fluide, ne s'étend guère à plus de 2 pieds de part & d'autre de ses côtés.

(844.) Sur le bord AD du bassin, est planté verticalement, en M, un mât qui a 76 pieds de hauteur hors de terre; il porte à son sommet une poulie de cuivre parfaitement mobile; en bas est une autre poulie semblable; chacune de ces poulies a 5 pouces $\frac{1}{2}$ ligne de diamètre; & le diamètre de chaque tourillon est de $4\frac{2}{3}$ lignes.

(845.) Le bateau Z est tiré de O vers M, parallèlement à la paroi longitudinale BA du bassin, par un cordon de soie, qui allant passer sous la poulie inférieure, de-là sur la poulie supérieure, est entraîné par un poids qui descend du haut du mât. Je n'ai pas besoin d'avertir que la partie du cordon comprise entre le bateau & la poulie inférieure, est horizontale, du moins à peu-près. Le cordon a $2\frac{1}{6}$ lignes de diamètre; & il pèse 28 onces $7\frac{1}{2}$ gros, sur $39\frac{1}{2}$ toises de longueur; ce qui fait un peu moins de 6 gros par toise. La partie du cordon, à laquelle est fixé le poids moteur, pend jufqu'à terre; par-là, il y a équilibre entre les poids des deux branches du cordon, qui partent de la poulie fupérieure.

(846.) Les deux droites *E F*, *G H*, perpendiculaires à la paroi *A B*, marquent les limites de la partie qu'on mefure de l'efpace entier parcouru par le bateau. Cette partie *K R* ou *E G* eft exactement de 50 pieds. La ligne *G H* eft diftante de *A D*, de 5 à 6 pieds. Le bateau part du point *O*, diftant de *E F*, d'environ 16 pieds, afin que fur cette étendue, fon mouvement qui s'accélère par degrés dans les premiers inftans, parvienne, au moins fenfiblement, à l'uniformité, quand il eft arrivé en *K*. Un peu après qu'il eft parvenu en *R*, le poids moteur arrive à terre: alors la réfiftance que le bateau éprouve de la part du fluide *G A D H*, & le fecours que l'on tire d'ailleurs d'une longue perche, ralentiffent le mouvement du bateau & empêchent qu'il ne vienne fe brifer contre la paroi *A D*.

(847.) On s'eft fervi, pour mefurer le temps, d'une excellente pendule à demi-fecondes. On ne s'eft pas affujetti à faire commencer le temps avec le mouvement: outre que la chofe eut été embarraffante, on fent qu'elle eft abfolument inutile; car en retranchant le nombre de demi-fecondes, prononcé à l'inftant où le bateau fe trouve dans l'alignement *E F*, du nombre de demi-fecondes prononcé à l'inftant où il fe trouve dans l'alignement *GH,* on a évidemment le temps employé à parcourir l'efpace *KR* ou *EG.*

(848.) Chaque bateau s'enfonce dans le fluide d'une quantité plus ou moins grande, qu'on appelle la *hauteur de la flottaifon.* Dans tous les cas, le fond ou la quille du bateau eft de niveau, ou parallèle au plan de flottaifon. On fait prendre au bateau l'enfoncement convenable, en le chargeant de corps pefans, tels que des bombes, des boulets de canon, des pierres, &c. Sa partie extérieure à l'eau eft peu élevée pour éviter le plus qu'il eft poffible le choc du vent.

(849.) Pour empêcher que le bateau ne ferpente en cheminant & pour le forcer d'aller en ligne droite, on garnit fa poupe d'un gouvernail, qui eft une pièce de bois, mince, pofée de champ, dans le fens du plan vertical qui paffe par la corde & qui divife le bateau en deux parties égales & femblables. La réfiftance qui provient du frottement de l'eau contre les parois latérales du bateau, contre le fond & contre le gouvernail, eft une efpèce de force morte, très-petite, & fenfiblement négligeable par rapport à celle qu'éprouve la proue de chaque bateau en frappant le fluide.

(850.) Je viens à la defcription des différens bateaux qui ont couru fur le fluide. Lorfque plufieurs d'entr'eux auront la même forme & ne différeront que par les dimenfions, je les repréfenterai par une même *Figure;* mais je les diſtinguerai par des numéros, ſous leſquels je marquerai, quand il le faudra, les dimenſions eſſentielles à connoître.

FIG. 71, N.ᵒˢ 1, 2.

Bateau qui eſt, ſuivant ſa profondeur ou dimenſion verticale, un priſme droit, ayant pour baſe ou pour ſa coupe horizontale, un pentagone $ABCDE$, dont la partie $ABCE$ eſt un rectangle, & la partie ECD un triangle iſocèle. La largeur $AB = 1$ pied; la longueur $BC = 4$ pieds; & la hauteur Dn du triangle $= 2$ pieds.

N.º 1. La proue eſt la face rectangulaire AB.

N.º 2. La proue eſt la face angulaire EDC; de ſorte qu'ici le corps flottant eſt le précédent, retourné de l'arrière à l'avant.

FIG. 72, N.ᵒˢ 3, 4, 5, 6, 7, 8.

Bateau priſmatique ſuivant ſa profondeur, ayant pour baſe l'hexagone $ABCLKE$; les faces latérales & égales AE, BC ſont perpendiculaires à la face AB; & les faces EK, CL du trapèze $EKLC$ ſont égales. $AB = 2$ pieds; $BC = 4$ pieds; $ng = 2$ pieds; $KL = 1$ pied.

N.º 3. La proue eſt la face rectangulaire AB.

Dans les autres N.ᵒˢ, la proue eſt le triangle iſocèle ADB, qu'il faut concevoir appliqué contre la face AB du cas précédent : ce triangle a différentes hauteurs DH, ce qui va diftinguer les N.^{os} dont il s'agit.

Numéros.			Pouces.
4			6
5			12
6	$DH =$		18
7			24
8			30

FIG. 73. N.ºs 9, 10, 11, 12.

Parallélepipède rectangle dont la largeur AB $= 19$ pouces 8 lignes, & la longueur $BC = 6$ pieds 1 pouce.

N.° 9. La proue eft la face rectangulaire AB.

N.ºs 10 & 11. On applique contre la face rectangulaire AB du N.° précédent, la proue angulaire ifocèle ADB, dont la hauteur DH eft de 9 pouces $9\frac{1}{2}$ lignes pour le N.° 10, & de 19 pouces 8 lignes pour le N.° 11.

N.° 12. On applique contre la face rectangulaire AB du N.° 9 la proue cylindrique AOB.

FIG. 74. N.° 13.

Ce bateau, qui eft ici repréfenté en perfpective par $ABCE$, eft un prifme droit dont LMN repréfente la coupe géométrale, faite perpendiculairement à la longueur BC. La plus grande largeur ef de cette coupe $= 19$ pouces 8 lignes; la longueur BC du bateau $= 6$ pieds.

FIG. 75. N.º 14.   Fig. 75.

Ce bateau, également repréfenté en perfpective, eft fait fur le modèle d'un vaiffeau de roi:
L M N en repréfente la coupe géométrale, faite
à l'endroit le plus gros, perpendiculairement à la
longueur. La plus grande largeur *e f* de cette
coupe $=$ 19 pouces 8 lignes ; & la longueur
A B du bateau $=$ 6 pieds.

(851.) Voilà la plus grande partie des bateaux
qui ont fervi aux expériences dont il s'agit. J'en
omets quelques-uns, parce que les expériences qui
y font relatives peuvent être fuppléées par celles
que j'ai faites fur le choc des roues à ailes, &
que je rapporterai dans la fuite. Je ne donne pas
même toutes les expériences qui ont été faites
avec les bateaux précédens ; je me contente d'en
prendre un nombre fuffifant pour fervir de bafes
certaines aux principes qu'il faut établir fur cette
matière.

(852.) Dans les defcriptions de ces bateaux,
je n'ai point fait mention de la hauteur de la
flottaifon pour chacun d'eux : je marquerai cette
hauteur dans le tableau des expériences ; & pour
abréger, je la défignerai conftamment par la lettre
F, accompagnée de fa valeur particulière, relative
à chaque cas.

(853.) Il eft évident que le bateau étant
fuppofé en repos, le fluide eft de niveau tout
autour de lui ; mais auffi-tôt qu'il commence à fe

mouvoir, on voit l'eau s'élever peu-à-peu au-devant de la proue, & y former une espèce de *remou* ou de proue fluide qui n'est pas de niveau avec le fluide latéral. La hauteur du remou au-dessus de la ligne primitive de flottaison, est plus grande vers le milieu de la proue que vers ses extrémités. Nous appellerons le remou de la première espèce, *remou central*; celui de la seconde, *remou latéral*. Quelquefois le remou latéral, précisément à la pointe de chaque angle extrême de la proue, est plus bas que la ligne de flottaison ; alors sa valeur est négative. Par la même cause, il se fait toujours vers la pouppe un creux dans l'eau, ou un remou négatif.

Nous avons ordinairement observé les remous vers la proue; mais quelques-unes de ces observations n'ont pas été faites avec toute l'attention possible ; nous ne rapporterons que celles qui nous ont paru exactes. Je désignerai constamment le remou central par la lettre C, & le remou latéral par la lettre L, en y joignant, pour chaque cas, les valeurs particulières de ces quantités, lorsqu'elles auront été observées.

(854.) On comprend assez que l'un & l'autre remou doivent augmenter (& c'est ce qui arrive en effet), tant que la vitesse du corps s'accélère; mais lorsque le mouvement est parvenu à l'uniformité, les remous demeurent constamment les mêmes. On a donc par-là un moyen bien simple (si l'observation est faite très-exactement), de

reconnoître

reconnoître ſi le mouvement eſt uniforme, indépendamment de la comparaiſon des eſpaces parcourus avec les temps correſpondans.

De toutes les expériences qu'on va rapporter, il n'y en a aucune qui n'ait été répétée
& vérifiée pluſieurs fois avec toute l'attention
poſſible : nous avons pris un milieu entre celles
qui diffèrent très-peu entr'elles , & que nous
jugions d'ailleurs fort exactes; toutes les autres
qui n'avoient pas ce caractère ont été rejetées.
Dans les expériences conſervées , les différences
des temps employés à parcourir 50 pieds, font
ſouvent au-deſſous de 1 demi-ſeconde, & ne
montent preſque jamais à 1 ſeconde.

EXPÉRIENCES I, II, III, IV,

(855.) N.° 1. $F = 1$ pied.	POIDS MOTEURS, EXPRIMÉS EN MARCS.	DEMI-SECONDES EMPLOYÉES À PARCOURIR 50 PIEDS.
$C = 21$ lig. $L = 15$ lig.	12	43,70
$C = 26$ lig. $L = 19$ lig.	16	38,37
$C = 34$ lig. $L = 26$ lig.	20	34,75
$C = *$ $L = *$	24	32,16

N.° 1.

EXPÉRIENCES V,.....VIII.

	(856.) N.º 2. $F = 1$ pied.	POIDS MOTEURS, EXPRIMÉS EN MARCS.	DEMI-SECONDES EMPLOYÉES À PARCOURIR 50 PIEDS.
N.º 2.	$C - 29$ lig. $L = 0$	12	30,80
	$C = 36$ lig. $L = -$ *	16	27,25
	$C = 38$ lig. $L = - 4$ lig.	20	24,50
	$C = 39$ lig. $L = - 6$ lig.	24	23,40

EXPÉRIENCES IX,.....XIII.

	(857.) N.º 3. $F = 1$ pied.	POIDS MOTEURS, EXPRIMÉS EN MARCS.	DEMI-SECONDES EMPLOYÉES À PARCOURIR 50 PIEDS.
N.º 3.	$C = 18$ lig. $L = 15$ lig.	16	50,11
	$C = 25$ lig. $L = 21$ lig.	24	44,54
	$C = 36$ lig. $L = 26\frac{1}{2}$ lig.	32	38,80
	$C = 37$ lig. $L = 30$ lig.	40	34,80
	$C = 44$ lig. $L = 37$ lig.	48	32,33

EXPÉRIENCES XIV,.....XVIII.

(858.) N.° 4. $F = 1$ pied.	POIDS MOTEURS, EXPRIMÉS EN MARCS.	DEMI-SECONDES EMPLOYÉES À PARCOURIR 50 PIEDS.
$C = 16$ lig. $L = 7$ lig.	16	50,00
$C = 21$ lig. $L = 11$ lig.	20	43,50
$C = 27$ lig. $L = 17$ lig.	24	38,50
$C = 30$ lig. $L = 19$ lig.	28	37,00
$C = 34$ lig. $L = 22$ lig.	32	34,92

N.° 4.

EXPÉRIENCES XIX,.....XXIII.

(859.) N.° 5. $F = 1$ pied.	POIDS MOTEURS, EXPRIMÉS EN MARCS.	DEMI-SECONDES EMPLOYÉES À PARCOURIR 50 PIEDS.
$C = 22$ lig. $L = *$	16	42,68
$C = 24$ lig. $L = 12$ lig.	20	38,18
$C = 28$ lig. $L = 11$ lig.	24	35,56
$C = 33$ lig. $L = 9$ lig.	28	32,95
$C = *$ $L = *$	32	31,60

N.° 5.

EXPÉRIENCES XXIV,.....XXVIII.

N.° 6.

(860.) N.° 6. $F = 1$ pied.	POIDS MOTEURS, EXPRIMÉS EN MARCS.	DEMI-SECONDES EMPLOYÉES À PARCOURIR 50 PIEDS.
$C = 22$ lig. $L = *$	16	39,00
$C = 24$ lig. $L = 11$ lig.	20	35,75
$C = 27$ lig. $L = *$	24	32,62
$C = 33$ lig. $L = *$	28	30,37
$C = 38$ lig. $L = *$	32	28,87

EXPÉRIENCES XXIX,.....XXXIII.

N.° 7.

(861.) N.° 7. $F = 1$ pied.	POIDS MOTEURS, EXPRIMÉS EN MARCS.	DEMI-SECONDES EMPLOYÉES À PARCOURIR 50 PIEDS.
$C = 24$ lig. $L = 6$ lig.	16	37,70
$C = 29$ lig. $L = 0$	20	33,45
$C = 35$ lig. $L = *$	24	30,70
$C = 40$ lig. $L = *$	28	28,50
$C = 45$ lig. $L = *$	32	27,60

EXPÉRIENCES XXXIV,.....XXXVIII.

(862.) N.° 8. $F = 1$ pied.	POIDS MOTEURS, EXPRIMÉS EN MARCS.	DEMI-SECONDES EMPLOYÉES À PARCOURIR 50 PIEDS.
$C = 29$ lig. $L = - 4$ lig.	16	36, 62
$C = 33$ lig. $L = - 6$ lig.	20	33, 40
$C = 38$ lig. $L = - $ *	24	30, 81
$C = 45$ lig. $L = - $ *	28	28, 62
$C = 52$ lig. $L = - $ *	32	27, 00

EXPÉRIENCES XXXIX,.....XLIII.

(863.) N.° 9. $F = 7$ pouc. 10 l.	POIDS MOTEURS, EXPRIMÉS EN MARCS.	DEMI-SECONDES EMPLOYÉES À PARCOURIR 50 PIEDS.
$C = 24\frac{1}{2}$ lig. $L = $ *	16	41, 75
$C = 32\frac{1}{2}$ lig. $L = $ *	20	37, 80
$C = 38$ lig. $L = $ *	24	34, 75
$C = 46$ lig. $L = $ *	30	32, 50
$C = 50$ lig. $L = $ *	36	29, 90

N.° 8.

N.° 9.

EXPÉRIENCES XLIV,.....XLVIII.

N.° 9.	(864.) N.° 9. $F = 12$ pouc. $5\frac{1}{2}$ l.	POIDS MOTEURS, EXPRIMÉS EN MARCS.	DEMI-SECONDES EMPLOYÉES À PARCOURIR 50 PIEDS.
	$C = 15$ lig. $L = *$	16	52,00
	$C = 18$ lig. $L = *$	20	46,05
	$C = 20\frac{1}{2}$ lig. $L = *$	24	42,07
	$C = 26$ lig. $L = *$	30	37,25
	$C = 32\frac{1}{2}$ lig. $L = *$	35	35,18

EXPÉRIENCES XLIX,.....LIII.

N.° 9.	(865.) N.° 9. $F = 15$ pouc. 10 l.	POIDS MOTEURS, EXPRIMÉS EN MARCS.	DEMI-SECONDES EMPLOYÉES À PARCOURIR 50 PIEDS.
	$C = 15$ lig. $L = *$	20	50,75
	$C = 18$ lig. $L = *$	24	46,50
	$C = 24$ lig. $L = *$	32	41,00
	$C = 33$ lig. $L = *$	40	36,50
	$C = 39$ lig. $L = *$	48	33,69

EXPÉRIENCES LIV,.....LVIII.

(866.) N.° 10. $F = 7$ pouc. 10 l.	POIDS MOTEURS, EXPRIMÉS EN MARCS.	DEMI-SECONDES EMPLOYÉES À PARCOURIR 50 PIEDS.
$C = 23$ lig. $L = *$	12	38,18
$C = 28$ lig. $L = 10$ lig.	14	35,37
$C = 30$ lig. $L = 12$ lig.	16	33,90
$C = 35$ lig. $L = *$	18	31,95
$C = 39$ lig. $L = *$	20	30,45

N.° 10.

EXPÉRIENCES LIX,.....LXIII.

(867.) N.° 10. $F = 12$ pouc. $5\frac{1}{2}$ l.	POIDS MOTEURS, EXPRIMÉS EN MARCS.	DEMI-SECONDES EMPLOYÉES À PARCOURIR 50 PIEDS.
$C = 16$ lig. $L = 2$ lig.	12	47,90
$C = 24$ lig. $L = 5$ lig.	16	42,06
$C = 30$ lig. $L = 8$ lig.	20	37,68
$C = 36$ lig. $L = 10$ lig.	24	34,90
$C = 39\frac{1}{2}$ lig. $L = *$	28	32,37

N.° 10.

EXPÉRIENCES LXIV,.....LXVIII.

N.° 1C.

(868.) N.° 10. $F = 15$ pouc. 10 l.	POIDS MOTEURS, EXPRIMÉS EN MARCS.	DEMI-SECONDES EMPLOYÉES À PARCOURIR 50 PIEDS.
$C = 11$ lig. $L = *$	12	54,60
$C = 15\frac{1}{2}$ lig. $L = 0$	16	47,20
$C = 18\frac{1}{2}$ lig. $L = *$	20	42,00
$C = 20$ lig. $L = *$	22	40,25
$C = 23$ lig. $L = *$	24	38,40

EXPÉRIENCES LXIX,.....LXXIII.

N.° 11.

(869.) N.° 11. $F = 7$ pouc. 10 l.	POIDS MOTEURS, EXPRIMÉS EN MARCS.	DEMI-SECONDES EMPLOYÉES À PARCOURIR 50 PIEDS.
$C = 32$ lig. $L = *$	14	32,12
$C = 36$ lig. $L = *$	16	30,41
$C = 40$ lig. $L = *$	18	29,20
$C = 44$ lig. $L = *$	20	28,10
$C = 50$ lig. $L = *$	24	26,25

EXPÉRIENCES LXXIV,.....LXXVIII.

(870.) N.° 11. $F = 12$ pouc. $5\frac{1}{2}$ l.	POIDS MOTEURS, EXPRIMÉS EN MARCS.	DEMI-SECONDES EMPLOYÉES À PARCOURIR 50 PIEDS.
$C = 18$ lig. $L = - 2$ lig.	12	42,85
$C = 24$ lig. $L = *$	16	37,15
$C = 35$ lig. $L = *$	20	34,00
$C = 40$ lig. $L = *$	24	31,10
$C = 45$ lig. $L = *$	28	29,30

N.° 11.

EXPÉRIENCES LXXIX,.....LXXXIII.

(871.) N.° 11. $F = 15$ pouc. 10 l.	POIDS MOTEURS, EXPRIMÉS EN MARCS.	DEMI-SECONDES EMPLOYÉES À PARCOURIR 50 PIEDS.
$C = *$ $L = *$	12	46,87
$C = *$ $L = *$	14	44,00
$C = 18$ lig. $L = - 5$ lig.	16	41,50
$C = 24$ lig. $L = *$	18	39,12
$C = 30$ lig. $L = *$	20	36,94

N.° 11.

EXPÉRIENCES LXXXIV,.....LXXXVII.

N.° 12.

(872.) N.° 12. $F = 7$ pouc. 10 l.	FOIDS MOTEURS, EXPRIMÉS EN MARCS.	DEMI-SECONDES EMPLOYÉES À PARCOURIR 50 PIEDS.
$C = 26$ lig. $L = *$	12	36,00
$C = 33$ lig. $L = *$	16	32,20
$C = 40$ lig. $L = *$	20	29,60
$C = 46$ lig. $L = *$	24	27,40

EXPÉRIENCES LXXXVIII,.....XCI.

N.° 12.

(873.) N.° 12. $F = 12$ pouc. $5\frac{1}{2}$ l.	POIDS MOTEURS, EXPRIMÉS EN MARCS.	DEMI-SECONDES EMPLOYÉES À PARCOURIR 50 PIEDS.
$C = 20$ lig. $L = *$	12	44,00
$C = 26$ lig. $L = *$	16	38,50
$C = 32$ lig. $L = *$	20	35,40
$C = 38$ lig. $L = *$	24	32,69

EXPÉRIENCES XCII, XCIII.

(874.) N.° 12. $F = 15$ pouc. 10 l.	POIDS MOTEURS, EXPRIMÉS EN MARCS.	DEMI-SECONDES EMPLOYÉES À PARCOURIR 50 PIEDS.
$C = 15$ lig. $L = *$	12	49,31
$C = 20$ lig. $L = *$	16	42,62

N.° 12.

EXPÉRIENCES XCIV,.....XCIX.

(875.) N.° 13. $F = 12$ pouc. 8 l.	POIDS MOTEURS, EXPRIMÉS EN MARCS.	DEMI-SECONDES EMPLOYÉES À PARCOURIR 50 PIEDS.
$C = 18$ lig. $L = *$	12	54,65
$C = 22$ lig. $L = *$	16	47,94
$C = 26\frac{1}{2}$ lig. $L = *$	20	43,14
$C = 30$ lig. $L = *$	24	38,92
$C = 36$ lig. $L = *$	30	34,82
$C = 42$ lig. $L = *$	36	32,72

N.° 13.

EXPÉRIENCES C,.....CV.

N.° 13.

(876.) N.° 13. $F = 15$ pouc. 11 l.	POIDS MOTEURS, EXPRIMÉS EN MARCS.	DEMI-SECONDES EMPLOYÉES À PARCOURIR 50 PIEDS.
$C = 11$ lig. $L = *$	10	65,56
$C = 13$ lig. $L = *$	12	60,70
$C = 18$ lig. $L = *$	16	53,05
$C = 22$ lig. $L = *$	20	47,67
$C = 27$ lig. $L = *$	24	43,06
$C = 33$ lig. $L = *$	30	39,25

EXPÉRIENCES CVI, CVII, CVIII.

N.° 14.

(877.) N.° 14. $F = 12$ pouc. 8 l.	POIDS MOTEURS, EXPRIMÉS EN MARCS.	DEMI-SECONDES EMPLOYÉES À PARCOURIR 50 PIEDS.
$C = 30$ lig. $L = *$	8	31,18
$C = 38$ lig. $L = *$	10	27,90
$C = 48$ lig. $L = *$	12	26,50

EXPÉRIENCES CIX, CX, CXI.

(878.) N.° 14. $F = 15$ pouc. 11 l.	POIDS MOTEURS, EXPRIMÉS EN MARCS.	DEMI-SECONDES EMPLOYÉES À PARCOURIR 50 PIEDS.
$C = 33$ lig. $L = {}*$	8	36,69
$C = 36\frac{1}{2}$ lig. $L = {}*$	10	32,90
$C = 40$ lig. $L = {}*$	12	30,75

N.° 14.

RÉFLEXIONS.

(879.) J'ai déjà comparé, dans le chapitre précédent, la théorie ordinaire de la percuffion ou réfiftance des fluides avec l'expérience. Ici je vais traiter encore le même fujet; mais fous un autre point de vue, & dans un ordre différent, à raifon de la diverfité des expériences. On trouvera dans cette nouvelle difcuffion plufieurs remarques importantes que l'on n'avoit point faites, parce qu'on n'avoit pas les expériences qui les ont fait naître & qui en démontrent la juftefle.

PREMIÈRE QUESTION.

En quel rapport varient les réfiftances d'un même corps mu avec différentes vîteffes?

(880.) Obfervons d'abord que le poids moteur, en defcendant, commence par mettre en mouvement la maſſe du bateau & celle de la corde; & que de plus il ſurmonte la réſiſtance de l'eau, le frottement, & la réſiſtance que la partie du bateau, extérieure au fluide, éprouve de la part de l'air. Dans les premiers inſtans le mouvement du bateau s'accélère; mais bientôt il parvient à l'uniformité : alors ce mouvement ſe perpétue par lui-même, & le poids moteur n'a plus à vaincre à chaque inſtant que la réſiſtance de l'eau, le frottement, & la réſiſtance de l'air. Je le conſidère en cet état, ſeul objet d'utilité.

(881.) Des trois réſiſtances que le poids moteur ſurmonte, la première eſt de beaucoup la plus conſidérable; la réſiſtance de l'air peut même être entièrement négligée dans la plupart des cas, puiſque l'air eſt environ 850 fois moins denſe que l'eau, & que la partie du bateau, extérieure à l'eau, n'a jamais une grande étendue. Quant au frottement, ſi l'on ſuppoſe (ce qui eſt ſenſiblement vrai), qu'il ſoit proportionnel au poids moteur; on verra que les poids moteurs, diminués des effets des frottemens, ſont entr'eux comme les poids non diminués, puiſqu'on a la proportion, $p - \dfrac{p}{m} : p' - \dfrac{p'}{m} :: p : p'$, dans laquelle le nombre m, conſtant ou ſenſiblement tel, exprime le rapport de la preſſion au frottement, tandis que p ou p' repréſente la preſſion abſolue. D'où il ſuit que dans cette hypothèſe les différens poids moteurs effectivement employés à mouvoir

un même bateau, feront entr'eux, au moins fenfiblement, comme les différentes réfiftances que ce
corps éprouve en divifant l'eau.

(882.) Suivant la théorie, les réfiftances qu'é-
prouve un même corps mu avec différentes vîteffes,
font entr'elles comme les quarrés de ces vîteffes,
ou comme les quarrés inverfes des temps employés
à parcourir un même efpace ; ce qui étant fuppofé
vrai, lorfqu'on néglige le frottement, l'eft encore
lorfqu'on le regarde comme proportionnel au poids
moteur. Ainfi , en nommant p & p' deux poids
moteurs pour un même bateau, t & t' les temps
correfpondans que ce bateau employe à parcourir un même efpace, on a, $p : p' :: t'^2 : t^2$,
ou bien $\sqrt{p} : \sqrt{p'} :: t' : t$. Or, cette même proportion a auffi lieu à peu-près, fuivant l'expé-
riénce, comme on pourra le reconnoître, en
comparant deux à deux les expériences rapportées
dans les tableaux précédens dont chacun en particulier comprend des expériences relatives à un
même bateau & à .une même flottaifon. Faifons-
en nous - mêmes l'effai fur quelques - uns de ces
tableaux.

(883.) I. Expériences I & II, $p = 12$;
$p' = 16$; $t = 43,70$; $t' = 38,37$. En
regardant t' comme l'inconnue , la proportion
donne, $t' = 37,85$.

II. Expériences I & III, $p = 12$; $p' = 20$;
$t = 43,70$; $t' = 34,75$. En prenant

toujours t' pour l'inconnue, la proportion donne,
$t' = 33,85$.

III. Expériences I & IV, $p = 12$; $p' = 24$;
$t = 43,70$; $t' = 32,16$. La proportion donne,
$t' = 30,90$.

IV. Expériences IX & X, $p = 16$; $p' = 24$;
$t = 50,11$; $t' = 44,54$. La proportion donne,
$t' = 40,92$.

V. Expériences IX & XI, $p = 16$; $p' = 32$;
$t = 50,11$; $t' = 38,80$. La proportion donne,
$t' = 35,44$.

VI. Expériences IX & XII, $p = 16$; $p' = 40$;
$t = 50,11$; $t' = 34,80$. La proportion donne,
$t' = 31,70$.

VII. Expériences IX & XIII, $p = 16$; $p' = 48$; $t = 50,11$; $t' = 32,33$. La proportion donne, $t' = 28,94$.

Tous ces exemples se rapportent à la résistance directe & perpendiculaire des surfaces planes. En voici pour les résistances des surfaces angulaires ou courbes.

VIII. Expériences V & VI, $p = 12$; $p' = 16$;
$t = 30,80$; $t' = 27,25$. La proportion donne,
$t' = 26,67$.

IX. Expériences V & VII, $p = 12$; $p' = 20$;
$t = 30,80$; $t' = 24,50$. La proportion donne,
$t' = 23,86$.

X. Expériences

X. Expériences V & VIII, $p = 12$; $p' = 24$; $t = 30,80$; $t' = 23,40$. La proportion donne, $t' = 21,78$.

XI. Expériences XIX & XX, $p = 16$; $p' = 20$; $t = 42,68$; $t' = 38,18$. La proportion donne, $t' = 38,16$.

XII. Expériences XIX & XXI, $p = 16$; $p' = 24$; $t = 42,68$; $t' = 35,56$. La proportion donne, $t' = 34,85$.

XIII. Expériences XIX & XXII, $p = 16$; $p' = 28$; $t = 42,68$; $t' = 32,95$. La proportion donne, $t' = 32,27$.

XIV. Expériences XIX & XXIII, $p = 16$; $p' = 32$; $t = 42,68$; $t' = 31,60$. La proportion donne, $t' = 30,18$.

XV. Expériences CVI & CVII, $p = 8$; $p' = 10$; $t = 31,18$; $t' = 27,90$. la proportion donne, $t' = 27,88$.

XVI. Expériences CVI & CVIII, $p = 8$; $p' = 12$; $t = 31,18$; $t' = 26,50$. La proportion donne, $t' = 25,46$.

XVII. Expériences CIX & CX, $p = 8$; $p' = 10$; $t = 36,69$; $t' = 32,90$. La proportion donne, $t' = 32,81$.

XVIII. Expériences CIX & CXI, $p = 8$; $p' = 12$; $t = 36,69$; $t' = 30,75$. La proportion donne, $t' = 29,96$.

(884.) Sans multiplier davantage ces calculs,

on voit que les réfiſtances d'une même furface, mue avec différentes vîteſſes, dans un fluide indéfini, fuivent à peu-près la raiſon des quarrés des vîteſſes. Cette loi s'obſerve tant pour la réfiſtance directe, que pour les réfiſtances qui viennent des chocs contre des furfaces angulaires, ou contre des furfaces courbes. Il faut cependant remarquer qu'à meſure que le poids moteur augmente, le temps du mouvement diminue un peu moins, fuivant l'expérience, qu'il ne devroit diminuer, fuivant la proportion, $\sqrt{p} : \sqrt{p'} :: t' : t$; ou ce qui revient au même, que la réfiſtance augmente en plus grand rapport que le quarré de la vîteſſe. La cauſe phyſique de cette augmentation de rapport eſt facile à trouver; car auſſitôt que le corps flottant vient à fe mouvoir, le fluide eſt obligé de fe diviſer & de céder pour lui faire place. Or l'eau ne peut pas fe prêter en un inſtant indiviſible, au mouvement du bateau. Dans le commencement de ce mouvement, la vîteſſe s'accélère par degrés. Tant qu'elle eſt fort petite, l'eau fe détourne facilement, & coule le long des parois du corps flottant; de manière que le fluide demeure de niveau, au moins fenfiblement, de l'avant à l'arrière du corps dont il s'agit. Mais à meſure que la vîteſſe augmente, le fluide a plus de peine à fe détourner; il s'amoncèle au-devant de la proue; il y forme une efpèce de proue fluide qui a plus ou moins d'étendue, felon que la vîteſſe eſt plus ou moins grande, & que la proue folide à plus ou moins de largeur. De plus, le fluide s'abaiffe vers la partie poftérieure du bateau. Ce double effet eft d'autant plus fenfible, toutes chofes d'ailleurs égales, que la vîteffe eft plus grande. Ainfi l'augmentation de vîteffe doit faire augmenter la réfiftance que le bateau éprouve à divifer le fluide.

Il en eft de même pour la réfiftance des corps qui fe meuvent dans des fluides où ils font entièrement plongés. Par exemple, la réfiftance qu'éprouve un boulet de canon à fendre l'air, doit augmenter en plus grande raifon que le quarré de fa vîteffe. En effet, plus le boulet va vîte, plus l'air déplacé par la partie antérieure, a de difficulté à couler par les côtés, & à venir remplir le fluide qui fe forme à chaque inftant vers la partie poftérieure.

SECONDE QUESTION.

En quel rapport varient les réfiftances de différentes furfaces planes choquées directement avec une même vîteffe ?

(885.) Soient p & p' les réfiftances perpendiculaires, abfolues ou comparatives, de deux plans A & B; V & u les vîteffes uniformes de ces deux plans; t & t' les temps qu'ils emploient à parcourir un même efpace. On a, fuivant la théorie, $p : p' :: A V^2 : B u^2$; ou, $p : p' :: A t'^2 : B t^2$; ou, $\sqrt{p} : \sqrt{p'} :: t' \sqrt{A} : t \sqrt{B}$. Nous allons examiner si cette proportion a lieu aussi, suivant l'expérience.

(886.) Je distingue deux cas dans cette re-cherche : le premier, lorsque les deux plans choqués par le fluide, y sont également enfoncés ; le second, lorsque les enfoncemens sont différens ; car il peut se faire que la loi de la résistance ne soit pas exactement la même pour deux plans qui diffèrent en largeur, que pour deux plans qui diffèrent en hauteur.

(887.) I.er Cas. Comparons la résistance du bateau N.° 1, avec celles du bateau N.° 3 & du bateau N.° 9, seconde flottaison. Les enfoncemens des N.os 1 & 3 sont les mêmes ; & les surfaces que ces bateaux présentent au choc du fluide, sont entr'elles comme 1 & 2. Les enfoncemens des bateaux N° 1 & N.° 9, seconde flottaison, sont peu différens, le premier étant de 1 pied, le second, de 1 pied $5\frac{1}{2}$ lignes ; cette différence est trop petite pour pouvoir introduire à cet égard quelque varia-tion sensible dans le rapport des résistances ; les sur-faces que ces bateaux présentent au choc du fluide, sont entr'elles comme 1000 & 1702, à peu-près.

Les deux expériences que je compare dans chacun des caculs suivans, sont toujours choisies de manière que les temps des mouvemens diffèrent peu l'un de l'autre, afin que la variation de la résistance, qui peut être relative à la variation des vîtesses, n'ait pas d'influence sensible sur le résultat que je cherche en ce moment.

(888.) I. Expériences I & X, $p = 12$, $p' = 24$; $t = 43,70$; $t' = 44,54$. En regardant t' comme l'inconnue, la proportion énoncée ci-dessus, donne, $t' = t = 43,70$.

II. Expériences II & XI, $p = 16$; $p' = 32$; $t = 38,37$; $t' = 38,80$. La proportion donne, $t' = t$.

III. Expériences III & XII, $p = 20$; $p' = 40$; $t = 34,75$; $t' = 34,80$. La proportion donne, $t' = t$.

IV. Expériences IV & XIII, $p = 24$; $p' = 48$; $t = 32,16$; $t' = 32,33$. La proportion donne, $t' = t$.

V. Expériences I & XLVI, $p = 12$; $p' = 24$; $t = 43,70$; $t' = 42,07$. La proportion donne, $t' = 40,31$.

VI. Expériences II & XLVII, $p = 16$; $p' = 30$; $t = 38,37$; $t' = 37,25$. La proportion donne, $t' = 36,56$.

VII. Expériences III & XLVIII, $p = 20$; $p' = 35$; $t = 34,75$; $t' = 35,18$. La proportion donne, $t' = 34,27$.

(889.) Il suit des calculs précédens (& tous les autres de ce genre, donneroient le même résultat), que pour des surfaces planes, également enfoncées dans le fluide, & qui ne diffèrent que par les largeurs, la résistance directe & perpendiculaire, sous même vîtesse, est sensiblement proportionnelle à l’étendue de la furface qui eſt plongée dans l’eau au premier inſtant du mouvement. Je dis *ſenſiblement*, car la réſiſtance augmente dans un rapport un peu plus grand que n’augmente l’étendue de la furface. En effet, plus la furface eſt grande, plus l’eau qu’elle pouſſe continuellement devant elle a de peine à ſe détourner & à ſe remettre de niveau avec le reſte du fluide ; ce qui doit augmenter la réſiſtance.

(890.) Nous avons déjà obſervé (884) qu’en même temps que le fluide s’élève au-devant de la proue du vaiſſeau, il s’abaiſſe vers ſa partie poſtérieure. Il y a donc, de l’avant à l’arrière du bateau, une différence de niveau du fluide, laquelle eſt produite par deux cauſes, par l’élévation de l’eau au-devant de la proue, & par ſon abaiſſement vers la poupe. Si l’on connoiſſoit le rapport de l’élévation à l’abaiſſement, on connoîtroit la furface que le corps doit être cenſé préſenter au choc du fluide ; & par-là on feroit en état de décider pleinement ſi, toutes choſes d’ailleurs égales, les réſiſtances ſuivent la loi des furfaces, ou de combien elles s’écartent de cette loi. Mais le rapport dont il s’agit eſt très-difficile à déterminer avec une préciſion ſuffiſante. Il dépend de pluſieurs élémens qui ſe compliquent mutuellement : tels ſont l’étendue de la proue, ſa figure, celle de la poupe, la longueur du bateau, ſa forme poſtérieure, & ſur-tout ſa viteſſe. Nous avons trouvé en général, dans les expériences précédentes, que l'enfoncement étoit moindre que l'élévation.

(891.) D'après cette dernière remarque, ayant fait des calculs pareils à ceux de l'article 888, mais en fuppofant que l'abaiſſement fût, par exemple, les deux tiers de l'élévation, ou, ce qui revient au même, que le bateau fût dans le même cas que fi le remou central à l'avant étoit les cinq tiers de celui qui a été obfervé, & que l'eau s'élevât vers la poupe jufqu'à la ligne primitive de flottaifon ; j'ai trouvé que les réfiftances calculées de cette manière approchent beaucoup de celles qui ont été déterminées immédiatement par l'expérience. Je ne rapporte pas ces calculs, qui font un peu hypothétiques ; je me contente d'obferver que de nouvelles expériences, faites avec le plus grand foin, fur la différence des remous de l'avant & de l'arrière d'un corps flottant, pourroient fournir des vues utiles pour perfectionner la théorie de la réfiftance des fluides.

(892.) II.ᵐᵉ CAS. Le bateau N.° 9, par fes trois lignes de flottaifon, nous donne trois furfaces planes qui ont la même largeur & qui ne diffèrent que par les profondeurs. Ces trois furfaces enfoncées dans le fluide font entr'elles comme les nombres 940, 1495, 1900. Faifons à ce fujet quelques calculs analogues à ceux de l'article 888.

(893.) I. Expériences XXXIX & XLVI,

$p = 16$; $p' = 24$; $t = 41,75$; $t' = 42,07$. La proportion de l'article 885 donne, $t' = 42,99$.

II. Expériences XL & XLVII; $p = 20$; $p' = 30$; $t = 37,80$; $t' = 37,25$. La proportion donne, $t' = 38,92$.

III. Expériences XLI & XLVIII, $p = 24$; $p' = 35$; $t = 34,75$; $t' = 35,18$. La proportion donne, $t' = 36,29$.

IV. Expériences XLIV & XLIX, $p = 16$; $p' = 20$; $t = 52,00$; $t' = 50,75$. La proportion donne, $t' = 52,44$.

V. Expériences XLV & L, $p = 20$; $p' = 24$; $t = 46,05$; $t' = 46,50$. La proportion donne, $t' = 47,39$.

VI. Expériences X LV & LI, $p = 24$; $p' = 32$; $t = 42,07$; $t' = 41,00$. La proportion donne, $t' = 40,03$.

VII. Expériences XLVII & LII, $p = 30$; $p' = 40$; $t = 37,25$; $t' = 36,50$. La proportion donne, $t' = 36,37$.

VIII. Expériences XLVIII & LIII, $p = 35$; $p' = 48$; $t = 35,18$; $t' = 33,69$. La proportion donne, $t' = 33,86$.

(894.) On voit, par ces calculs, que les réſiſtances des ſurfaces inégalement enfoncées dans l'eau, ſuivent auſſi à peu-près, ſous la même vîteſſe, la raiſon des ſurfaces. Il y a cependant ici une petite variation qui paroît aller dans un ordre oppofé à celui de la variation des réfiftances des furfaces également enfoncées. Pour celles-ci, la vîteffe étant la même, la réfiftance augmente en plus grande raifon que la furface primitivement enfoncée dans le fluide; pour celles-là, il arrive tout le contraire. De-là nous devons conclure qu'en ayant fimplement égard à la furface préfentée au choc du fluide, & tout étant d'ailleurs le même, les corps entièrement fubmergés doivent éprouver une réfiftance un peu moindre que celles des corps qui ne le font qu'en partie.

(895.) La vîteffe étant fuppofée la même, le remou doit être auffi le même. Ainfi, dans cette hypothèfe, plus le corps s'enfonce dans le fluide, moins l'augmentation de réfiftance produite par le remou doit être fenfible. De-là vient qu'en concluant d'un enfoncement à un autre plus grand, le temps du mouvement, relatif au fecond, fe trouve en général un peu plus long que l'expérience ne le donne. Si l'on fait entrer la confidération des remous dans le calcul des réfiftances, comme nous l'avons indiqué (891), le rapport des réfiftances, fuivant l'expérience, fe rapprochera fort de celui que la théorie donne.

TROISIÈME QUESTION.

En quel rapport varient les réfiftances des furfaces angulaires ou courbes ?

(896.) Lorfqu'un triangle ifocèle, qui fe meut fuivant la direction de fa hauteur, préfente fa pointe au choc d'un fluide, il éprouve, felon la théorie (346), une réfiftance qui eft à celle qu'éprouveroit directement fa bafe, fous même vîtefle, comme le quarré de la bafe eft au quadruple du quarré de l'un des côtés. Et fi les vîtefles ne font pas les mêmes, les quarrés de ces vîtefles entreront dans le rapport des réfiftances. Ainfi, en nommant B la bafe du triangle; p la réfiftance directe que cette bafe éprouve quand elle frappe l'eau avec la vîtefle V; C l'un des côtés du triangle; p' la réfiftance que le triangle éprouve de la part de l'eau dans le fens de fa hauteur, quand il fe meut avec la vîtefle u; t & t' les temps employés, dans les deux cas, à parcourir un même efpace, on aura, $p : p' :: 4\,C^2 \times V^2 : B^2 \times u^2$; ou, $p : p' :: 4\,C^2 \times t'^2 : B^2 \times t^2$; ou, $\sqrt{p} : \sqrt{p'} :: 2\,C \times t' : B \times t$. Voyons fi cette proportion a lieu auffi, fuivant l'expérience.

Je prendrai, dans chaque comparaifon, des bateaux qui aient même largeur & même enfoncement dans le fluide, afin que la lettre B repréfente la même chofe d'une expérience à l'autre. De plus, j'exprimerai les quantités B & C par les nombres auxquels elles font proportionnelles.

(897.) I. Expériences X & XIX, $B = 2000$; $C = 1414$; $p = 24$; $p' = 16$; $t = 44,54$; $t' = 42,68$. En regardant t' comme l'inconnue, la proportion donne, $t' = 38,57$.

II. Expériences XI & XX, $B = 2000$;

$C = 1414$; $p = 32$; $p' = 20$; $t = 38,80$; $t' = 38,18$. La proportion donne, $t' = 34,70$.

III. Expériences XII & XXI, $B = 2000$; $C = 1414$; $p = 40$; $p' = 24$; $t = 34,80$; $t' = 35,56$. La proportion donne, $t' = 31,76$.

IV. Expériences XIII & XXII, $B = 2000$; $C = 1414$; $p = 48$; $p' = 28$; $t = 32,33$; $t' = 32,95$. La proportion donne, $t' = 29,93$.

V. Expériences XI & XXXIV, $B = 2000$; $C = 2692$; $p = 32$; $p' = 16$; $t = 38,80$; $t' = 36,62$. La proportion donne, $t' = 20,38$.

VI. Expériences XII & XXXV, $B = 2000$; $C = 2692$; $p = 40$; $p' = 20$; $t = 34,80$; $t' = 33,40$. La proportion donne, $t' = 18,28$.

VII. Expériences XIII & XXXVI, $B = 2000$; $C = 2692$; $p = 48$; $p' = 24$; $t = 32,33$; $t' = 30,81$. La proportion donne, $t' = 16,98$.

(898.) Il résulte de ces calculs que dans les chocs obliques, le temps du mouvement diminue moins, suivant l'expérience, qu'il ne devroit diminuer suivant la théorie, ou que la résistance effective est plus grande que la résistance théorique. Plus l'angle d'incidence du fluide sur le plan diminue, plus l'expérience s'éloigne de la théorie. Et comme la raison du quarré des vîtesses entre assez exactement (884) dans les mesures des résistances pour toutes sortes de corps, nous devons conclure que la non-conformité de l'expérience avec la théorie dans les chocs obliques, vient de ce qu'on y suppose que la résistance résultante perpendiculairement contre un plan qui est choqué obliquement, diminue, toutes choses d'ailleurs égales, comme le quarré du sinus de l'angle d'incidence; ce qui ne peut avoir lieu qu'imparfaitement, & ce qui doit d'autant plus s'écarter de la vérité, que le choc devient plus oblique.

Les remous ne peuvent être ici d'aucun secours sensible pour rapprocher l'expérience de la théorie.

(899.) Il est facile d'introduire en général, dans l'expression des résistances obliques, au lieu du quarré du sinus de l'angle d'incidence, toute autre puissance du même sinus. Reprenons, pour nous borner au sujet présent, la proportion, $p : p' :: 4\,C^2 \times V^2 : B^2 \times u^2$; ou, $p : p' :: C^2 \times V^2 : \dfrac{B^2}{4} \times u^2$. Le rapport de C^2 à $\dfrac{B^2}{4}$ étant évidemment le même que celui du quarré du sinus total au quarré du sinus de l'angle d'incidence; si, à la place du quarré, nous substituons toute autre puissance n, nous aurons,

$$p : p' :: C^n \times V^2 : \left(\frac{B}{2}\right)^n \times u^2 ; \text{ ou } p : p' :: (2\,C)^n \times V^2 : B^n \times u^2 ;$$

d'où l'on tire,

$$n = \frac{l.p - l.p' + 2\,l.u - 2\,l.V}{l.2\,C - l.B}.$$

Mais la valeur qu'on trouve pour l'exposant n, au moyen d'une paire d'expériences, ne convient pas aux autres comparaiſons analogues. Ainſi cette manière d'expliquer la loi des réſiſtances, n'eſt pas admiſſible : nous en propoſerons dans la ſuite une autre, qui ſatisfait à un très grand nombre de cas.

(900.) La loi des réſiſtances des ſurfaces courbes eſt encore plus difficile à découvrir. En comparant, par exemple, l'expérience LXXXIX avec l'expérience XLVI, on voit que pour une même vîteſſe, la réſiſtance d'une proue cylindrique eſt moindre que les deux tiers de la réſiſtance d'une proue rectangulaire de même largeur & de même profondeur, puiſque ſous les poids moteurs 16 & 24, le temps 38,50 correſpondant au poids 16, eſt moindre que le temps 42,07, correſpondant au poids 24. Or, ſuivant la théorie (350), la réſiſtance de la proue cylindrique devroit être exactement les deux tiers de la réſiſtance de la proue rectangulaire. Concluons donc que l'expérience s'écarte de la théorie, mais dans un ordre oppoſé à celui des réſiſtances des proues angulaires rectilignes par rapport aux réſiſtances des proues planes, puiſque les réſiſtances des proues angulaires rectilignes diminuent moins par rapport aux réſiſtances des proues planes, qu'elles ne devroient diminuer ſuivant la théorie.

(901.) Dans les vaiſſeaux flottans à la mer, on obſerve que la diverſité des figures de la proue ne produit que de légères différences dans le rapport des réſiſtances. En comparant les expériences faites avec le bateau N.° 13, & les expériences faites avec le bateau N.° 14, on trouve que pour une même vîtesse, la résistance qu'éprouve un vaisseau de la forme du bateau N.° 14, est environ la cinquième partie de la résistance directe & perpendiculaire qu'éprouveroit son maître couple.

QUATRIÈME QUESTION.

Quelle est la mesure absolue de la résistance perpendiculaire & directe!

(902.) Soient s^2 l'étendue d'une surface plane, exposée au choc perpendiculaire de l'eau; h la hauteur dûe à la vîtesse du choc; R le poids qui mesure ce même choc; p^3 le volume d'un pied cube d'eau, p représentant le pied linéaire. On fait que le pied cube d'eau ordinaire pèse 70 livres : ainsi le poids du volume d'eau $h s^2$ sera $\dfrac{h s^2}{p^3} \times 70$ livres. Il s'agit de trouver par l'expérience le rapport des deux poids R & $\dfrac{h s^2}{p^3} \times 70$.

(903.) En faisant abstraction du frottement, & de la résistance que le bateau éprouve de la part du choc de l'air contre sa partie extérieure à l'eau, je trouve, par exemple, par l'expérience X, qui est relative au bateau N.° 3, je trouve, dis-je, $R = 24$ marcs $= 12$ livres; $s^2 = 2 p^2$; & par les loix du mouvement uniformément accéléré, $h = 1$ pouce $\frac{1}{2}$ ligne. D'où il résulte, en faisant les substitutions, que le poids $\dfrac{h s^2}{p^3} \times 70$ livres, vaut à peu-près $11\frac{1}{2}$ livres. Il s'en faut donc peu de chofe que le poids $\dfrac{h\,s^2}{p^3} \times 70$ livres foit égal au poids *R*. La différence peut être attribuée au frottement & à la réfiftance de l'air. Ainfi, *la réfiftance qu'éprouve une furface plane qui frappe directement & perpendiculairement un fluide, eft égale, du moins fenfiblement, au poids d'une colonne de ce fluide, qui a pour bafe la furface choquée, & pour hauteur la hauteur dûe à la vîteffe avec laquelle fe fait la percuffion.*

Cette loi, vérifiée par l'exemple précédent, aura néceffairement lieu pour tous les autres cas, puifque nous avons trouvé d'ailleurs en général, que les réfiftances directes & perpendiculaires des furfaces planes font comme les produits de ces furfaces par les quarrés des vîteffes.

(904.) J'ai cherché à reconnoître à peu-près les quantités pour lefquelles la réfiftance de l'air & le frottement entrent dans les poids moteurs de nos bateaux. La réfiftance de l'air, qu'on peut toujours déterminer au moyen de la loi précédente, quand on connoît la furface que le bateau préfente au choc de ce fluide, fe trouve fi petite dans la plupart de nos expériences, & en particulier dans celle que nous venons d'employer, qu'il eft permis de la négliger entièrement fans craindre d'erreur fenfible. Quant au frottement, il mérite un peu plus d'attention. Voici comment je l'ai mefuré.

(905.) On a fait fufpendre à la poulie, qui

eſt fixée au haut du mât, pluſieurs paires de poids égaux au moyen du cordon qui a ſervi pour nos expériences. La longueur du cordon compris maintenant entre les deux poids, eſt de 152 pieds; ſon poids eſt de 12 onces à peu-près. Enſuite on a ajouté à l'un des poids ſuſpendus un autre petit poids, ſimplement ſuffiſant pour rompre l'équilibre, & qu'on doit regarder comme la meſure du frottement. Le rayon de la poulie, augmenté de celui du cordon, eſt au rayon du tourillon, à peu-près dans le rapport de 31 à 2.

Sans rapporter toutes les expériences qui ont été faites à ce ſujet, arrêtons-nous à celle qui eſt relative à l'exemple de l'article 903. Les deux principaux poids ſuſpendus ſont chacun de 12 livres, & le poids additionnel eſt de 5 onces 2 gros. Ce petit poids exprime le frottement pour la poulie ſupérieure. Il faut encore avoir égard au frottement de la poulie inférieure; mais celui-ci eſt un peu moindre que l'autre, parce que les deux cordons, pour la poulie inférieure, forment entr'eux un angle droit. Tout conſidéré, j'eſtime que le poids moteur qui eſt ſimplement néceſſaire pour vaincre la réſiſtance de l'eau, & qui, par conſéquent exprime la meſure de cette réſiſtance, eſt de 186 onces, ou de $11\frac{5}{8}$ livres; ce qui confirme pleinement les réſultats de l'article 903.

En regardant les frottemens comme proportionnels aux preſſions, les rapports des réſiſtances, abſtraction faite du frottement, demeurent encore les mêmes

les mêmes quand on y a égard, comme nous
l'avons déjà remarqué.

(906.) Un bateau qui divise l'eau, éprouve
encore une autre espèce de résistance, je veux
dire celle qui naît de la tenacité du fluide. On a
cherché à la déterminer, en mesurant, par un
poids, la force qu'il faut employer pour mettre
en mouvement un corps en repos, flottant sur
un fluide; & on a observé que du moment que
le frottement est vaincu, la plus légère force met
le bateau en mouvement; d'où nous devons
conclure que la tenacité de l'eau est extrêmement
petite, & que cette résistance doit être regardée
comme nulle par rapport à celle qui provient du
choc, ou de l'inertie de l'eau.

(907.) Il en est de même du frottement de
l'eau le long des parois & du fond du bateau. Ce
frottement est très-léger, & son effet ne peut pas
être démêlé d'avec celui du frottement des poulies
ou de la résistance de l'air, à moins que le bateau
n'eût une très-grande longueur. Il y a plus : de deux
bateaux qui présentent la même surface au choc du
fluide, le plus long (pourvu néanmoins que la
différence ne soit pas excessive) éprouve moins
de résistance que l'autre. La raison de cet effet
constant par l'expérience, est qu'un corps en mouvement sur un fluide doit avoir une certaine longueur, pour que le creux qui se forme dans le
fluide, vers sa partie postérieure, puisse être
rempli ou diminué par le fluide latéral; & que

par le refoulement de l'eau, la différence de son niveau, de l'avant à l'arrière du corps flottant, soit moins grande. Je reviendrai encore dans la suite sur cet objet important.

Conclusion générale de ce Chapitre.

(908.) Il résulte de tout ce qui a été dit dans le cours de ce chapitre,

1.° Que les résistances d'un même corps, de figure quelconque, qui divise un fluide avec différentes vîtesses, sont sensiblement proportionnelles aux quarrés de ces vîtesses; ce qui est suffisamment conforme à la théorie.

2.° Que les résistances directes & perpendiculaires des surfaces planes sont sensiblement proportionnelles (pour une même vîtesse) aux étendues de ces surfaces; ce qui est encore assez conforme à la théorie.

3.° Que les résistances qui proviennent des mouvemens obliques, ne diminuent pas, à beaucoup près, toutes choses d'ailleurs égales, dans la raison des quarrés des sinus des angles d'incidence; que par conséquent sur ce troisième point, la théorie ordinaire de la résistance des fluides doit être entièrement abandonnée, lorsque les angles d'incidence sont petits, puisqu'alors elle donneroit nécessairement des résultats très-fautifs. On voit aussi qu'elle ne peut pas être employée pour trouver le *solide de la moindre résistance*, ni en général pour déterminer aucune courbe propre à remplir un objet proposé ; puisque dans ces sortes de problèmes, la loi de la courbure est un élément inconnu. Mais pour les cas où les angles d'incidence seroient grands, comme dans l'intervalle de 50 à 90 degrés, on peut employer la théorie ordinaire, comme un moyen d'approximation, en observant qu'elle donnera pour les réſiſtances, des quantités un peu moindres qu'on ne les trouveroit par l'expérience, & d'autant moindres que les angles s'éloigneront davantage de 90 degrés.

4.° Que la meſure de la réſiſtance directe & perpendiculaire d'une ſurface plane dans un fluide indéfini, eſt le poids d'une colonne du fluide, qui a pour baſe cette ſurface & pour hauteur la hauteur dûe à la vîteſſe.

La réſiſtance ou la percuſſion eſt plus grande, & à peu-près double, dans un courſier qui conduit l'eau contre les ailes d'une roue.

Quand un bateau ſe meut dans un canal étroit & peu profond, la réſiſtance varie entre des limites quelquefois fort éloignées, comme on le verra dans le chapitre ſuivant.

5.° Que la tenacité de l'eau eſt une force que l'on doit regarder comme infiniment petite ou comme nulle par rapport à celle que le bateau éprouve en frappant l'eau, ſur-tout quand la vîteſſe eſt un peu ſenſible.

Z ij

CHAPITRE XVI.

Expériences & Réflexions fur la réfiftance des fluides dans des canaux étroits.

(909.) LA queſtion de la réſiſtance des fluides dans des canaux étroits, pouvoit être regardée comme nouvelle, lorſque nous entreprimes de la traiter par l'expérience, en 1775. Il eſt vrai que M. Franklin *, dans un voyage ſur les canaux de Hollande, ayant entendu dire aux bateliers que le bateau éprouvoit d'autant plus de difficulté à marcher, que les eaux du canal étoient plus baſſes, voulut reconnoître lui-même ſi cette aſſertion étoit vraie. Pour cela, il fit courir un petit bateau, de 6 pouces de longueur ſur $2\frac{1}{4}$ pouces de largeur & autant de profondeur, dans un canal qui avoit 5 à 6 pouces de largeur ſur 14 pieds de longueur, & dont on faiſoit varier la profon-deur, en hauſſant ou baiſſant une planche hori-zontale qui en étoit cenſée former le fond. Mais comme, ſelon ſon propre récit, M. Franklin n'avoit point alors de montre à ſecondes pour meſurer avec préciſion le temps du mouvement du bateau, il comptoit le plus vîte qu'il pouvoit avec la voix, ayant ſoin de marquer par ſes doigts la ſuite des nombres prononcés, & de répéter

---

* Voyez l'édition françoiſe de ſes Œuvres, *Tome II, page 237.*

suffisamment une même expérience. De cette manière, il trouva qu'en effet les bateliers lui avoient dit la vérité. Mais voilà tout ce qu'on peut conclure en gros de ces expériences, qui ne font d'ailleurs aucunement propres à faire connoître la quantité précise de la réfistance de l'eau dans un canal étroit, ni le rapport de cette réfistance avec celle des fluides indéfinis.

(910.) Dans le baffin $ABCD$ *(Fig. 76)* qui a fervi aux expériences du chapitre précédent, nous fîmes établir, à quelques pieds de profondeur, un plancher bien horizontal $LIYO$, qui avoit 75 pieds de longueur, fur onze pieds de largeur. Deux cloifons verticales, pofées fuivant les lignes XV, TS, parallèles à la paroi AB, s'approchent ou s'éloignent l'une de l'autre pour former un canal plus ou moins étroit ; la profondeur de ce canal augmente ou diminue, felon qu'on introduit de la nouvelle eau dans le baffin $ABCD$, ou qu'on laiffe échapper par une décharge, une certaine quantité de l'eau qu'il contient. Le bateau Z eft mu, comme dans les expériences précédentes, par un poids qui defcend du haut du mât ; il décrit la ligne de milieu KR du canal $XVST$.

(911.) Les extrémités antérieures X, T du canal n'arrivent pas jufqu'à la paroi AD ; elles en font diftantes d'une quantité Xx ou Tt, qui eft d'environ 4 pieds ; d'où retranchant un peu moins de 1 pied pour l'épaisseur de la paillasse appliquée contre *A D* & deſtinée à empêcher que les bateaux ne ſe briſent en arrivant, reſte de part & d'autre plus de 3 pieds pour la communication de l'eau du canal avec le reſte du baſſin. Le canal étant donc ſuppoſé ouvert par les deux bouts, le fluide que le bateau pouſſe devant lui a la liberté de fuir & de s'échapper par les ouvertures *X x*, *T t*; tandis que le fluide du baſſin a la liberté d'entrer par l'autre bout du canal & de ſuivre le bateau. Ainſi ce cas eſt entièrement analogue à celui d'un bateau qui ſe meut dans un canal étroit, de longueur indéfinie. Après avoir examiné amplement ce cas, on a auſſi fait quelques expériences ſur la réſiſtance que le bateau éprouve lorſque le canal eſt fermé par les deux bouts, afin de ſavoir ſi cette condition y apporte quelque changement notable.

(912.) Lorſque le canal eſt fort étroit, il eſt très-difficile de faire aller le bateau en ligne droite, avec le ſimple ſecours d'un gouvernail. Cette difficulté nous a fait imaginer un autre moyen très-ſimple, qui remplit à ſouhait l'objet en queſtion.

Fig. 77. Quatre poulies *a a*, *b b* (*Fig. 77*), égales & parfaitement mobiles, ſont aſſemblées deux à deux dans une même chappe; ces deux aſſemblages ſont arrêtés à une planche qui ſe poſe & s'attache ſur le bateau ſuivant ſa longueur; une corde *P Q*, tendue horizontalement avec force à l'aide d'un treuil, fuivant la direction du milieu du canal, paffe entre chaque paire de poulies; & le bateau eft obligé de fuivre la direction de cette corde qui fait tourner de part & d'autre les poulies en fens contraires, fans frottement bien fenfible. Les poulies, qui font toutes les quatre de bois de buis, ont chacune 1 pouce $7\frac{1}{2}$ lignes de diamètre; & leurs tourillons, qui font de cuivre, ainfi que les chappes, ont 1 $\frac{1}{4}$ ligne de diamètre.

Ce moyen de direction diminue un peu plus la vîteffe du bateau que ne feroit un gouvernail; mais on s'eft affuré directement par des expériences de comparaifon, que la différence eft fort légère & peut être négligée.

(913.) Plufieurs bateaux qui ont déjà couru, vont encore être employés : je continuerai de les défigner par les mêmes numéros. Deux nouveaux bateaux qui doivent paroître pour la première fois, feront également défignés par des numéros, qui formeront la fuite des précédens.

FIG. 78. N.ᵒˢ 15, 16.

N.° 15. Parallélépipède rectangle, dont la largeur $AB = $ 19 pouces 8 lignes; & la longueur $BC = $ 2 pieds 1 pouce.

N.° 16. Le même bateau, avec cette différence qu'ici la longueur $BC = $ 4 pieds.

(914.) On défignera, comme ci-devant, la hauteur de la flottaifon du bateau, par F; le remou central, par C; le remou latéral, par L. De plus, on désignera par H, la profondeur de l'eau dans le canal, c'est-à-dire la hauteur de l'eau au-deffus du plancher qui eft cenfé former le fond du canal; & par K, la largeur de ce même canal. Toutes ces quantités feront accompagnées, dans chaque cas, de leurs valeurs particulières. Enfin, pour plus de clarté, je diftinguerai différens canaux, à raifon des différentes dimenfions horizontales ou verticales de l'eau qui y eft comprife.

§. I. CANAL OUVERT PAR LES DEUX BOUTS.

EXPÉRIENCES I, II, III, IV, V.

I.ᵉʳCANAL. N.° I.	(915.) N.° I. $F = 12$ pouc. $H = 15$ pouc. 2 l. $K = 28$ pouc. 6 l.	POIDS MOTEURS, EXPRIMÉS EN MARCS.	DEMI-SECONDES EMPLOYÉES À PARCOURIR 50 PIEDS.
	$C = 22$ lig. $L = 12$ lig.	16	50,86
	$C = 26$ lig. $L = 21$ lig.	20	46,95
	$C = 30$ lig. $L = 24$ lig.	24	42,30
	$C = 35$ lig. $L = 30$ lig.	28	39,80
	$C = 40$ lig. $L = 34$ lig.	32	38,65

EXPÉRIENCES VI,.....IX.

(916.) N.° 3. $F = 12$ pouc. $H = 15$ pouc. 2 l. $K = 28$ pouc. 6 l.	POIDS MOTEURS, EXPRIMÉS EN MARCS.	DEMI-SECONDES EMPLOYÉES À PARCOURIR 50 PIEDS.
$C = 18$ lig. $L = {}^{*}$	32	68,83
$C = 24$ lig. $L = 18$ lig.	40	62,75
$C = 30$ lig. $L = 24$ lig.	48	58,33
$C = 34$ lig. $L = 26$ lig.	56	54,80

N.° 3.

EXPÉRIENCES X,.....XIII.

(917.) N.° 15. $F = 12$ pouc. $5\frac{1}{2}$ l. $H = 15$ pouc. 2 l. $K = 28$ pouc. 6 l.	POIDS MOTEURS, EXPRIMÉS EN MARCS.	DEMI-SECONDES EMPLOYÉES À PARCOURIR 50 PIEDS.
$C = 18$ lig. $L = 12$ lig.	24	69,86
$C = 24$ lig. $L = 18$ lig.	32	61,80
$C = 30$ lig. $L = 21$ lig.	40	55,65
$C = 36$ lig. $L = 24$ lig.	48	52,50

N.° 15.

EXPÉRIENCES XIV,.....XVII.

N.° 16.

(918.) N.° 16. $F = 12$ pouc. $5\frac{1}{2}$ l. $H = 15$ pouc. 2 l. $K = 28$ pouc. 6 l.	POIDS MOTEURS, EXPRIMÉS EN MARCS.	DEMI-SECONDES EMPLOYÉES À PARCOURIR 50 PIEDS.
$C = 18$ lig. $L = 12$ lig.	24	68,79
$C = 22$ lig. $L = 16$ lig.	32	61,40
$C = 26$ lig. $L = 20$ lig.	40	54,29
$C = 30$ lig. $L = 24$ lig.	48	49,85

EXPÉRIENCES XVIII,.....XXI.

N.° 13.

(919.) N.° 13. $F = 12$ pouc. 8 l. $H = 15$ pouc. 2 l. $K = 28$ pouc. 6 l.	POIDS MOTEURS, EXPRIMÉS EN MARCS.	DEMI-SECONDES EMPLOYÉES À PARCOURIR 50 PIEDS.
$C = 15$ lig. $L = 9$ lig.	24	61,30
$C = 18$ lig. $L = 12$ lig.	32	53,45
$C = 24$ lig. $L = 18$ lig.	40	47,45
$C = *$ $L = *$	48	44,31

EXPÉRIENCES XXII,.....XXV.

(920.) N.° 1. $F = 12$ pouc. $H = 15$ pouc. 2 l. $K = 40$ pouc.	POIDS MOTEURS, EXPRIMÉS EN MARCS.	DEMI-SECONDES EMPLOYÉES À PARCOURIR 50 PIEDS.
$C = 24$ lig. $L = 18$ lig.	16	45,10
$C = 30$ lig. $L = 24$ lig.	20	41,00
$C = 36$ lig. $L = 24$ lig.	24	38,50
$C = 48$ lig. $L = 40$ lig.	32	34,81

II.ᵐᵉ CANAL.

N.° 1.

EXPÉRIENCES XXVI, XXVII, XXVIII.

(921.) N.° 3. $F = 12$ pouc. $H = 15$ pouc. 2 l. $K = 40$ pouc.	POIDS MOTEURS, EXPRIMÉS EN MARCS.	DEMI-SECONDES EMPLOYÉES À PARCOURIR 50 PIEDS.
$C = 24$ lig. $L = 20$ lig.	32	60,10
$C = 30$ lig. $L = 24$ lig.	40	54,75
$C = 36$ lig. $L = 28$ lig.	48	51,00

N.° 3.

EXPÉRIENCES XXIX,.....XXXII.

N.° 16.

(922.) N.° 16. $F = 12$ pouc. $5\frac{1}{2}$ l. $H = 15$ pouc. 2 l. $K = 40$ pouc.	POIDS MOTEURS, EXPRIMÉS EN MARCS.	DEMI-SECONDES EMPLOYÉES À PARCOURIR 50 PIEDS.
$C = 24$ lig. $L = 18$ lig.	24	63,37
$C = 29$ lig. $L = 21$ lig.	32	54,60
$C = 34$ lig. $L = 24$ lig.	40	49,62
$C = 38$ lig. $L = 30$ lig.	48	46,25

EXPÉRIENCES XXXIII, XXXIV, XXXV.

N.° 13.

(923.) N.° 13. $F = 12$ pouc. 8 l. $H = 15$ pouc. 2 l. $K = 40$ pouc.	POIDS MOTEURS, EXPRIMÉS EN MARCS.	DEMI-SECONDES EMPLOYÉES À PARCOURIR 50 PIEDS.
$C = 24$ lig. $L = 20$ lig.	24	53,00
$C = 30$ lig. $L = 24$ lig.	32	46,00
$C = 36$ lig. $L = 30$ lig.	40	42,00

EXPÉRIENCES XXXVI, XXXVII, XXXVIII.

(924.) N.° 1. $F = 12$ pouc. $H = 15$ pouc. 6 l. $K = 75$ pouc.	POIDS MOTEURS, EXPRIMÉS EN MARCS.	DEMI-SECONDES EMPLOYÉES À PARCOURIR 50 PIEDS.
$C = 24$ lig. $L = 20$ lig.	16	40,00
$C = 28$ lig. $L = 23$ lig.	20	35,00
$C = 32$ lig. $L = 26$ lig.	24	33,00

IIIme CANAL.

N.° 1.

EXPÉRIENCES XXXIX, XL, XLI.

(925.) N.° 3. $F = 12$ pouc. $H = 15$ pouc. 6 l. $K = 75$ pouc.	POIDS MOTEURS, EXPRIMÉS EN MARCS.	DEMI-SECONDES EMPLOYÉES À PARCOURIR 50 PIEDS.
$C = 30$ lig. $L = 24$ lig.	32	47,83
$C = 38$ lig. $L = 30$ lig.	40	44,00
$C = *$ $L = *$	48	40,55

N.° 3.

EXPÉRIENCES XLII,.....XLV.

N.° 16.

(926.) N.° 16. $F = 12$ pouc. $5\frac{1}{2}$ l. $H = 15$ pouc. 6 l. $K = 75$ pouc.	POIDS MOTEURS, EXPRIMÉS EN MARCS.	DEMI-SECONDES EMPLOYÉES À PARCOURIR 50 PIEDS.
$C = 26$ lig. $L = 22$ lig.	24	51,07
$C = 34$ lig. $L = {}^*$	32	46,10
$C = 39$ lig. $L = 32$ lig.	40	43,00
$C = 48$ lig. $L = 40$ lig.	48	40,00

EXPÉRIENCES XLVI, XLVII, XLVIII.

N.° 13.

(927.) N.° 13. $F = 12$ pouc. 8 l. $H = 15$ pouc. 6 l. $K = 75$ pouc.	POIDS MOTEURS, EXPRIMÉS EN MARCS.	DEMI-SECONDES EMPLOYÉES À PARCOURIR 50 PIEDS.
$C = 24$ lig. $L = 20$ lig.	24	45,60
$C = 34$ lig. $L = 28$ lig.	32	40,10
$C = 44$ lig. $L = 34$ lig.	40	36,10

EXPÉRIENCES XLIX, L, LI.

(928.) N.º 3. $F = 12$ pouc. $H = 15$ pouc. 4 l. K, indéfinie.	POIDS MOTEURS, EXPRIMÉS EN MARCS.	DEMI-SECONDES EMPLOYÉES À PARCOURIR 50 PIEDS.	IV.ᵉ CANAL. N.º 3.
$C = 36$ lig. $L = 30$ lig.	32	41,66	
$C = 42$ lig. $L = 34$ lig.	40	37,56	
$C = 48$ lig. $L =$ *	48	35,37	

EXPÉRIENCES LII, LIII, LIV.

(929.) N.º 16. $F = 12$ pouc. $5\frac{1}{2}$ l. $H = 15$ pouc. 4 l. K, indéfinie.	POIDS MOTEURS, EXPRIMÉS EN MARCS.	DEMI-SECONDES EMPLOYÉES À PARCOURIR 50 PIEDS.	N.º 16.
$C = 36$ lig. $L = 30$ lig.	32	41,50	
$C = 42$ lig. $L = 36$ lig.	40	37,00	
$C = 48$ lig. $L = 42$ lig.	48	35,25	

EXPÉRIENCES LV, LVI, LVII.

V.ᵐᵉ CANAL. N.° 3.	(930.) N.° 3. $F = 12$ pouc. $H = 27$ pouc. 3 l. K, indéfinie.	POIDS MOTEURS, EXPRIMÉS EN MARCS.	DEMI-SECONDES EMPLOYÉES À PARCOURIR 50 PIEDS.
	$C = 30$ lig. $L = 24$ lig.	32	40,65
	$C = 39$ lig. $L = 33$ lig.	40	35,60
	$C = 46$ lig. $L = 38$ lig.	48	32,55

EXPÉRIENCES LVIII, LIX, LX.

	(931.) N.° 16. $F = 12$ pouc. $5\frac{1}{2}$ l. $H = 27$ pouc. 3 l. K, indéfinie.	POIDS MOTEURS, EXPRIMÉS EN MARCS.	DEMI-SECONDES EMPLOYÉES À PARCOURIR 50 PIEDS.
N.° 16.	$C = 30$ lig. $L = 18$ lig.	32	39,00
	$C = 36$ lig. $L = 24$ lig.	40	35,15
	$C = 42$ lig. $L = 32$ lig.	48	31,83

EXPÉRIENCES

EXPÉRIENCES LXI, LXII, LXIII.

(932.) N.° 2. $F = 12$ pouc. $H = 15$ pouc. 6 l. $K = 28$ pouc. 6 l.	POIDS MOTEURS, EXPRIMÉS EN MARCS.	DEMI-SECONDES EMPLOYÉES À PARCOURIR 50 PIEDS.	VI.ᵐᵉ CANAL. N.° 2.
$C = 14$ lig. $L = *$	16	42,80	
$C = 18$ lig. $L = *$	20	39,37	
$C = 24$ lig. $L = *$	24	37,05	

EXPÉRIENCES LXIV, LXV, LXVI.

(933.) N.° 5. $F = 12$ pouc. $H = 15$ pouc. 4 l. $K = 28$ pouc. 6 l.	POIDS MOTEURS, EXPRIMÉS EN MARCS.	DEMI-SECONDES EMPLOYÉES À PARCOURIR 50 PIEDS.	VII.ᵐᵉ CANAL. N.° 5.
$C = 18$ lig. $L = 12$ lig.	32	64,83	
$C = 24$ lig. $L = 18$ lig.	40	59,60	
$C = 30$ lig. $L = 24$ lig.	48	54,50	

§. II. CANAL FERMÉ PAR LES DEUX BOUTS.

EXPÉRIENCES LXVII, LXVIII, LXIX.

VI.ᵉ CANAL.

N.° I.

(934.) N.° I. $F = 12$ pouc. $H = 15$ pouc. 6 l. $K = 28$ pouc. 6 l.	POIDS MOTEURS, EXPRIMÉS EN MARCS.	DEMI-SECONDES EMPLOYÉES À PARCOURIR 50 PIEDS.
$C = 24$ lig. $L = 18$ lig.	16⅓	49,00
$C = 30$ lig. $L = 24$ lig.	20	45,12
$C = 36$ lig. $L = 30$ lig.	24	41,94

EXPÉRIENCES LXX, LXXI, LXXII.

(935.) N.° 3. $F = 12$ pouc. $H = 15$ pouc. 6 l. $K = 28$ pouc. 6 l.	POIDS MOTEURS, EXPRIMÉS EN MARCS.	DEMI-SECONDES EMPLOYÉES À PARCOURIR 50 PIEDS.
$C = 18$ lig. $L = 12$ lig.	32	69,80
$C = 24$ lig. $L = 18$ lig.	40	64,20
$C = 30$ lig. $L = 24$ lig.	48	60,60

RÉFLEXIONS.

(936.) Un corps en repos, flottant fur un fluide, eft foulevé verticalement avec la même force, quelles que foient les dimenfions du fluide. D'après ce principe d'hydroſtatique , quelques perfonnes pourroient croire qu'il eft indifférent, quant à l'effet de la réfiſtance, qu'un bateau fe meuve dans un fluide plus ou moins étendu. On fent que la différence ne peut être en effet que très-légère, lorfque la vîteffe du bateau eft extrê-mement petite; mais on fent auffi que fi la vîteffe du bateau eft un peu grande dans un canal étroit, le fluide que ce corps pouffe devant lui, n'ayant pas une entière liberté de fe répandre par les côtés, ni même par le bas fi le canal eft peu profond, doit oppofer naturellement au bateau plus de réfiſtance qu'il ne lui en oppoferoit, s'il n'étoit pas contenu par le fond & par les parois du canal. L'expérience va décider fi ce raifonnement eft folide.

(937.) Avant que de chercher à comparer la réfiſtance de l'eau dans un canal étroit avec la réfiſtance de l'eau indéfinie, il eft d'abord nécef-faire & à propos de connoître les rapports des réfiſtances pour un même corps qui fe meut avec différentes vîteffes dans un canal étroit.

On a vu que les réfiſtances d'un fluide indé-fini dans lequel un même corps fe meut avec différentes vîteffes , font entr'elles comme les quarrés des vîteſſes. La même loi s'obſerve dans les canaux étroits; c'eſt-à-dire, qu'en nommant p & p' les poids moteurs pour deux expériences faites avec un même bateau dans un même canal étroit; t & t' les temps employés à parcourir un même eſpace qui eſt ici de 50 pieds, on a, du moins ſenſiblement, $\sqrt{p} : \sqrt{p'} :: t' : t$. En voici la preuve.

CANAL OUVERT PAR LES DEUX BOUTS.

(938.) Je prends au haſard quelques expériences : on trouveroit les mêmes réſultats par toutes les autres.

I. Expériences I & II, $p = 16$; $p' = 20$; $t = 50,86$; $t' = 46,95$. La proportion donne, $t' = 45,49$.

II. Expériences I & III, $p = 16$; $p' = 24$; $t = 50,86$; $t' = 42,30$. La proportion donne, $t' = 41,53$.

III. Expériences I & IV, $p = 16$; $p' = 28$; $t = 50,86$; $t' = 39,80$. La proportion donne, $t' = 38,45$.

IV. Expériences I & V, $p = 16$; $p' = 32$; $t = 50,86$; $t' = 38,65$. La proportion donne, $t' = 35,97$.

V. Expériences VI & VII, $p = 32$; $p' = 40$; $t = 68,83$; $t' = 62,75$. La proportion donne, $t' = 61,57$.

VI. Expériences VI & VIII, $p = 32$; $p' = 48$;

$t = 68,83$; $t' = 58,33$. La proportion donne, $t' = 56,20$.

VII. Expériences VI & IX, $p = 32$; $p' = 56$; $t = 68,83$; $t' = 54,80$. La proportion donne, $t' = 52,03$.

Ces comparaisons se rapportent à la résistance directe ; les suivantes sont relatives à la résistance oblique.

VIII. Expériences LXI & LXII, $p = 16$; $p' = 20$; $t = 42,80$; $t' = 39,37$. La proportion donne, $t' = 38,28$.

IX. Expériences LXI & LXIII, $p = 16$; $p' = 24$; $t = 42,80$; $t' = 37,05$. La proportion donne, $t' = 34,95$.

X. Expériences LXIV & LXV, $p = 32$; $p' = 40$; $t = 64,83$; $t' = 59,60$. La proportion donne, $t' = 57,99$.

XI. Expériences LXIV & LXVI, $p = 32$; $p' = 48$; $t = 64,83$; $t' = 54,50$. La proportion donne, $t' = 52,94$.

CANAL FERMÉ PAR LES DEUX BOUTS.

(939.) I. Expériences LXVII & LXVIII, $p = 16$; $p' = 20$; $t = 49,00$; $t' = 45,12$. La proportion donne, $t' = 43,83$.

II. Expériences LXVII & LXIX, $p = 16$; $p' = 24$; $t = 49,00$; $t' = 41,94$. La proportion donne, $t' = 40,01$.

III. Expériences LXX & LXXI, $p = 32$; $p' = 40$; $t = 69,80$; $t' = 64,20$. La proportion donne, $t' = 62,44$.

IV. Expériences LXX & LXXII, $p = 32$; $p' = 48$; $t = 69,80$; $t' = 60,60$. La proportion donne, $t' = 57,00$.

(940.) Il est prouvé par les calculs précédens, que les résistances qu'éprouve un même corps dans un canal étroit, ouvert ou fermé par les deux bouts, suivent entr'elles la même loi que les résistances dans un fluide indéfini, je veux dire la raison des quarrés des vitesses; mais la valeur absolue de la résistance est fort différente dans les deux cas. De plus, les résistances dans les canaux étroits varient à mesure que le canal change de dimensions, soit en largeur, soit en profondeur. Tout cela demande à être développé avec quelque détail.

(941.) La loi dont nous venons de parler, nous offre d'abord un moyen facile de trouver le rapport de la résistance dans un canal étroit avec la résistance dans un fluide indéfini. Car nous n'avons qu'à prendre un même bateau qui ait couru dans les deux cas, chercher par les proportionnalités des résistances aux quarrés des vitesses, ou aux quarrés inverses des temps employés à parcourir un même espace, le poids moteur nécessaire pour que ce bateau se meuve dans le canal étroit, avec la même vitesse qu'il s'est mu dans le fluide indéfini, au moyen d'un poids connu : alors les deux poids moteurs correfpondans feront entr'eux, du moins fenfiblement, dans le rapport cherché des réfiftances. Nous allons appliquer cette méthode à plufieurs exemples que nous difcuterons féparément, parce que chacun d'eux fournira des remarques particulières. J'appellerai en général, π la réfiftance dans le canal étroit ; φ la réfiftance correfpondante ou relative à la même vîteffe, dans le fluide indéfini. Pour abréger, je défignerai les canaux de comparaifon, par les mêmes numéros que je leur ai déjà impofés.

§. I. *Comparaifon des réfiftances directes, dans un fluide indéfini, & dans un canal étroit ouvert par les deux bouts.*

(942.) I. Soit le bateau N.° 1. Dans le fluide I.ᵉʳCANAL. indéfini, ce bateau (855, Exp. II) parcourt 50 pieds en 38,37 demi-fecondes, par un poids moteur de 16 marcs; dans le canal étroit (915, Exp. I) il parcourt le même efpace, par le même poids moteur, en 50,86 demi-fecondes. Or, fuivant l'article précédent, pour que le bateau parcoure les 50 pieds dans le canal étroit, en 38,37 demi-fecondes, il faudra un poids moteur de 28,11 marcs. Ainfi on aura, $\pi : \varphi :: 28,11 : 16$. Le dernier rapport eft un peu trop grand, à raifon d'une petite différence dans les frottemens ; mais on peut fuppofer qu'on a fenfiblement, $\pi : \varphi :: 5 : 3$. D'où l'on voit que le bateau éprouve beaucoup plus de réfiſtance dans le canal étroit, que dans le fluide indéfini.

Dans le canal étroit, la profondeur de l'eau ſous le bateau, ou la diſtance du fond du bateau au fond du canal, eſt de 3 pouces 2 lignes ; & la diſtance de chacune des parois latérales du bateau à chacune des parois latérales du canal eſt de 8 pouces 3 lignes. L'eau qui a choqué le bateau, n'ayant pas une liberté ſuffiſante pour s'échapper, ſoit par-deſſous le bateau, ſoit le long de ſes côtés, eſt forcée de rétrograder, ou de fuir en partie devant le bateau, du moins juſqu'à une certaine diſtance : c'eſt ce qui produit l'excès de π ſur φ.

II. Soit le bateau N.° 3. Dans le fluide indéfini ce bateau (857, Exp. XI) parcourt 50 pieds en 38,80 demi-ſecondes, par un poids moteur de 32 marcs ; dans le canal étroit (916, Exp. VI), il parcourt le même eſpace, par le même poids moteur, en 68,83 demi-ſecondes. Or, pour qu'il parcoure les 50 pieds dans le canal étroit, en 38,80 demi-ſecondes, il faut un poids moteur de 100,70 marcs. Ainſi, $\pi : \varphi :: 100,70 : 32$; ou bien (en diminuant un peu le ſecond rapport), $\pi : \varphi :: 3 : 1$, à peu-près.

Dans le canal étroit, la profondeur du fluide ſous le bateau, eſt de 3 pouces 2 lignes ; & la diſtance de chacune des parois latérales du bateau à chacune des parois latérales du canal, eſt ſeulement de 2 pouces 3 lignes ; d'où nous concluons que l'excès de п sur φ doit être ici plus grand que dans le premier cas, comme on le trouve en effet.

III. Soient, pour le fluide indéfini, le bateau N.º 9, & pour le canal étroit le bateau N.º 16. La hauteur de la flottaison étant supposée la même dans les deux cas, ces deux bateaux diffèrent seulement par la longueur qui est d'environ 2 pieds plus grande N.º 9 que N.º 16; mais cette différence ne peut avoir qu'une très-légère influence sur le poids moteur, & nous allons considérer ces deux bateaux comme un seul & même corps flottant.

Cela posé, dans le fluide indéfini, le bateau (864, Exp. XLVI) parcourt 50 pieds en 42,07 demi-secondes, par un poids moteur de 24 marcs; dans le canal étroit (918, Exp. XIV), il parcourt le même espace, par le même poids moteur, en 68,79 demi-secondes. Or, pour qu'il parcoure les 50 pieds dans le canal étroit, en 42,07 demi-secondes, il faut un poids moteur de 64,17 marcs. Ainsi, п : φ :: 64,17 : 24; ou (en diminuant un peu le second rapport), п : φ :: 5 : 2, à peu-près.

Dans le canal étroit, la hauteur du fluide sous le bateau est de 2 pouces 8 $\frac{1}{2}$ lignes; & la distance de chacune des parois latérales du bateau à chacune des parois latérales du canal, est de 4 pouces 5 lignes. On voit que la diminution de la profondeur de l'eau sous le bateau, fait augmenter sensiblement le rappport de п à φ.

IV. Soit le bateau N.° 13. Dans le fluide indéfini, ce bateau (875 , Exp. XCVII) parcourt 50 pieds en 38,92 demi-fecondes, par un poids moteur de 24 marcs; dans le canal étroit (919 , Exp. XVIII) il parcourt le même efpace, par le même poids moteur, en 61,30 demi-fecondes. Or, pour qu'il parcoure les 50 pieds dans le canal étroit en 38,92 demi-fecondes, il faut un poids moteur de 59,53 marcs. Ainfi, $\pi : \varphi :: 59,53 : 24$; ou (en diminuant un peu le fecond rapport), $\pi : \varphi :: 9 : 4$, à peu-près.

Dans le canal étroit, la profondeur du fluide, fous la quille du bateau, eft de 2 pouces 6 lignes; & la plus courte diftance de chacune des parois latérales du bateau à chacune des parois latérales du canal, eft de 4 pouces 5 lignes. L'eau a ici un peu plus de facilité à s'échapper que dans le cas précédent; de-là vient que le rapport de π à φ eft un peu moindre que tout-à-l'heure.

II.me CANAL. (943.) I. Soit le bateau N.° 1. Dans le fluide indéfini (855 , Exp. II), ce bateau parcourt 50 pieds en 38,37 demi-fecondes , par un poids moteur de 16 marcs; dans le canal étroit (920 , Exp. XXII), il parcoure le même efpace, par le même poids moteur, en 45,10 demi-fecondes. Or , pour qu'il parcoure les 50 pieds dans le canal étroit, en 38,37 demi-fecondes , il faut un poids moteur de 22,10 marcs. Ainfi, $\pi : \varphi$ $:: 22,10 : 16$; ou (en diminuant un peu le fecond rapport), $\pi : \varphi :: 4 : 3$, à peu-près.

Ici la profondeur de l'eau dans le canal étroit, au-deſſous du bateau, eſt de 3 pouces 2 lignes; & la diſtance de chacune des parois latérales du bateau à chacune des parois latérales du canal, eſt de 14 pouces. En comparant ce cas avec le premier de l'article précédent, on voit que l'élargiſſement du canal (la profondeur demeurant la même) fait diminuer ſenſiblement la réſiſtance.

II. Soit le bateau N.º 3. Dans le fluide indéfini (857, Exp. XI), ce bateau parcourt 50 pieds en 38,80 demi-ſecondes, par un poids moteur de 32 marcs; dans le canal étroit (921, Exp. XXVI), il parcourt le même eſpace, par le même poids moteur, en 60,10 demi-ſecondes. Or, pour qu'il parcoure les 50 pieds dans le canal étroit, en 38,80 demi-ſecondes, il faut un poids moteur de 76,78 marcs. Ainſi, $\Pi : \varphi :: 76,78 : 32$, rapport qui doit être un peu diminué.

Dans le canal étroit, la profondeur de l'eau ſous le bateau eſt de 3 pouces 2 lignes; & la diſtance de chacune des parois latérales du bateau à chacune des parois latérales du canal, eſt de 8 pouces; comparez ce cas avec le ſecond de l'article précédent, vous verrez diminuer la réſiſtance à meſure que le canal s'élargit.

III. Soit le bateau N.º 13. Dans le fluide indéfini (875, Exp. XCVII), ce bateau parcourt 50 pieds en 38,92 demi-ſecondes, par un poids moteur de 24 marcs; dans le canal étroit (923,

Exp. XXXIII) il parcourt le même efpace, par le même poids moteur, en 53 demi‑fecondes. Or, pour qu'il parcoure les 50 pieds dans le canal étroit, en 38,92 demi‑fecondes, il faut un poids moteur de 44,51 marcs. Ainfi, $\pi : \varphi :: 44,51 : 24$, rapport qui doit être un peu diminué.

La profondeur de l'eau, fous la quille du bateau, eft de $2\frac{1}{2}$ pouces ; & la plus courte diftance de chacune des parois latérales du bateau à chacune des parois latérales du canal, eft de 10 pouces 2 lignes. Comparez ce cas avec le quatrième de l'article précédent, &c.

III.ᵐᵉ CANAL.

(944.) I. Soit le bateau N.° 1. Dans le fluide indéfini (855, Exp. II), ce bateau parcourt 50 pieds en 38,37 demi‑fecondes, par un poids moteur de 16 marcs ; dans le canal étroit (924, Exp. XXXVI), il parcourt le même efpace, par le même poids moteur, en 40 demi‑fecondes. Or, pour qu'il parcoure les 50 pieds dans le canal étroit, en 38,37 demi‑fecondes, il faut un poids moteur de 17,39 marcs. Ainfi, $\pi : \varphi :: 17,39 : 16$, rapport qui doit être cru diminué.

La profondeur de l'eau du canal, fous le bateau, eft de $3\frac{1}{2}$ pouces ; & la diftance de chacune des parois latérales du bateau à chacune des parois latérales du canal eft de $31\frac{1}{2}$ pouces. Ces deux diftances peuvent être regardées comme indéfinies. On voit que φ fe rapproche beaucoup de π, mais que cependant $\pi > \varphi$, parce que le fluide eſt encore un peu gêné ſous le bateau.

II. Soit le bateau N.° 3. Dans le fluide indéfini (857, Exp. XI), ce bateau parcourt 50 pieds, en 38,80 demi-ſecondes, par un poids moteur de 32 marcs; dans le canal étroit (925, Exp. XXXIX), il parcourt le même eſpace, par le même poids moteur, en 47,83 demi-ſecondes. Or, pour qu'il parcoure les 50 pieds dans le canal étroit, en 38,80 demi-ſecondes, il faut un poids moteur de 48,62 marcs. Ainſi, $\pi : \varphi :: 48,62 : 32$, rapport qui doit être un peu diminué.

La profondeur du fluide ſous le bateau, eſt de $3\frac{1}{2}$ pouces; & la diſtance de chacune des parois latérales du bateau à chacune des parois latérales du canal, eſt de $25\frac{1}{2}$ pouces. On voit que l'eau eſt gênée, non-ſeulement par-deſſous le bateau, mais encore par les côtés.

(945.) Soit le bateau N.° 3. Dans le fluide indéfini (857, Exp. XI), le bateau parcourt 50 pieds, en 38,80 demi-ſecondes, par un poids moteur de 32 marcs; dans le canal (928, Exp. XLIX), il parcourt le même eſpace, par le même poids moteur, en 41,66 demi-ſecondes. Or, pour qu'il parcoure les 50 pieds dans le canal, en 38,80 demi-ſecondes, il faut un poids moteur de 36,89 marcs. Ainſi, $\pi : \varphi :: 36,89 : 32$, rapport qui doit être un peu diminué.

La largeur du canal eſt indéfinie, mais la

profondeur du fluide, fous le bateau, n'eſt que de $3\frac{1}{3}$ pouces; & c'eſt ce qui produit l'excès de Π ſur φ.

V.ᵉ CANAL. (946.) Soit encore le bateau N.° 3. Dans le fluide indéfini (857, Exp. XI), ce bateau parcourt 50 pieds en 38,80 demi-ſecondes, par un poids moteur de 32 marcs; dans le canal (930, Exp. LV) il parcourt le même eſpace, par le même poids moteur, en 40,65 demi-ſecondes. Or, pour qu'il parcoure les 50 pieds dans le canal, en 38,80 demi-ſecondes, il faut un poids moteur de 35,12 marcs. Ainſi, $\Pi : \varphi :: 35,12 : 32$, rapport qui doit être un peu diminué.

La largeur du canal eſt indéfinie; la profondeur de l'eau ſous le bateau, eſt de 15 pouces $\frac{1}{4}$. Il paroît que cette profondeur gêne un peu le mouvement du bateau, à raiſon de l'étendue de ſon fond : peut-être faut-il attribuer en grande partie l'excès de Π ſur φ aux erreurs inévitables des obſervations.

§. II. *Comparaiſon des réſiſtances obliques dans un fluide indéfini, & dans un canal étroit ouvert par les deux bouts.*

VI.ᵉ CANAL (947.) I. Soit le bateau N.° 2. Dans le fluide indéfini (856, Exp. VI), ce bateau parcourt 50 pieds, en 27,25 demi-ſecondes, par un poids moteur de 16 marcs; dans le canal étroit (932, Exp. LXI), il parcourt le même eſpace, par le même poids moteur, en 42,80 demi-fecondes. Or, pour qu'il parcoure les 50 pieds dans le canal étroit, en 27,25 demi-fecondes, il faut un poids moteur de 39,47 marcs. Ainfi, $\Pi : \varphi :: 39,47 : 16$; rapport qui doit être un peu diminué.

La profondeur de l'eau du canal fous le bateau, eft de $3\frac{1}{2}$ pouces; & la diftance de chacune des parois latétales du bateau à chacune des parois latérales du canal, eft de 8 pouces 3 lignes. En comparant ce cas avec le premier de l'article 942, on verra que, toutes chofes d'ailleurs égales, une proue angulaire & tranchante fait diminuer beaucoup moins la réfiftance dans un canal étroit que dans un fluide indéfini. La raifon s'en préfente d'elle-même. Dans le canal étroit, le fluide divifé par le tranchant de la proue eft foutenu par les parois du canal & réagit contre le bateau ; au lieu que dans un fluide indéfini, l'eau divifée par la proue fe répand de part & d'autre, fans obftacle, dans le fluide environnant. On reconnoîtra, d'une manière encore plus fenfible, la vérité de cette obfervation, par l'exemple fuivant.

II. Soit le bateau N.° 5. Dans le fluide indéfini (859, Exp. XXIII), ce bateau parcourt 50 pieds, en 31,60 demi-fecondes, par un poids moteur de 32 marcs; dans le canal étroit (933, Exp. LXIV), il parcourt le même efpace, par le même poids moteur, en 64,83 demi-fecondes. Or, pour qu'il parcoure les 50 pieds dans le canal étroit, en 3 1 , 60 demi-fecondes, il faut un poids moteur de 1 34 , 68 marcs. Ainfi, $\pi : \varphi :: 134,68 : 32$; rapport qui doit être un peu diminué.

§. III. *Comparaifon des réfiftances directes , dans un canal étroit ouvert par les deux bouts, & dans un canal étroit fermé par les deux bouts.*

(948.) Soient les bateaux N.ᵒˢ 1 & 3. Si, parmi les expériences de ce chapitre, on compare d'abord chacune à chacune les expériences LXVII, LXVIII, LXIX, aux expériences I, II, III; enfuite les expériences LXX, LXXI, LXXII, aux expériences VI, VII, VIII : on verra que pour le bateau N.º 1 , la réfiftance eft à peu-près la même, lorfque le canal eft fermé, ou lorfqu'il eft ouvert, par les deux bouts; mais que pour le bateau N.º 3 , elle eft fenfiblement plus grande dans le canal fermé que dans le canal ouvert. En effet, le fluide pouffé par chaque bateau étant foutenu par la paroi antérieure & tranfverfale du canal, a bien plus de liberté de refluer par les côtés, pour le bateau N.º 1 , que pour le bateau N.º 3 , qui eft deux fois plus large.

Les deux canaux comparés ont la même largeur; feulement celui qui eft fermé par les deux bouts, eft de 4 lignes plus profond que le premier; ce qui tend à diminuer un peu la réfiftance.

Conclufion générale de ce chapitre.

(949.) Concluons de tout ce qui précède, que la réfiftance

la réfiſtance des fluides contenus dans des canaux étroits ou peu profonds, eſt plus grande que celle des fluides indéfinis en tous ſens. La différence peut aller très-loin ; elle dépend des dimenſions tranſverſales du canal & de la forme des bateaux de comparaiſon.

(950.) Nous avons obſervé que dans un canal étroit, le fluide pouſſé par le bateau, fuit, du moins en partie, devant lui, & forme un courant plus ou moins rapide, ſelon que le bateau ſe meut plus ou moins vîte. Ce courant doit avoir lieu, d'une manière plus ou moins marquée, dans toutes ſortes de canaux étroits. Car ſi le bateau rempliſſoit entièrement le canal, il pouſſeroit toute l'eau devant lui, à peu-près de même que le piſton d'une ſeringue chaſſe l'eau qu'elle contient : mais comme il y a toujours du vide par les côtés & par-deſſous le fond du bateau, une partie du fluide s'écoule par ce vide ; l'autre partie eſt refoulée par le bateau ; ce qui produit des courans contraires, leſquels ſont ſuſceptibles de pluſieurs variétés, à raiſon de la variété des cauſes qui tendent à les former, & de la longueur du canal dans lequel ſe fait le mouvement. Moins l'eau a de facilité pour paſſer de l'avant à l'arrière du bateau, plus le courant contraire eſt grand, & moins le bateau eſt ſoutenu vers ſa partie poſté-rieure ; d'où réſulte une augmentation de réſiſtance.

(951.) On voit par-là combien il eſt eſſen-tiel de donner aux canaux de navigation le plus de largeur & de profondeur, qu'il est possible, sans se jeter néanmoins dans une dépense superflue. On doit donc éviter, à moins qu'on n'y soit forcé par des circonstances locales, extrêmement rares, de construire des canaux souterrains; car si l'on veut donner à ces sortes de canaux, les dimensions requises pour y établir une navigation sûre & commode, ils coûteront souvent des sommes effrayantes, tant pour l'extraction des terres, que pour la construction des voûtes, presque toujours indispensablement nécessaires pour soutenir le ciel & les parois de l'excavation. Il ne s'agit pas ici de se proposer la ridicule gloire de vaincre des difficultés. Un canal est un objet d'utilité & non pas un monument d'ostentation. Si les frais, pour sa construction & son entretien, l'emportent sur les avantages qu'on en espère, aucune considération ne peut déterminer à l'entreprendre. Les canaux à ciel ouvert méritent en général toute préférence sur les canaux souterrains. Il est vrai qu'au moyen de ceux-ci, on peut quelquefois diminuer beaucoup le trajet de la navigation; mais cet avantage prétendu n'est le plus souvent qu'une illusion; car le but qu'on se propose dans le transport d'un bateau, n'est pas simplement d'abréger l'espace qu'il doit parcourir, mais d'arriver d'un point à un autre dans le moindre temps possible. Or la navigation est incomparablement plus facile & plus prompte dans un canal à ciel ouvert, que dans un canal souterrain. Ajoutons que le premier, s'il eſt bien entendu , bien adapté au terrein , coûtera ordinairement beaucoup moins que le ſecond , malgré les différences qui peuvent ſe trouver dans les longueurs des deux canaux.

(952.) L'impulſion de l'eau qui ſe mouvant dans un courſier, va choquer les ailes d'une roue qu'elle fait tourner en conſéquence, eſt une force analogue à la réſiſtance des fluides dans des canaux étroits. Les parois du courſier empêchent que l'eau ne ſe détourne à droite ou à gauche, & dirigent ſon action contre les ailes de la roue. Auſſi l'expérience fait voir que , lorſqu'un courſier n'a que la largeur & la profondeur ſimplement ſuffi-ſantes pour le jeu des ailes de la roue , & que de plus le fluide a la liberté de s'échapper après avoir donné ſon coup, l'impulſion directe & per-pendiculaire contre l'aile eſt environ double de l'impulſion que l'aile recevroit , ſi elle étoit plongée à même profondeur dans un courant indéfini.

CHAPITRE XVII.

Nouvelles Expériences sur la résistance des fluides indéfinis.

(953.) LES expériences dont j'ai rendu compte dans les deux chapitres précédens, avoient pour objet principal de comparer la résistance des fluides indéfinis avec celle des fluides contenus dans des canaux étroits ou peu profonds. La question qui y donna lieu, étoit de savoir si le projet d'un canal souterrain, qui a eu une célébrité éphémère, ne joignoit pas à une foule d'autres vices, celui d'exiger, pour le tirage des bateaux, une plus grande force qu'il ne la faut, proportion gardée, sur les rivières ou sur les canaux larges & profonds. Il paroît qu'elles ont fixé sur ce point l'opinion de cette partie du public, qui n'a d'autre intérêt que de connoître & de recevoir la vérité.

Parmi ces expériences, il s'en trouve plusieurs sur la résistance oblique des fluides; mais ce point de la question, qui n'avoit été traité qu'incidentellement, demandoit un examen particulier, à raison de son importance & de son utilité dans l'architecture navale. Cette considération me poussa, en 1778, à faire, de concert avec M. le Marquis de Condorcet, une nouvelle suite d'expériences destinées en grande partie à découvrir la loi suivant laquelle diminue, dans un fluide indéfini tel que la mer, la réſiſtance qu'éprouve une proue, angulaire, à meſure que l'angle de cette proue devient plus aigu.

L'appareil pour ces nouvelles expériences n'étant pas tout-à-fait le même que pour les précédentes, je vais l'expoſer dans ſon entier avec un détail ſuffiſant pour le faire bien connoître aux lecteurs, & en particulier à ceux qui pourront être curieux de vérifier mes réſultats. Je ne ferai, pour ainſi dire, que redonner ici le Mémoire où j'ai déjà traité cette matière, & qui eſt imprimé parmi ceux de l'Académie, pour l'année 1778.

(954.) Un vaſte réſervoir, ſitué ſur le côté nord des anciens boulevards de Paris, dans le prolongement de la vieille rue du Temple, nous offrit toutes les facilités de remplir notre objet ; & nous en profitames. Ce réſervoir, qu'on a détruit depuis, avoit été conſtruit ſous l'adminiſtration de M. Turgot le père, prévôt des marchands de la ville de Paris, pour arroſer le boulevard & pour nettoyer l'aqueduc, nommé vulgairement le *grand égout,* qui partant du voiſinage, va ſe décharger dans la Seine près de Chaillot. Il formoit un quarré long, ou plutôt un parallélépipède rectangle *A B C D (Fig. 79),* Fig. 79. dont la longueur *A B* étoit de 200 pieds, la largeur *A D* de 100 pieds, & la profondeur d'eau, au temps de nos expériences, a toujours été d'environ 8 pieds & demi.

B b iij

(955.) On a fait mouvoir fucceffivement fur le fluide plufieurs bateaux ; & on a déterminé, au moyen d'une excellente montre à fecondes, le temps qu'ils employoient à parcourir un efpace donné. L'efpace décrit par chacun d'eux, tombe fur la droite EF parallèle aux parois longitudinales BA, CD, & diftante de la paroi nord CD, de 48 pieds. En G, I, & H, K, font quatre planches plantées verticalement; les deux premières font percées chacune dans la partie fupérieure d'une fente étroite & longue fuivant la hauteur ; de manière que ces fentes forment des pinnules qui fervent à obferver le paffage du bateau, & à le rapporter aux planches H, K; les diftances ID, KA font chacune de 40 pieds; & les diftances GC, HB, chacune de 64 pieds. A la ligne MN décrite réellement par le bateau, nous fubftituons la ligne GI, de même longueur, & fituée fur le bord du baffin, laquelle eft de 96 pieds mefurés très-exactement par le moyen de la toife de l'Académie.

(956.) Comme le bateau parvenu en N pourfuivroit fa route avec la même vîteffe, & par-là feroit expofé à venir fe brifer contre la paroi DA, fi le poids, qui par fa chute le fait mouvoir, continuoit d'agir fur lui ; on fait en forte que le poids foit entièrement tombé un peu après que le bateau a paffé la ligne IK; d'où il réfulte que le mouvement du bateau s'éteint en vertu de la réfiftance que l'eau lui oppofe, & qu'il eft ordinairement tout-à-fait anéanti quand le bateau est encore distant de plusieurs pieds du point *F*.

Je dis *ordinairement ;* car lorsque le bateau a une proue fort aiguë, & qu'il a été tiré par un grand poids, l'espace *N F* ne suffiroit pas pour l'extinction de son mouvement. Dans ces sortes de cas, nous ne faisons parcourir au bateau que l'espace *M n* ou *G i,* qui est de 72 pieds.

(957.) On voit dans les *Figures 80, 81, 82, 83, 84, 85,* tout l'appareil des machines qui ont servi à produire les mouvemens dont nous avions besoin.

Le bateau *B (Fig. 80)* est tiré dans le sens *E F* par une corde qui est attachée au milieu ou centre de gravité *C* de sa partie submergée ; cette corde vient passer sous la poulie *A* de renvoi, qui est de cuivre, & va s'envelopper sur la roue *X* d'un tour horizontal, soutenu en l'air par deux montans ; elle est forcée de s'envelopper ainsi, par un poids *P* suspendu à une autre corde *G* qui se déroule de dessus le cylindre *V* du tour. Les deux points *C* & *A* sont de niveau ; de plus, comme la corde *C A D* est mince, & que sa pesanteur spécifique diffère peu de celle de l'eau, sa partie *C A* peut être considérée comme sensiblement rectiligne.

La *Figure 81* représente l'élévation du tour, laquelle est perpendiculaire au profil longitudinal de la *Figure 80 :* en combinant ensemble ces deux

Figures, on voit toutes les parties du tour, & les montans qui le foutiennent. Le cylindre & la roue font de bois; mais ils font revêtus l'un & l'autre d'une lame de cuivre, arrondie circulairement.

L'effieu du cylindre eft de fer, & fes extrémités tournent fur deux rouleaux de fer, dont les effieux auffi de fer, tournent dans des yeux de cuivre. On voit de face & un peu en grand *(Fig. 82)* le cylindre *V V*, fon effieu *t*, les rouleaux *r*, leurs effieux *s*. Toutes ces parties font portées par deux chappes de fer clouées à deux planches qui s'affemblent avec les montans *T T, T T (Fig. 81)* : ces mêmes montans font liés entr'eux dans la partie fupérieure par le chapeau *Z* ; & dans la partie inférieure, ils font fixés folidement, comme on le voit dans les *Figures 81 & 83* ; ils ont chacun environ 20 pieds de hauteur.

Le diamètre de la roue $=$ 2 pieds 5 pouces 7 lignes; celui du cylindre $= 4$ pouces $1\frac{1}{3}$ ligne; celui de chaque tourillon du cylindre $= 11$ lignes; celui de chaque rouleau $= 7$ pouces 11 lignes; celui de chaque tourillon des rouleaux $= 8\frac{3}{4}$ lignes; celui de la poulie *A* de renvoi $= 5$ pouces $\frac{1}{2}$ ligne; celui de chacun des tourillons de cette poulie $= 4\frac{2}{3}$ lignes; celui de la corde *C A D* $= 1\frac{3}{4}$ ligne; celui de la corde *G* $= 4\frac{3}{4}$ lignes.

Le poids total de la roue & du cylindre, au moment qu'on les a mis en place, étoit de 45 livres 11 onces 36 grains; la longueur de l'axe commun au cylindre & à la roue eſt de près de 4 pieds.

(958.) Lorſqu'on veut faire une expérience, on commence par amener *(Fig. 80)* le bateau *B* de *F* vers *E,* par le moyen d'une corde *HKI* qui va paſſer ſous la poulie *K* de renvoi, & s'envelopper autour d'un cylindre *I* garni d'une manivelle qu'un homme fait tourner. On voit ce mécaniſme ſéparément *(Fig. 84).* Le bateau allant dans le ſens *F E (Fig. 80),* le poids *P* s'élève, la corde *G* qui le ſoutient, ſe roule ſur le cylindre *V,* & la corde *DAC* ſe dévide de deſſus la roue. Quand le poids *P* eſt arrivé à ſa plus grande hauteur, on lâche la manivelle, le poids deſcend, le bateau commence ſa courſe de *E* vers *F;* & on a ſoin de dévider la corde *IKH* de deſſus le cylindre *I,* pour qu'elle n'oppoſe pas de réſiſtance ſenſible au mouvement du bateau.

La poulie *K* eſt de cuivre, & ſon diamètre $= 5$ pouces $\frac{1}{2}$ ligne; celui de chacun des tourillons de cette même poulie $= 4\frac{2}{3}$ lignes; celui de la corde *HKI* $= 1\frac{3}{4}$ ligne.

(959.) On fait aller le bateau en ligne droite, par un moyen ſemblable à celui qui a été employé dans le chapitre précédent. Une corde fortement tendue dans la direction *E F (Fig. 80),* règle la route du bateau. Cette corde, qui a 8 lignes de diamètre, fait un ventre d'autant moins ſenſible au-deſſus de l'eau, qu'elle eſt un peu ſoulevée en fens contraire par le bateau ; elle paffe entre deux paires de poulies de cuivre, affemblées dans deux chappes dont les pieds s'attachent à une longue planche qui fe pofe fur chaque bateau dans la direction de fon mouvement. On voit *(Fig. 85)* une paire de ces poulies x ; & la *Figure 86* montre comment la planche $y\,y$, qui porte les deux paires, s'applique fur le bateau. Il y a en avant de chaque paires de poulies, un petit rouleau mobile u *(Fig. 85)* qui foutient la corde & favorife le gliffement du corps flottant.

Le diamètre de chacune des poulies $x = 4$ pouces ; celui de leurs effieux $= 2\frac{1}{2}$ lignes ; la diftance $y\,y$ des deux paires de poulies $= 8$ pieds 1 pouce.

(960.) Nous avons fait courir fur le fluide dix-neuf efpèces de bateaux, favoir :

Fig. 86.   1.° Un parallélépipede rectangle X *(Fig. 86)*, dont la longueur $M\,P = 4$ pieds ; la largeur $M\,N = 2$ pieds ; l'enfoncement $n\,h$ dans le fluide $= 2$ pieds ; la hauteur $n\,N$ de la partie faillante hors de l'eau $= 7$ pouces environ.

Fig. 87.   2.° Quatorze bateaux prifmatiques Y *(Fig. 87)*, ayant une proue ifocèle $M\,Q\,N$, dont l'angle Q du fommet varie de 12 degrés en 12 degrés, depuis 168 degrés jufqu'à 12 degrés ; la longueur $M\,P$ de chacun d'eux $= 4$ pieds ; la largeur $M\,N = 2$ pieds ; l'enfoncement $n\,h$ dans l'eau $= 2$ pieds ; la partie $n\,N$ faillante hors de l'eau $= 7$ pouces environ.

3.° Un parallélépipède rectangle Z *(Fig. 88)*, Fig. 88
dont la longueur $MN = 2$ pieds ; la largeur
$MP = 4$ pieds ; l'enfoncement mg dans l'eau
$= 2$ pieds ; la partie mM faillante hors de l'eau
$= 7$ pouces environ.

4.° Un bateau prifmatique V *(Fig. 89)*, dont Fig. 89
la proue eft compofée de deux parties planes
égales $MH, KP,$ & d'une partie angulaire &
ifocèle $HQK;$ la largeur totale $= 4$ pieds ; chacune des parties MH ou $KP = 1$ pied ; HK
$= 2$ pieds ; la longueur $MN = 2$ pieds ; l'enfoncement mg dans l'eau $= 2$ pieds ; la partie
mM faillante hors de l'eau $= 7$ pouces ; &
l'angle $HQK = 24$ degrés.

5.° Deux bateaux prifmatiques S *(Fig. 90)*, Fig. 90
ayant chacun une proue circulaire, dont la flèche
QR eft égale, dans l'un, au rayon RM, & dans
l'autre, au demi-rayon ; la largeur $MN = 2$
pieds ; la longueur $MP = 4$ pieds ; l'enfoncement
nh dans l'eau $= 2$ pieds ; & la partie nN faillante
hors de l'eau $= 7$ pouces environ.

(961.) Les poids qu'on emploie fucceffivement pour faire mouvoir un bateau, fe pofent
fur un plateau attaché à l'extrémité de la corde
G *(Fig. 80)*. Il y a donc réellement dans chaque Fig. 80
poids moteur, pour chaque expérience, deux poids
féparés ; l'un eft celui qu'on pofe fur le plateau ;
l'autre, la pefanteur même du plateau, qui fubit
quelques variations felon que ce plateau eft plus

ou moins mouillé. On a eftimé ces variations le plus exactement qu'il a été poffible. Pour plus de fimplicité dans l'expreffion de la totalité du poids moteur, nous diftinguons deux parties dans le poids particulier du plateau ; l'une qui eft conftamment de 10 livres & que nous joignons tout de fuite au poids pofé fur le plateau ; l'autre qui varie dans l'intervalle de demi-livre à $2\frac{1}{2}$ livres, & qui accompagne, au moyen du figne —+—, la première fomme : cette feconde partie du poids du plateau eft la feule qui foit un peu incertaine ; mais on voit qu'une pareille incertitude ne peut produire aucun changement fenfible dans les réfultats.

Quant à la variation qui arrive au poids de la corde à mefure qu'elle fe déroule, nous la compenfons par un bout de corde de même groffeur que *G*, fufpendu au plateau ; ainfi le poids de la corde qui foutient le poids moteur peut être regardé comme conftant, & nous le comprenons dans celui du plateau.

(962.) Chaque bateau a toujours parcouru plus de 40 pieds, avant que d'arriver à la ligne *G H (Fig. 79)*, de laquelle on commence à compter le mouvement ; ainfi il n'y a plus alors d'accélération, & l'on peut regarder le mouvement comme uniforme fur l'étendue *M N* ou *M n*.

On a eu de la peine à obferver les remous, à caufe de la diftance où l'on étoit des bateaux : on

ne trouvera donc ici qu'un petit nombre d'obfervations de ce genre.

La même expérience a toujours été répétée 4
à 5 fois, & on a pris un milieu entre les temps
des mouvemens, lorfqu'on jugeoit d'ailleurs que
ces temps étoient déterminés avec une exactitude
fuffifante.

EXPÉRIENCES I, II,.....V.

(963.) B A T E A U QUI A ÉTÉ MU.	POIDS MOTEURS, EXPRIMÉS EN LIVRES.	SECONDES EMPLOYÉES À PARCOURIR 96 PIEDS.
Fig. 86. Réfiftance directe. Remou central $= 2$ p. $\frac{1}{2}$.	60 + 1,8. 110 + 2,5 160 + 2,5 210 + 2,5 260 + 2,5	78,08 57,51 47,44 41,49 37,32

Fig. 86.

EXPÉRIENCES VI, VII,.....X.

(964.) B A T E A U QUI A ÉTÉ MU.	POIDS MOTEURS, EXPRIMÉS EN LIVRES.	SECONDES EMPLOYÉES À PARCOURIR 96 PIEDS.
Fig. 87. Angle $MQN = 168^d$ Remou central $= 2$ p. $\frac{1}{2}$.	60 + 2,0 110 + 2,5 160 + 2,5 210 + 2,5 260 + 2,5	77,50 56,95 47,23 41,26 37,12

Fig. 87.

EXPÉRIENCES XI, XII,.....XV.

(965.) BATEAU QUI A ÉTÉ MU.	POIDS MOTEURS, EXPRIMÉS EN LIVRES.	SECONDES EMPLOYÉES À PARCOURIR 96 PIEDS.
Fig. 87. Angle $MQN = 156^d$ Remou central $= 2$ p.$\frac{1}{7}$.	$60 + 2,5$	$75,09$
	$110 + 2,5$	$56,15$
	$160 + 2,5$	$46,44$
	$210 + 2,5$	$41,03$
	$260 + 2,5$	$36,52$

EXPÉRIENCES XVI,.....XX.

(966.) BATEAU QUI A ÉTÉ MU,	POIDS MOTEURS, EXPRIMÉS EN LIVRES.	SECONDES EMPLOYÉES À PARCOURIR 96 PIEDS.
Fig. 87. Angle $MQN = 144^d$ Remou central $= 2$ 1 l.	$60 + 2,5$	$73,38$
	$110 + 2,5$	$54,75$
	$160 + 2,5$	$45,35$
	$210 + 2,5$	$39,58$
	$260 + 2,5$	$37,57$

EXPÉRIENCES XXI,.....XXV.

(967.) BATEAU QUI A ÉTÉ MU.	POIDS MOTEURS, EXPRIMÉS EN LIVRES.	SECONDES EMPLOYÉES À PARCOURIR 96 PIEDS.
Fig. 87. Angle $MQN = 152^d$ Remou central $= 2$ 1 l.	$60 + 0,5$	$72,08$
	$110 + 1,5$	$53,25$
	$160 + 2,5$	$43,75$
	$210 + 2,5$	$38,26$
	$260 + 2,5$	$34,30$

EXPÉRIENCES XXVI,.....XXX.

(968.) **BATEAU** QUI A ÉTÉ MU.	POIDS MOTEURS, EXPRIMÉS EN LIVRES.	SECONDES EMPLOYÉES À PARCOURIR 96 PIEDS.
Fig. 87. Angle $MQN = $ 120ᵈ	60 + 2,5 110 + 2,5 160 + 2,5 210 + 2,5 260 + 2,5	68,32 50,84 41,84 36,62 32,77

EXPÉRIENCES XXXI,.....XXXV.

(969.) **BATEAU** QUI A ÉTÉ MU.	POIDS MOTEURS, EXPRIMÉS EN LIVRES.	SECONDES EMPLOYÉES À PARCOURIR 96 PIEDS.
Fig. 87. Angle $MQN = $ 108ᵈ	60 + 1,5 110 + 2,5 160 + 2,5 210 + 2,5 260 + 2,5	65,85 48,75 39,50 34,46 31,05

EXPÉRIENCES XXXVI,.....XL.

(970.) **BATEAU** QUI A ÉTÉ MU.	POIDS MOTEURS, EXPRIMÉS EN LIVERS.	SECONDES EMPLOYÉES À PARCOURIR 96 PIEDS.
Fig. 87. Angle $MQN = $ 96ᵈ	60 + 0,5 110 + 0,5 160 + 2,5 210 + 2,5 260 + 2,5	63,00 46,45 38,05 32,66 29,27

EXPÉRIENCES XLI,.....XLV.

(971.) BATEAU QUI A ÉTÉ MU.	POIDS MOTEURS, EXPRIMÉS EN LIVRES.	SECONDES EMPLOYÉES À PARCOURIR 96 PIEDS.
Fig. 87.	60 + 0,5	60,55
	110 + 0,5	44,56
	160 + 2,5	35,78
Angle $MQN = 84^d$	210 + 2,5	31,25
	260 + 2,5	27,51

EXPÉRIENCES XLVI,.....L.

(972.) BATEAU QUI A ÉTÉ MU.	POIDS MOTEURS, EXPRIMÉS EN LIVRES.	SECONDES EMPLOYÉES À PARCOURIR 96 PIEDS.
Fig. 87.	60 + 2,5	57,50
	110 + 2,5	42,75
	160 + 2,5	34,85
Angle $MQN = 72^d$	210 + 2,5	29,65
	260 + 2,5	25,86

EXPÉRIENCES LI,.....LV.

(973.) BATEAU QUI A ÉTÉ MU.	POIDS MOTEURS, EXPRIMÉS EN LIVRES.	SECONDES EMPLOYÉES À PARCOURIR 96 PIEDS.
Fig. 87.	60 + 0,5	55,45
	110 + 2,5	40,04
	160 + 2,5	33,05
Angle $MQN = 60^d$	210 + 2,5	28,25
	260 + 2,5	24,77

EXPÉRIENCES

EXPÉRIENCES LVI,.....LX.

(974.) BATEAU QUI A ÉTÉ MU.	POIDS MOTEURS, EXPRIMÉS EN LIVRES.	SECONDES EMPLOYÉES À PARCOURIR 96 PIEDS.
Fig. 87. Angle $MQN = 48^d$	60 + 2,5 110 + 2,5 160 + 2,5 210 + 2,5 260 + 2,5	52,51 38,05 31,61 27,56 24,30

EXPÉRIENCES LXI, LXII, LXIII.

(975.) BATEAU QUI A ÉTÉ MU.	POIDS MOTEURS, EXPRIMÉS EN LIVRES.	SECONDES EMPLOYÉES À PARCOURIR 96 PIEDS.
Fig. 87. Angle $MQN = 36^d$	60 + 2,5 110 + 2,5 160 + 2,5	51,15 36,96 30,53

EXPÉRIENCES LXIV, LXV, LXVI.

(976.) BATEAU QUI A ÉTÉ MU.	POIDS MOTEURS, EXPRIMÉS EN LIVRES.	SECONDES EMPLOYÉES À PARCOURIR 96 PIEDS.
Fig. 87. Angle $MQN = 24^d$	60 + 1,5 110 + 2,5 160 + 2,5	49,48 35,75 30,23

EXPÉRIENCES LXVII, LXVIII, LXIX.

(977.) B A T E A U QUI A ÉTÉ MU.	POIDS MOTEURS, EXPRIMÉS EN LIVRES.	S E C O N D E S EMPLOYÉES À PARCOURIR 72 PIEDS.
Fig. 87. Angle $M Q N = 12^d$	60 + 2,5 110 + 2,5 160 + 2,5	37,04 26,50 22,51

(978.) SCHOLIE. Le but des expériences précédentes eſt de faire connoître les rapports des réſiſtances pour une ſuite de proues angulaires qui varient de 12 degrés en 12 degrés, depuis 180 degrés, c'eſt-à-dire, depuis le ſimple plan, juſqu'à l'angle de 12 degrés. Ayant rempli cet objet principal de notre travail, nous avons encore examiné d'autres points importans de la réſiſtance des fluides : telles ſont les queſtions ſuivantes.

PREMIÈRE QUESTION.

Les réſiſtances des proues polygones ou curvilignes ſuivent-elles les mêmes loix que les réſiſtances des proues angulaires ſimples ?

SECONDE QUESTION.

La poupe plus ou moins alongée d'un vaiſſeau influe-t-elle ſenſiblement, toutes choſes d'ailleurs égales, ſur la viteſſe du ſillage ?

TROISIÈME QUESTION.

La longueur d'un vaisseau est-elle indifférente pour la marche, en supposant que la surface présentée au choc du fluide soit toujours la même ?

QUATRIÈME QUESTION.

Quels changemens produira-t-on dans la vîtesse du sillage, si l'on couvre d'une pointe triangulaire le milieu d'une proue plane ou celui d'une poupe plane ?

Les expériences que nous allons rapporter nous serviront, sinon à résoudre généralement ces questious, du moins à en donner des solutions particulières, applicables à plusieurs cas.

Dans les six premières, cotées LXX, LXXI, LXXII, LXXIII, LXXIV, LXXV, on a fait courir les bateaux représentés par la *Figure 90*.

Dans celles qui sont cotées LXXVI, LXXVII, LXXVIII, LXXIX, LXXX, LXXXI, le bateau mu n'est autre chose que celui de la *Figure 87*, retourné de l'avant à l'arrière, de sorte que OP est maintenant la proue, & MQN la poupe. Ainsi on aura des résistances directes qu'on pourra comparer avec celles du bateau de la *Figure 86*, où la poupe est simplement un plan vertical de même que la proue.

L'expérience cotée LXXXII a été faite avec le bateau de la *Figure 88*, dont la largeur MP $= 4$ pieds; la longueur $MN = 2$ pieds, &

l'enfoncement dans l'eau $=$ 2 pieds, comme il a été dit.

Les deux expériences cotées LXXXIII, LXXXIV, ont été faites avec le bateau de la *Figure 89*, l'angle KQH étant ici de 24 degrés; & enfin celles qui font cotées LXXXV, LXXXVI, ont été faites avec le même bateau retourné de l'avant à l'arrière, l'angle KQH de la poupe étant de 24 degrés, comme celui de la proue dans les deux précédentes.

EXPÉRIENCES LXX, LXXI, LXXII.

(979.) BATEAU QUI A ÉTÉ MU.	POIDS MOTEURS, EXPRIMÉS EN LIVRES.	SECONDES EMPLOYÉES À PARCOURIR 72 PIEDS.
Fig. 90. $QR = RM.$	60 + 2,0 110 + 2,5 160 + 2,5	42,25 30,50 25,25

EXPÉRIENCES LXXIII, LXXIV, LXXV.

(980.) BATEAU QUI A ÉTÉ MU.	POIDS MOTEURS, EXPRIMÉS EN LIVRES.	SECONDES EMPLOYÉES À PARCOURIR 72 PIEDS.
Fig. 90. $QR = \dfrac{RM}{2}.$	60 + 2,0 110 + 2,5 160 + 2,5	51,25 37,25 30,50

EXPÉRIENCES LXXVI, LXXVII.

(981.) B A T E A U QUI A ÉTÉ MU.	POIDS MOTEURS, EXPRIMÉS EN LIVRES.	SECONDES EMPLOYÉES À PARCOURIR 96 PIEDS.
Fig. 87, retournée. L'angle MQN de la poupe étant $= 48^d$	160 + 2,5 260 + 2,5	44,80 35,18

EXPÉRIENCES LXXVIII, LXXIX, LXXX.

(982.) B A T E A U QUI A ÉTÉ MU.	POIDS MOTEURS, EXPRIMÉS EN LIVRES.	SECONDES EMPLOYÉES À PARCOURIR 96 PIEDS.
Fig. 87, retournée. Angle MQN de la poupe $= 24^d$	160 + 2,5 210 + 2,5 260 + 2,5	43,85 38,35 34,48

EXPÉRIENCES LXXXI.

(983.) B A T E A U QUI A ÉTÉ MU.	POIDS MOTEUR, EXPRIMÉ EN LIVRES.	SECONDES EMPLOYÉES À PARCOURIR 72 PIEDS.
Fig. 87, retournée. Angle MQN de la poupe $= 12^d$	160 + 2,5	32,62

EXPÉRIENCES LXXXII.

(984.) BATEAU QUI A ÉTÉ MU.	POIDS MOTEUR, EXPRIMÉ EN LIVRES.	SECONDES EMPLOYÉES À PARCOURIR 72 PIEDS.
Fig. 88.	110 + 2,5	72,00

EXPÉRIENCES LXXXIII, LXXXIV.

(985.) BATEAU QUI A ÉTÉ MU.	POIDS MOTEURS, EXPRIMÉS EN LIVRES.	SECONDES EMPLOYÉES À PARCOURIR 72 PIEDS.
Fig. 89.	110 + 2,5	60,00
Angle $KQH = 24^d$	210 + 2,5	43,25

EXPÉRIENCES LXXXV, LXXXVI.

(986.) BATEAU QUI A ÉTÉ MU.	POIDS MOTEURS, EXPRIMÉS EN LIVRES.	SECONDES EMPLOYÉES À PARCOURIR 72 PIEDS.
Fig. 89, retournée.	110 + 2,5	69,00
L'angle KQH de la poupe $= 24^d$	210 + 2,5	50,01

RÉFLEXIONS.

(987.) Nos expériences de l'année 1775, ont suffisamment prouvé, & on trouveroit également par les précédentes, que la résistance d'une surface quelconque, plane ou courbe, mue avec différentes vîtesses, est à peu de chose près comme le quarré de la vîtesse : on a trouvé aussi que les résistances directes de différentes surfaces planes, mues avec la même vitesse, sont sensiblement proportionnelles aux étendues de ces surfaces, pourvu néanmoins que le fluide ait dans tous les cas une liberté suffisante de venir gagner l'arrière du corps flottant, comme nous le verrons ci-dessous. Ainsi sur ces deux points, l'expérience est, à peu de chose près, d'accord avec la théorie ordinaire; mais relativement à la loi du quarré du sinus de l'angle d'incidence d'un fluide sur un plan, l'expérience s'éloigne sensiblement de la théorie, du moins lorsque les angles d'incidence deviennent un peu aigus. Notre objet présent est d'abord d'examiner, au moyen des soixante-neuf premières expériences qui précèdent, si la loi du choc pour une suite de proues angulaires simples, n'a pas une marche constante & régulière qu'on puisse soumettre aux formules de l'analyse : problème absolument nouveau jusqu'ici : nous tâcherons ensuite de résoudre, ou d'éclaircir, par les autres expériences, les questions intéressantes qui ont été proposées (978).

C c iv

(988.) L'effort total que le poids moteur fait pour descendre, est contre-balancé à chaque instant par la résistance de l'eau dont nous sommes occupés, par celle de l'air & par le frottement. Il est évident que le bateau présentant une très-petite surface au choc de l'air qui est d'ailleurs environ à 50 fois plus rare que l'eau, la résistance du premier de ces fluides peut être négligée par rapport à celle du second. La résistance qui provient du frottement, soit des parties de la machine, soit du mouvement &(la corde qui tire le bateau, est toujours beaucoup moindre que celle de l'eau : cependant il en faudroit tenir compte, si on vouloit assigner la mesure absolue de la résistance de l'eau ; mais comme nous nous proposons simplement de déterminer les rapports des résistances de l'eau, nous pouvons faire abstraction du frottement, parce que dans les mouvemens uniformes, tels que nous les considérons, le frottement étant sensiblement proportionnel à la pression, les résistances totales que surmonte le poids moteur en descendant, sont entr'elles à peu de chose près, comme ces mêmes résistances diminuées des effets des frottemens.

(989.) 1.º Soient pour un même espace & un même temps donnés,

La valeur absolue de la résistance directe qu'éprouve une surface plane donnée......$= P,$

La valeur relative, prise arbitrairement de la même résistance......................$= p,$

La valeur absolue de la résistance qu'éprouve

une surface quelconque X . . . . $= R$,

La valeur relative de la même résistance . . . $= r$,

L'espace parcouru . . . . $= E$,

Le temps du mouvement . . . . $= T$.

2.° Soient pour un autre espace & un autre temps donnés,

La valeur absolue de la résistance qu'éprouve la

surface X . . . . $= Q$,

L'espace parcouru . . . . $= e$,

Le temps du mouvement . . . . $= t$.

Cela posé, on a d'abord par hypothèse,

$P : p :: R : r$, ou $r = R \times \dfrac{p}{P}$; d'un autre

côté, l'expérience donne, $R : Q :: \dfrac{E^2}{T^2} : \dfrac{e^2}{t^2}$;

donc $R = Q \times \dfrac{E^2 t^2}{e^2 T^2}$. Substituant cette valeur

de R dans celle de r, on aura $r = p \times \dfrac{Q}{P} \times \dfrac{E^2 t^2}{e^2 T^2}$.

D'où l'on voit que connoissant par l'expérience les quantités P, E, T, Q, e, t, on connoîtra le rapport de p à r, c'est-à-dire, le rapport de la résistance directe d'une surface plane donnée, à la résistance d'une autre surface quelconque, pour une même vîtesse, laquelle a pour expression $\dfrac{E}{T}$.

(990.) Il est à propos de remarquer que le rapport des deux résistances dont on vient de parler, sera le même pour toute autre vîtesse $\dfrac{E'}{T'}$; car foient P', p', R', r', E', T', les quantités analogues chacune à chacune des quantités P, p, R, r, E, T, tout le refte demeurant d'ailleurs le même: on trouvera, comme dans l'article précédent,

$$r' = p' \times \frac{Q}{p'} \times \frac{E'^2 t^2}{c^2 T'^2}.$$

Or, $\dfrac{Q}{p'} \times \dfrac{E'^2 t^2}{c^2 T'^2} = \dfrac{Q}{p} \times \dfrac{E^2 t^2}{c^2 T^2}$;

car, fuivant l'expérience, $P : P' :: \dfrac{E^2}{T^2} : \dfrac{E'^2}{T'^2}$.

Donc $\dfrac{p'}{r'} = \dfrac{p}{r}$.

On voit par-là, que fi l'on fuppofe $p' = p$, on aura auffi $r' = r$.

(991.) D'après ces principes, nous avons conftruit la table ci-jointe, laquelle contient les rapports des réfiftances, fuivant la théorie & fuivant l'expérience, pour quinze fortes de proues angulaires. Ainfi, nous fuppofons dans cette table que la bafe $M N$ (*Fig. 87*), qui eft de 2 pieds, demeurant conftamment la même, l'angle $M Q N$ d'une proue formée en triangle ifocèle, eft d'abord de 180 degrés (ce qui eft le cas de la réfiftance directe & perpendiculaire), puis de 168 degrés, puis de 156 degrés, puis de 144 degrés, ainfi de fuite jufqu'à 12 degrés : nous repréfentons la réfiftance directe par le nombre arbitraire 10000; enfuite nous déterminons par la théorie ordinaire & par les formules précédentes, les valeurs relatives des réfiftances pour les angles propofés.

*Table comparative des résistances sous même vitesse,
pour une suite d'angles* M Q N *(Fig. 87)*,
depuis 180 degrés jusqu'à 12 degrés.

SUITE DES ANGLES M Q N.	RÉSISTANCES COMPARATIVES, SUIVANT LA THÉORIE.	RÉSISTANCES COMPARATIVES, SUIVANT L'EXPÉRIENCE.	DIFFÉRENCES des DEUX SUITES PRÉCÉDENTES.
$MQN = 180^d$	10000	10000	0
168	9890	9893	3
156	9568	9578	10
144	9045	9084	39
132	8346	8446	100
120	7500	7710	210
108	6545	6925	380
96	5523	6148	625
84	4478	5433	955
72	3455	4800	1345
60	2500	4404	1904
48	1654	4240	2586
36	955	4142	3187
24	432	4063	3631
12	109	3999	3890

(992.) On voit par cette table, que les résistances effectives ne diminuent pas en même raison
que les quarrés des sinus des angles d'incidence:
l'expérience s'éloigne de plus en plus de la théorie,
à mesure que les angles d'incidence deviennent
plus petits. Il seroit facile de construire une courbe
du genre parabolique, dont les ordonnées représenteroient les résistances telles que l'expérience
les donne : on pourroit remplir le même objet

par la méthode de M. de la Grange, pour former des tables des planètes d'après les seules obfervations, ou par celle que M. le Marquis de Condorcet a donnée pour déduire en général les loix des phénomènes d'après les obfervations; mais tous ces moyens exigent des calculs un peu longs pour la pratique. En confidérant attentivement la fuite des différences entre les réfiftances effectives & les réfiftances théoriques, nous avons obfervé qu'on pouvoit repréfenter les réfiftances effectives par une formule qui, fans être abfolument générale, s'applique à un grand nombre de cas, & qui ne demande que des calculs numériques très-fimples.

(993.) En effet, chaque terme de la fuite des différences dont il s'agit, étant l'excès de la réfiftance effective fur la réfiftance donnée par la théorie, & cette même fuite allant toujours en montant, nous avons ainfi raifonné : la formule propre à repréfenter les réfiftances effectives, doit ou peut contenir : 1.° le terme que donneroit la théorie; 2.° un terme ou un affemblage de termes dont la valeur aille toujours en augmentant fuivant la loi de la fuite propofée. Nommons x l'angle NMQ *(Fig. 87)*, pour le rayon 1 ; P la réfiftance directe de la bafe NM; φ la réfiftance que devroit éprouver, felon la théorie, la proue angulaire MQN dans le fens de fa hauteur QR: on aura, comme on fait, $\varphi = P\,(\mathrm{cof.}\,x)^2$. Soit π la réfiftance effective de la même proue; & examinons s'il ne feroit pas poffible de repréfenter les réſiſtances effectives par une formule de cette eſpèce, $\pi = P\,(\mathrm{coſ.}\ x\,)^2 + M x^n$, qui eſt la plus ſimple qu'on puiſſe employer ſous le point de vue que nous venons d'expoſer, & dans laquelle l'expoſant n eſt un nombre au-deſſus de zéro, afin qu'on ait $\pi = P$, lorſque $x = 0$.

(994.) Dans la table de l'art. 991, les angles x forment une progreſſion arithmétique, dont la différence eſt égale au premier angle qui ſuit le cas de la proue plane, lequel angle eſt de 6 degrés. Ainſi, en nommant q ce premier angle, & ſuppoſant $P = 10000$, on aura, 1.° cette ſuite d'équations :

$$P\,(\mathrm{coſ.}\ 0\,)^2 = 10000 ; \quad P\,(\mathrm{coſ.}\ q\,)^2 = 9890 ;$$
$$P\,(\mathrm{coſ.}\ 2q\,)^2 = 9568 ; \quad P\,(\mathrm{coſ.}\ 3q\,)^2 = 9045 ;$$
$$\ldots\ldots\ldots\ldots\ldots\ldots P\,(\mathrm{coſ.}\ 14q\,)^2 = 109.$$

2.° Suppoſons (ſi la choſe eſt permiſe, ce qu'on verra dans un moment), que les termes de la ſuite des différences qui ſe trouvent entre les réſiſtances effectives & les réſiſtances théoriques, ſoient proportionnels chacun à chacun des termes de cette ſuite : $0,\ 3q^n,\ m\,(2q)^n,\ m\,(3q)^n,\ m\,(4q)^n,\ldots\ldots\ldots m\,(14q)^n$; en ſorte qu'on ait ces différentes proportions,

$$3 : 10 :: 3q^n : m\,(2q)^n :: 1 : \frac{m}{3} \times 2^n ;$$
$$3 : 39 :: 3q^n : m\,(3q)^n :: 1 : \frac{m}{3} \times 3^n ;$$
$$3 : 100 :: 3q^n : m\,(4q)^n :: 1 : \frac{m}{3} \times 4^n ;$$
$$\ldots\ldots\ldots\ldots\ldots\ldots\ldots\ldots\ldots\ldots\ldots\ldots$$
$$3 : 3890 :: 3q^n : m\,(14q)^n :: 1 : \frac{m}{3} \times (14)^n ;$$

proportions qui donnent , $m \times 2^n = 10$; $m \times 3^n = 39$; $m \times 4^n = 100$; . . . . $m \times (14)^n = 3890$. Or, en combinant fucceffivement la premièré de ces équations avec chacune des autres, on trouvera pour n, à peu-près les valeurs fuivantès :

$$n = \frac{\log. \ 39 - \log. \ 10}{\log. \ 3 - \log. \ 2} = 3,35;$$

$$n = \frac{\log. \ 100 - \log. \ 10}{\log. \ 4 - \log. \ 2} = 3,32;$$

$$n = \frac{\log. \ 210 - \log. \ 10}{\log. \ 5 - \log. \ 2} = 3,32;$$

$$n = \frac{\log. \ 380 - \log. \ 10}{\log. \ 6 - \log. \ 2} = 3,31;$$

$$n = \frac{\log. \ 625 - \log. \ 10}{\log. \ 7 - \log. \ 2} = 3,30;$$

$$n = \frac{\log. \ 955 - \log. \ 10}{\log. \ 8 - \log. \ 2} = 3,28;$$

$$n = \frac{\log. \ 1345 - \log. \ 10}{\log. \ 9 - \log. \ 2} = 3,26;$$

$$n = \frac{\log. \ 1904 - \log. \ 10}{\log. \ 10 - \log. \ 2} = 3,26;$$

$$n = \frac{\log. \ 2586 - \log. \ 10}{\log. \ 11 - \log. \ 2} = 3,25;$$

$$n = \frac{\log. \ 3187 - \log. \ 10}{\log. \ 12 - \log. \ 2} = 3,21;$$

$$n = \frac{\log. \ 3631 - \log. \ 10}{\log. \ 13 - \log. \ 2} = 3,13;$$

$$n = \frac{\log. \ 3890 - \log. \ 10}{\log. \ 14 - \log. \ 2} = 3,06.$$

D'où l'on voit que la valeur de n eft à peu-près conftante, & que par conféquent celle de m

l'eſt auſſi. Ainſi, la ſuppoſition que nous avons
faite, relativement aux rapports des termes de la
ſuite des différences, eſt ſenſiblement permiſe, du
moins pour la plus grande partie de la ſuite: la valeur
moyenne de n eſt, à peu de choſe près, 3,25 ou 3 ¼,
& celle de m eſt en conſéquence 1,051. Par conſéquent la formule approchée de la réſiſtance, ſera,

$$\Pi = 10000 \times (\text{coſ. } x)^{2} + 3,153 \times \left(\frac{x}{q}\right)^{3\frac{1}{4}}.$$

(995.) Cette formule eſt ſuffiſamment exacte
pour tous les cas où l'angle d'incidence du fluide
ſur les faces de la proue eſt un peu grand; mais
elle n'eſt pas admiſſible pour de très-petits angles
d'incidence : car, par exemple, lorſque l'angle
d'incidence eſt de 12 degrés, ce qui eſt le cas
des expériences LXIV, LXV, LXVI, le terme
$3,153 \times \left(\frac{x}{q}\right)^{3\frac{1}{4}}$ devient 4766, tandis que
l'expérience donne ſimplement 3631 : la formule
s'éloigne encore plus de la vérité pour de plus
petits angles d'incidence.

Du reſte, on ne peut pas regarder comme
un défaut de cette même formule, de ce qu'elle
ne donne pas $\varphi = 0$, lorſque $x = 90$ degrés
comme le donne la formule tirée de la théorie
ordinaire. Car tous les triangles NMQ ayant
une même baſe finie NM, il y aura toujours
une réſiſtance, même lorſque $x = 90$ degrés,
puiſque le bateau pouſſera toujours devant lui &
déplacera une colonne fluide dont la largeur eſt

finie. D'ailleurs, l'angle *x* étant parvenu aux environs de 90 degrés, la proue s'alonge considérablement; d'où il résulte que le frottement du fluide le long des parois du bateau, peut augmenter au point de former une résistance sensible, comparable & additive à celle qui provient du choc de l'eau.

Je passe aux questions de l'article 978.

(996.) La première est de savoir, *si les résistances des proues polygones ou curvilignes suivent les mêmes loix que les résistances des proues angulaires simples!* Or il paroît que ces loix ne sont pas les mêmes, ou que si toutes dépendent d'un même principe, la formule qui exprimeroit cette relation renfermeroit un très-grand nombre d'élémens qu'il est comme impossible d'apprécier avec exactitude. Les variétés que l'expérience présente à cet égard, sont une nouvelle preuve de l'insuffisance de la théorie ordinaire, du moins quant à la partie de la résistance, qui est relative au quarré du sinus de l'angle d'incidence. En effet, prenons pour base ou pour terme de comparaison, la résistance effective, directe & perpendiculaire d'une proue plane: comparons-lui successivement la résistance effective d'une proue angulaire simple, & celle d'une proue curviligne, de même hauteur & de même largeur: nous verrons, 1.° par la table de l'article 991, que la résistance de la proue angulaire simple diminue en moindre rapport suivant l'expérience que suivant la théorie ordinaire. 2.° Au contraire la

résistance

réſiſtance d'une proue curviligne diminue en plus grand rapport ſuivant l'expérience que ſuivant la théorie ordinaire. Car , par exemple , les *Expériences* cotées LXX, LXXI, LXXII font voir que la proue demi-circulaire éprouve une réſiſtance qui eſt à celle du diamètre *M N,* comme 13 eſt à 25 environ, tandis que ſuivant la théorie ordinaire, ces deux réſiſtances devroient être entre elles comme les nombres 2 & 3. On ſent qu'autant de différentes proues, autant de différentes ſortes de réſiſtances. Cependant , dans les vaiſſeaux flottans à la mer, conſtruits ſuivant les bons principes reçus, toutes les réſiſtances varient entre des limites qui ne ſont pas fort éloignées. Il réſulte des obſervations faites ſur pluſieurs de ces vaiſſeaux, que la réſiſtance ſoufferte par la proue, dans le ſens de la quille, eſt environ la quatrième ou la cinquième partie de la réſiſtance qu'éprouveroit le maître couple, s'il étoit expoſé, ſous la même vîteſſe, au choc perpendiculaire du fluide.

(997.) La ſeconde queſtion : *ſi la proue demeurant la même, une poupe plus ou moins alongée fait diminuer la réſiſtance ?* peut également s'éclaircir. En comparant les *Expériences* LXXVI, LXXVII , chacune avec chacune des *Expériences* III, V ; les *Expériences* LXXVIII, LXXIX, LXXX, chacune avec chacune des *Expériences* III, IV, V ; & l'*Expérience* LXXXI avec l'*Expérience* III : on voit qu'une poupe alongée fait augmenter ſenſiblement la vîteſſe du ſillage. Et comme on connoît par ces expériences les rapports des temps employés à parcourir un même efpace, on eft en état de déterminer les rapports des réfiftances : ainfi, par exemple, on trouvera que fous même vîteffe, le bateau de la *Figure 86*, garni d'une poupe triangulaire ifocèle, dont l'angle du fommet eft de 48 degrés, éprouve une réfiftance moindre que celle qu'il éprouvoit quand il n'avoit pas de poupe, dans le rapport de 15 ¼ à 14, environ.

(998.) La troifième queftion, *fi la longueur d'un vaiffeau influe fur la vîteffe du fillage?* eft, en quelque forte, comprife dans les précédentes, & fe réfoud par les mêmes moyens. Il eft conftant par les expériences du *chapitre XV*, que les réfiftances perpendiculaires de différentes furfaces planes, pour une même vîteffe, font fenfiblement proportionnelles aux étendues de ces furfaces; mais cette loi n'a lieu que pour les bateaux qui ont une certaine longueur relative à leur largeur. En effet, fi l'on compare l'*Expérience* LXXXII avec l'*Expérience* II, on trouvera que, pour une même vîteffe, la réfiftance du bateau de la *Figure 88* eft à la réfiftance du bateau de la *Figure 86*, comme 31 eft à 11 à peu-près, tandis que fi la loi citée avoit lieu généralement, ces deux réfiftances devroient être comme les nombres 22 & 11. La raifon pour laquelle le bateau de la *Figure 88* éprouve une fi grande réfiftance, eft qu'il a trop de largeur comparativement à fa longueur, ou à la dimenfion fuivant le fens de laquelle

il eſt mu ; d'où il réſulte que le fluide écarté par-
devant n'a pas une liberté ſuffiſante pour couler
le long du bateau, & pour venir occuper le creux
qui ſe forme à l'arrière. Il exiſte donc dans tous les
cas un certain rapport entre la largeur & ſa longueur
d'un vaiſſeau, pour que la vîteſſe du ſillage acquière
toute la plénitude dont elle eſt ſuſceptible. Mais
quel eſt ce rappport ! il dépend viſiblement en
partie de la direction des molécules fluides, en partie
de la forme de la carène, & en partie de la vîteſſe
même du ſillage ; on n'a pas encore pu le ſou-
mettre aux formules de l'analyſe ; mais les *Expé-*
riences LXXVI, LXXVII, LXXVIII, LXXIX,
LXXX, LXXXI, où le bateau de la *Figure 86*
a une poupe angulaire, étant combinées avec les
Expériences I, II, III, IV, V, où le même
bateau eſt dépourvu d'une poupe angulaire, font
voir que pour la réſiſtance directe & pour des
vîteſſes de 2 ou 3 pieds par ſeconde, la longueur
du vaiſſeau doit être au moins triple de ſa largeur,
ſi l'on veut que la vîteſſe du ſillage atteigne ſon
maximum. Si la vîteſſe étoit plus grande, le rapport
de la longueur du vaiſſeau à ſa largeur ſeroit auſſi
plus grand. Je n'ai pas beſoin d'ajouter que la
longueur étant une fois ſuffiſante, on ne pourroit
que diminuer cette vîteſſe en augmentant la longueur du vaiſſeau, puiſqu'on augmenteroit par-là le
frottement le long de ſes côtés ; mais il faut avouer
que le frottement eſt peu ſenſible, & qu'il ne le
deviendroit que ſur des longueurs conſidérables.

D d ij

(999.) **Enfin** la quatrième queſtion , concer-
nant *les changemens qui peuvent arriver dans la vîteſſe
du ſillage , lorſque l'on couvre d'une pointe triangulaire
le milieu d'une proue plane , ou d'une poupe plane !*
va s'éclaircir par les *Expériences* LXXXIII,
LXXXIV, LXXXV, LXXXVI : elle
embraſſe, comme on voit, deux objets. Ce qui
a donné lieu au premier de ces problèmes, eſt
que le fluide allant choquer perpendiculairement
les deux ſurfaces planes *P K, H M (Fig. 89)*,
doit ſe détourner moins facilement de ſa direction ,
que ſi les parties *K O, H N* étoient enlevées, ou
que le bateau eût à l'avant une forme ſemblable
à celui de la *Figure 87 ;* d'où il paroît s'enſuivre
que la réſiſtance de la proue *K Q N* doit augmenter.
Les *Expériences* LXXXIII, LXXXIV prouvent
que cette conjecture eſt fondée; car il réſulte de
l'*Expérience* LXXXII que le ſyſtème des deux ſurfaces *P K, H M (Fig. 89)*, tiré par un poids de
$56^{liv.},25$, parcourroit 72 pieds en 72 ſecondes, ou
que le même ſyſtème tiré par un poids de 81 livres,
parcourroit 72 pieds en 60 ſecondes , qui font
la durée de l'*Expérience* LXXXIII. Retranchant
81 livres de $112^{liv.},5$, le reſte $31^{liv.},50$, ſera le
poids qui tire la proue *K Q N* dans le cas de
l'*Expérience* LXXXIII; or ſi cette proue étoit
iſolée, ou que les deux parties planes *P K, H M*
fuſſent enlevées, on trouveroit , au moyen de
l'*Expérience* LXIV, & de la loi des réſiſtances
proportionnelles aux quarrés des vîteſſes pour un

même bateau, on trouveroit, dis-je, que la proue dont il s'agit, étant tirée fimplement par un poids de 23$^{liv.}$,53, parcourroit 72 pieds en 60 fecondes ; d'où l'on voit que la proue *K Q N*, dans le cas de l'*Expérience* LXXXIII, éprouve une plus grande réfiftance, que fi elle étoit ifolée : la même chofe fe conclut par l'*Expérience* LXXXIV.

Quant à la feconde partie de la queftion, on trouve en comparant l'*Expérience* LXXXV avec l'*Expérience* LXXXII, que la poupe *K Q H* fait diminuer la réfiftance ; ce qui rentre dans la feconde queftion.

CHAPITRE XVIII.

Expériences & Réflexions sur le mouvement des roues mues par le choc ou par le poids de l'eau.

Fig. 91. (1000.) ON voit (*Fig. 91*) une roue *AGFH* qui avoit d'abord 48 ailes, & qu'on a réduites succeffivement à 24 & à 12. Toutes ces ailes font dirigées au centre *C*. Elles ont 5 pouces jufte de largeur, c'eft-à-dire, fuivant la dimenfion perpendiculaire au plan de la roue; & 4 à 5 pouces de hauteur, c'eft-à-dire, fuivant la dimenfion dirigée au centre. Elles trempent dans le canal dont il a été parlé (*Chapitre XII*), & qui eft repréfenté dans la *Figure 50*. La roue tourne librement, & il s'en faut d'environ $\frac{1}{2}$ ligne que les extrémités des ailes n'atteignent le fond & les parois du canal. L'arbre de la roue, qui eft horizontal, a une gorge cylindrique pour recevoir les rangs parallèles d'une corde *COS* qui s'enveloppe autour d'elle, & qui au moyen de la poulie *O* de renvoi, fait monter le poids π, lorfque le courant *XYTZ* frappe les ailes. Le diamètre extérieur *BK* de la roue eft de 3 pieds 1 pouce 10 lignes; le diamètre à nud de la gorge cylindrique qui reçoit la corde eft de deux pouces: le diamètre des tourillons placés aux extrémités de l'arbre eft de 2 $\frac{1}{2}$ lignes; la poulie *O* de renvoi a 3 pouces 8 lignes de diamètre, & celui de ſes tourillons eſt 2⅔ lignes. Le diamètre de la corde eſt de 2 lignes.

L'endroit où la machine eſt placée, eſt diſtant d'environ 50 pieds du réſervoir *A D C B (Fig. 50)*. La vîteſſe du courant a été préalablement déterminée par les moyens expliqués au long dans le *Chapitre XII,* qu'on doit avoir préſent à l'eſprit pour pouvoir entendre ce qui ſuit.

J'avertis une fois pour toutes, qu'ici & dans la ſuite je ne commence à compter le nombre de tours que fait la roue pendant le nombre de ſecondes marquées dans l'avant-dernière colonne de chaque table, que quand le mouvement aſcenſionnel du fardeau п eſt devenu uniforme ; ce qui arrive toujours, lorſque la roue a fait 4 à 5 tours.

EXPÉRIENCES I, II, III,.....VI.

(1001.) La pale eſt élevée de 1 pouce ; & la vîteſſe de l'eau dans le canal, eſt de 300 pieds en 33 ſecondes, comme dans l'art. 774.	NOMBRE DES AILES de la ROUE.	FARDEAU ÉLEVÉ, EXPRIMÉ EN LIVRES.	DURÉE du MOUVEMENT, EXPRIMÉE EN SECONDES.	NOMBRE DES TOURS de la ROUE.
	48	12	60	33¼
	48	16	60	28½
	24	12	60	29
	24	16	60	25½
	12	12	60	25½
	12	16	60	19½

EXPÉRIENCES VII, VIII,.....XII.

(1002.) La pale est élevée de 1 pouce; & la vîtesse de l'eau dans le canal, est de 300 pieds en 30 secondes, comme dans l'art. 772.	NOMBRE DES AILES de la ROUE.	FARDEAU ÉLEVÉ, EXPRIMÉ EN LIVRES.	DURÉE du MOUVEMENT, EXPRIMÉE EN SECONDES.	NOMBRE DES TOURS de la ROUE.
	48	12	48	34
	48	16	48	31 $\frac{1}{4}$
	24	12	48	30 $\frac{1}{3}$
	24	16	48	28 $\frac{1}{2}$
	12	12	48	25
	12	16	48	23

RÉFLEXIONS.

(1003.) Le fardeau élevé étant le même, la roue tourne plus vîte lorsqu'elle a 48 ailes, que lorsqu'elle en a 24; & plus vite lorsqu'elle en a 24, que lorsqu'elle en a 12. Ainsi dans tous les cas pareils à nos expériences, il sera avantageux de donner au moins 48 ailes à la roue, si toutefois elle peut les porter sans devenir trop pesante, & sans que d'un autre côté les trous qu'il faut percer dans l'anneau pour recevoir les chevilles destinées à porter les ailes, n'affoiblissent trop ce même anneau, & n'enlèvent à l'assemblage la solidité dont il a besoin. Voyons donc quelle est la valeur de l'arc MBN qui trempe dans l'eau. A 50 pieds de distance au réservoir, endroit où la roue est placée, l'eau s'élève au-dessus du fond du canal, d'environ 13 à 14 lignes; & la plus grande profondeur à laquelle les ailes s'enfoncent, est d'environ 13 lignes. D'après ces données & la connoiſſance du rayon de la roue, je trouve que l'arc *M B N* est de 24 degrés 54 minutes. Dans les grandes roues qui ont environ 20 pieds de diamètre, & qui font mues par un courant rapide, l'arc plongé dans l'eau n'excède guère 25 à 30 degrés; & on ne leur donne pas ordinairement plus de 40 ailes. Si on leur en donnoit davantage, elles produiroient un plus grand effet. La théorie & l'expérience font d'accord fur ce point, qui mérite attention.

(1004.) C'eſt un uſage reçu de donner un petit nombre d'ailes aux roues qui trempent dans les rivières; & cela, pour empêcher que les ailes ne fe couvrent les unes les autres, & pour que chacune puiſſe recevoir le choc de l'eau. L'expérience va nous indiquer ce qu'on doit penſer de cette pratique.

La roue dont je me fuis fervi ici *(Fig. 92 & 93)* eſt faite autrement que la précédente ; *B G F H h b g f* eſt l'élévation commune de deux couronnes de fer dont la largeur *B b* eſt de 9 lignes, & l'épaiſſeur de 1 ligne; les ailes font de tôle & elles ont environ $\frac{1}{2}$ ligne d'épaiſſeur; l'extrémité extérieure *B* de chacune d'elles eſt portée par une petite cheville de fer qui s'aſſemble dans les deux couronnes, tandis que l'autre extrémité eſt portée par deux tiges *A R* de fer qui font attachées en *R* à la roue *K* mobile autour du centre *C*. Par ce moyen, on peut ou diriger les ailes au centre, ou leur donner telle inclinaison qu'on veut par rapport au rayon; on peut aussi, quand on veut, ôter & remettre une partie des ailes. A l'égard des dimensions, le diamètre extérieur *B F* est de 3 pieds; la largeur des ailes est de 5 pouces; leur hauteur *B A* de 6 pouces; le diamètre à nud de la bobine cylindrique sur laquelle s'enveloppe la corde *C O* π qui porte le poids π, est de 2 pouces 6 lignes; celui des tourillons de l'arbre, de 3 lignes; le diamètre de la poulie, de 3 pouces 8 lignes; & celui de ses tourillons, de $2\frac{2}{3}$ lignes. Le diamètre de la corde est de 2 lignes, en sorte que le bras de levier du poids π est de 1 pouce 4 lignes à très-peu-près. Comme la roue ne fait pas toujours un nombre entier de tours pendant un certain nombre de secondes; pour pouvoir mesurer facilement les fractions de tours, j'ai fait garnir encore l'arbre, d'une petite roue à dents, qui à l'aide d'un cliquet sert à arrêter la machine au moment précis qu'on veut. Cette machine pèse en tout 44 livres, c'est-à-dire, en y comprenant le poids de toutes les parties de la roue principale, & celui de la roue d'arrêt. Elle est, aux dimensions & à d'autres légères différences près, celle dont M. de Parcieux s'est servi (*Mém. de l'Acad. année 1759*) ; elle a l'avantage de pouvoir être employée à des expériences de plusieurs espèces.

Le courant fur lequel les expériences de la table fuivante ont été faites, eft contenu entre deux murs verticaux, parallèles & diftans l'un de l'autre d'environ 12 à 13 pieds. Le fond de ce canal eft un radier affez uni; & la profondeur totale de l'eau eft d'environ 7 à 8 pouces. Cette profondeur a toujours été la même pour la même fuite d'expériences. Je dirai ci-deffous, comment j'ai déterminé la vîteffe du courant. Le bâtis de la machine eft porté par de forts madriers qui forment une efpèce de pont fur le ruiffeau, & il n'y a point d'obftacle qui trouble les effets de la percuffion du fluide contre les ailes de la roue.

EXPÉRIENCES XIII, XIV, XV, XVI.

(1005.) Les ailes font plongées dans l'eau, de 4 pouces, fuivant la verticale, (*Fig. 92*).	NOMBRE DES AILES de la ROUE.	FARDEAU ÉLEVÉ, EXPRIMÉ EN LIVRES.	DURÉE du MOUVEMENT, EXPRIMÉE EN SECONDES.	NOMBRE DES TOURS de la ROUE.
	48	24	60	$27\frac{17}{48}$
	24	24	60	$27\frac{7}{48}$
	24	40	40	$15\frac{28}{48}$
	12	40	40	$13\frac{15}{48}$

Fig. 92

RÉFLEXIONS.

(1006.) La roue élève le même fardeau avec une vîteffe fenfiblement plus grande lorfqu'elle a

24 ailes, que lorsqu'elle en a 12 feulement; mais elle ne marche guère plus vîte lorsqu'elle a 48 ailes, que lorsqu'elle en a 24. L'arc *M B N* enfoncé dans l'eau eft de 77 degrés 53 minutes. Il eft donc certain que dans les cas pareils à celui-ci, il convient de donner au moins 24 ailes à la roue. On pourroit lui en donner moins, fi l'enfoncement dans l'eau étoit plus confidérable. Dans la pratique on donne pour l'ordinaire 8 à 10 ailes, quelquefois moins, aux roues de moulin placées fur des rivières. Ce nombre eft trop petit, & les roues dont il s'agit, marcheroient mieux fi elles avoient 12 à 18 ailes.

(1007.) Nous avons déterminé (366) par la théorie, la vîteffe que la roue doit prendre par rapport à celle du courant, pour que la machine produife le plus grand effet qu'il eft poffible. Confultons là-deffus l'expérience.

Les expériences qui compofent la première des deux tables fuivantes ont été faites fur le canal de la *Figure 50 ;* celles de la feconde table, fur le courant dont on a fait la defcription à la fin de l'article 1004. Je me fuis fervi dans les deux cas de la roue repréfentée par la *Figure 92 ;* mais dans le premier, cette roue a 48 ailes; dans le fecond, elle en a feulement 24.

EXPÉRIENCES XVII, XVIII,.....XXVIII.

(1008.) La pale est élevée de 2 pouces ; & la vîtesse de l'eau dans le canal, est de 300 pieds en 27 secondes, comme dans l'art. 775.	FARDEAU ÉLEVÉ, EXPRIMÉ EN LIVRES.	DURÉE du MOUVEMENT, EXPRIMÉE EN SECONDES.	NOMBRE DES TOURS de la ROUE.
	$30\frac{1}{2}$	40	$22\frac{12}{48}$
	31	40	$22\frac{}{48}$
	$31\frac{1}{2}$	40	$21\frac{42}{48}$
	32	40	$21\frac{32}{48}$
	$32\frac{1}{2}$	40	$21\frac{20}{48}$
	33	40	$21\frac{8}{48}$
	$33\frac{1}{2}$	40	$20\frac{44}{48}$
	34	40	$20\frac{32}{48}$
	$34\frac{1}{2}$	40	$20\frac{21}{48}$
	35	40	$19\frac{44}{48}$
	$35\frac{1}{2}$	40	$19\frac{15}{48}$
	36	40	$18\frac{28}{48}$

RÉFLEXIONS.

(1009.) Les différens fardeaux élevés ayant le même bras de levier, & se mouvant pendant le même temps, il est clair que leurs vîtesses font entr'elles comme les nombres de tours de la roue, qui composent la quatrième colonne de la table. Ainsi, en négligeant l'effort que l'eau employe pour vaincre le frottement & la résistance de l'air, l'effet de la machine sera le plus grand qu'il est possible, lorsque le produit du fardeau élevé, par le nombre correspondant de tours de la roue, sera le plus grand qu'il est possible. Or, on trouve que le plus grand de ces sortes de produits est celui qui répond à 34 ½ livres. L'effet de la machine est donc un *maximum*, lorsque la roue fait 20 $\frac{7}{16}$ tours en 40 secondes. Il ne s'agit plus que de comparer sa vîtesse à celle de l'eau dans le canal.

(1010.) En prenant 40 secondes pour la durée commune des mouvemens de l'eau & de la roue, on trouvera,

1.° Que l'eau parcourant 300 pieds en 27 secondes, elle parcourt environ 5334 pouces en 40 secondes.

2.° Que la roue ayant 36 pouces de diamètre extérieur (1004), chaque point de sa circonférence parcourt, en 40 secondes, un nombre de pouces, exprimé par $36 \times \frac{355}{113} \times (20 + \frac{7}{16})$, c'est-à-dire, environ 2311 pouces. La fraction $\frac{355}{113}$ est le rapport de la circonférence au diamètre.

Ainsi la vîtesse de l'eau dans le canal, est à la vîtesse de la circonférence extérieure de la roue, comme 5334 est à 2311, environ.

Le diamètre de la circonférence décrite par le centre d'impression, est d'environ 34 pouces; & par conséquent la vîtesse de ce centre est d'environ 2183 pouces en 40 secondes. La vîtesse de l'eau, est donc à la vîtesse du centre d'impression, comme 5334 est à 2183 à peu-près. Ce rapport ne diffère pas beaucoup de celui de 5 à 2. On voit que la vîtesse du centre d'impression des ailes, eſt au-deſſus du tiers & au-deſſous de la moitié de la vîteſſe du courant.

(1011.) Mais ce rapport des vîteſſes demeurera-t-il le même, ſi l'on a égard aux réſiſtances! La queſtion peut être réduite à ceci. On a deux quantités ſemblables & conſécutives $M.v$, $N.v'$, qui expriment chacune le produit d'un fardeau, par ſa vîteſſe; on ſuppoſe que $M.v$ ſoit un *maximum*, & par conſéquent $M.v > N.v'$. Maintenant, pour tenir compte des réſiſtances, les poids M & N doivent être cenſés augmentés chacun d'une certaine quantité. Suppoſons donc que M devienne $M + m$, & que N devienne $N + n$. On demande ſi la même vîteſſe v qui rend $M.v$ un *maximum*, rendra auſſi $M.v + m.v$ un *maximum*, ou ſi l'on aura $M.v + m.v > N.v' + n.v'$! Il eſt évident qu'en général cela peut être ou n'être pas, ſuivant le rapport que les poids m & n ont entr'eux. Mais en ſuppoſant (ce qui eſt ſenſiblement vrai) que les forces $m.v$ & $n.v'$ des réſiſtances, ſont entre elles, comme les forces $M.v$ & $N.v'$, on aura, $m.v : n.v' :: M.v : N.v'$; d'où l'on tire $M.v + m.v : N.v' + n.v' :: M.v : N.v'$; donc, à cauſe de $M.v > N.v'$, on aura auſſi $M.v + m.v > N.v' + n.v'$.

Quoique ce réſultat ne ſoit pas fondé ſur une démonſtration abſolument géométrique, je crois qu'on ne peut guère ſe tromper en l'adoptant dans la pratique. Ainſi je conclus que lorſqu'une roue garnie de 48 ailes ou environ, tourne dans un courfier, & qu'élle n'eft pas plongée bien profondément dans l'eau, fa circonférence doit prendre environ les deux cinquièmes de la vîteffe du courant, pour que la machine produife le plus grand effet qu'il eft poffible.

EXPÉRIENCES XXIX,.....XLV.

(1012.)	FARDEAU ÉLEVÉ, EXPRIMÉ EN LIVRES.	DURÉE du MOUVEMENT, EXPRIMÉE EN SECONDES.	NOMBRE DES TOURS de la ROUE.
La roue	30	40	$17\frac{22}{48}$
tourne fur le	35	40	$16\frac{25}{48}$
courant de	40	40	$15\frac{28}{48}$
l'art. 1004.	45	40	$14\frac{31}{48}$
Elle a 24	50	40	$13\frac{34}{48}$
ailes qui font	55	40	$12\frac{37}{48}$
	56	40	$12\frac{28}{48}$
plongées	57	40	$12\frac{19}{48}$
dans l'eau,	58	40	$12\frac{10}{48}$
de 4 pouces,	59	40	$12\frac{1}{48}$
fuivant la	60	40	$11\frac{40}{48}$
verticale.	61	40	$11\frac{30}{48}$
	62	40	$11\frac{19}{48}$
	63	40	$11\frac{7}{48}$
	64	40	$10\frac{44}{48}$
	65	40	$10\frac{25}{48}$
	66	40	$10\frac{5}{48}$

RÉFLEXIONS.

(1013.) Pour mefurer la vîteffe de l'eau, je me fuis fervi d'un moulinet très-léger, placé à côté